湖北大学规划教材

储能与能源转化材料

王贤保　钱静雯　梅涛　陈易　等编著

化学工业出版社
·北京·

内容简介

《储能与能源转化材料》是一本系统探讨现代能源技术中关键材料的专业著作。随着全球能源需求的快速增长以及可再生能源技术的迅猛发展，能源储存与转化材料的研究与应用成为解决能源危机、实现绿色低碳发展的核心课题。本书从新能源政策与环境背景出发，深入分析了锂离子电池、其他二次电池、氢能与燃料电池、太阳能利用材料等领域的关键材料，涵盖了从基础原理到前沿应用的全面内容。

本书适合材料科学、化学、能源工程、环境科学等专业的本科学生以及相关领域的科研人员阅读，同时也为从事能源技术开发的企业技术人员和政策制定者提供了宝贵的参考。

图书在版编目（CIP）数据

储能与能源转化材料 / 王贤保等编著. -- 北京 ：化学工业出版社，2025. 10. -- ISBN 978-7-122-49145-9

Ⅰ. TK02；TK01

中国国家版本馆 CIP 数据核字第 2025N04B63 号

责任编辑：邢　涛　　　　文字编辑：邢苗苗
责任校对：刘曦阳　　　　装帧设计：韩　飞

出版发行：化学工业出版社
（北京市东城区青年湖南街 13 号　邮政编码 100011）
印　　装：北京云浩印刷有限责任公司
710mm×1000mm　1/16　印张 13　字数 261 千字
2025 年 12 月北京第 1 版第 1 次印刷

购书咨询：010-64518888　　　售后服务：010-64518899
网　　址：http：//www. cip. com. cn
凡购买本书，如有缺损质量问题，本社销售中心负责调换。

定　　价：78.00 元　

前言

在当今世界，能源问题已成为制约社会发展的关键因素之一。随着传统化石能源的日益枯竭和环境污染问题的日益严重，开发和利用新型、高效、清洁的能源转换与存储技术显得尤为重要。能源转换与存储材料作为这一领域的核心，其研究与应用直接关系到新能源技术的发展和未来能源结构的优化。

本书旨在系统介绍当前能源转换与存储领域中各类关键材料的研究进展、性能特点及应用前景。全书共分为五个部分，首先在绪论中概述了能源转换与存储材料的重要性、研究背景和发展趋势。随后各章节分别深入探讨锂离子电池材料、其他二次电池材料、氢能和燃料电池材料以及太阳能利用材料。

锂离子电池作为目前应用最为广泛的二次电池之一，其材料的研究与开发对于提高电池性能、降低成本、延长使用寿命具有重要意义。本书详细介绍锂离子电池正极、负极、电解质和隔膜材料的最新研究成果及其在不同领域的应用。

除了锂离子电池，其他二次电池材料如锂硫电池、钠离子电池、水系锌电池等也在快速发展，它们具有潜在的资源优势和环境友好性。本书对这些电池材料的最新进展进行了综述，帮助读者全面把握该领域动态。

氢能作为一种清洁、高效的能源载体，其存储和利用技术是实现氢能经济的关键。本书探讨氢能的制取材料，包括电解水制氢、光解水制氢催化剂等，以及燃料电池材料，如质子交换膜、催化剂等，为氢能技术的推广提供理论支持。

太阳能作为一种取之不尽、用之不竭的清洁能源，其转换和利用材料的研究具有重要的现实意义。本书介绍太阳能光热转换材料、光化学转换材料及光电转换材料等，为太阳能技术的进一步发展提供参考。

本书系统探讨了新型能源存储与转化技术核心材料，凝聚了跨学科团队的集体智慧。为确保学术严谨性，各参与成员基于专业背景进行分工协作，具体工作分配如下：全书核心理论架构由王贤保教授、钱静雯和陈易老师设计，钱静雯、高建彪、杨朝志、李锦涛、刘芸编写第1章和第4章；梅涛教授带领常书雅、黄子涵、韩奕锋、姚宏玲编写第2章；第3章由陈易副教授、谭小康、谭豪、李霄震负责编写；第5章由李金华教授、王建颖副教授、林俍佑副教授、翟姗、陶俊阳、桂隆基、缑炎卓、谢娴编写。本书由钱静雯统稿。

本书旨在为能源科学与工程领域的高校师生以及科研人员、工程师和对新能源技术感兴趣的读者提供一本全面、系统、实用的参考资料。我们希望本书能够为推动能源转换与存储技术的发展做出贡献，并为实现可持续发展的能源未来提供科学依据和技术支持。

因水平有限，可能存在不妥之处，敬请读者批评指正。

编著者

2025 年 2 月

目录

第1章

绪　论

1.1　新能源与能源政策

1.1.1　新能源

能源作为人类文明发展的基石和驱动力，其重要性无可替代，深刻影响着国家的经济命脉、民生福祉及安全稳定。它与人类生存与发展密切相连，是经济繁荣的基础。新能源是指与传统能源相比具有更高效、更环保和可持续的能源形式。它是解决能源危机和环境问题的重要途径，也是推动可持续发展的重要支撑。

传统能源主要包括化石能源，如石油、煤炭和天然气。这些能源的开发、加工和燃烧过程会产生大量的二氧化碳和其他污染物，对环境产生重要的影响。而新能源则是指那些可以通过再生方式获取的能源，如太阳能、风能、水能和生物质能等。这些能源的开发和利用过程中产生的污染较少，对环境的影响较小。

联合国开发计划署（UNDP）把新能源分为以下三大类：大中型水电；新可再生能源，包括小水电、太阳能、风能、现代生物质能、地热能、海洋能；传统生物质能。值得注意的是，核能和氢能虽未能纳入UNDP上述三类，但因其在低碳能源体系中的关键作用，常被视为新能源的重要组成部分。

太阳能是新能源中最为常见的形式之一，通过太阳能电池板将太阳能转化为电能，广泛应用于家庭光伏发电、太阳能热水器等领域。太阳能的利用具有昼夜平衡、零排放、无噪声等优势，是未来能源发展的重要方向之一。

风能是另一种重要的新能源形式，通过风力发电将风能转化为电能，广泛应用于风电场、家庭风力发电等领域。风能具有能源来源广泛、无污染、可再生等特点，是推动清洁能源发展的重要动力。

核能是通过转化其质量从原子释放的能量。核能释放主要有三种形式：核裂变、核聚变、核衰变。

海洋能指蕴藏于海水中的各种可再生能源，包括潮汐能、波浪能、海流能、海水温差能等。这些能源都具有可再生性和不污染环境等优点，是一项亟待开发的具有战略意义的新能源。

地热能：地球内部热源可来自重力分异、潮汐摩擦、化学反应和放射性元素衰变释放的能量等。放射性热能是地球主要热源。

在众多新能源中，氢能以其重量轻、无污染、热值高、应用面广等独特优点脱颖而出，将成为21世纪的理想能源。氢可以作飞机、汽车的燃料，可以用作火箭推进剂。

新能源具有以下几个特点。

① 清洁环保：新能源的最大特点就是清洁环保，减少了对空气、水和土壤的污染。使用新能源不会产生二氧化碳、硫化物等大气污染物，可以减少温室气体的排放，对缓解气候变化和改善空气质量起到积极的作用。

② 可再生性：新能源主要利用自然资源进行转化，而这些能源是可再生的，在使用过程中不会完全消耗。相比之下，传统能源是非可再生能源，一旦耗尽就无法再生产。新能源具有长久的供应保障能力。

③ 分布广泛：新能源的分布范围很广，例如太阳能、风能和水能分布在全球各地，而不像石油、天然气这些传统能源只存在于特定地区。这种分布广泛性使得新能源更易普及和利用。

④ 经济性：新能源成本逐渐降低，与传统能源相比，新能源更加经济实用。尤其是在技术进步和规模效应推动下，太阳能和风能等新能源的发电成本已经大幅降低，使得新能源的竞争力越来越强。

⑤ 可持续发展：新能源的利用为人类提供了一种可持续发展的能源选择。由于新能源资源的可再生性，其使用过程中不会耗尽地球的资源，有助于保护人类的生存环境，并推动经济、社会和环境的协调可持续发展。

当前，全球各国都在积极推动新能源的开发和利用。一方面，各国政府通过制定政策和法规、出台优惠政策等，鼓励企业和个人投资新能源领域；另一方面，科学家们也在不断努力开展新能源技术的研究，提高能源转化效率、减少成本和环境影响。

1.1.2　新能源政策

近年来，在“双碳”目标下，我国构建了碳达峰碳中和“1＋N”政策体系，发布了系列文件激励新能源产业的发展，在新能源基础设施投资发展领域出台了较多的支持政策。2014年，习近平总书记提出“四个革命、一个合作”能源安全新战略。“十三五”时期，以能源安全新战略为基本遵循，相关能源政策陆续出台[1]。在2015年以后，国家开展新一轮电力体制改革，集中围绕多能互补集成优化示范、新能源微电网示范与“互联网＋”智慧能源示范、生物质能利用、氢能利用等方面，出台多项与综合能源服务相关的政策[2]。2020年，我国又明确提出“双碳”目标，将“十四五”时期的能源战略重心锚定“双碳”目标，加速能源绿色低碳转型[1]。2021年10月，中共中央、国务院发布碳达峰碳中和政策的基石《中共中央　国务院关于完整准确全面贯彻新发展理念做好碳达峰碳中和工作的意见》；随后，国务院印发了《2030年前碳达峰行动方案》。此后，国家相关部门相继制定了《“十四五”现代能源体系规划》《“十四五”新型储能发展实施方案》《氢能产业发展中长期规划（2021—2035年）》、《“十四五”可再生能源发展规划》等多项政策来促进新能源产业的发展，实现碳减排目标[3]。

随着全球对可再生能源的日益重视，中国在可再生能源领域取得了举世瞩目的成绩，实现了从跟跑到并跑再到领跑的跨越式发展，不仅满足了国内庞大的能源需求，更将风电、光伏产品出口至全球200多个国家和地区[4]。

（1）风、光、储能政策　为了推动传统能源向风电、光伏等新能源的有效转型，有关部门出台和实施了一系列促进风电、光伏、储能等新能源基础设施发展的政策和举措。《2030年前碳达峰行动方案》和《“十四五”现代能源体系规划》提出了新能源发展的战略目标，指出要全面推进风电、太阳能发电大规模开发和高质量发展，到2030年，风电、太阳能发电总装机容量达到12亿千瓦以上；“十四五”“十五五”期间分别新增水电装机容量4000万千瓦左右；到2025年，新型储能装机容量达到3000万千瓦以上，到2030年，抽水蓄能电站装机容量达到1.2亿千瓦左右。大力发展分布式光伏、积极发展海上风电、加快抽水蓄能电站建设、积极推动储能电池应用示范，建设以新型风光电基地为基础的新能源供给消纳体系。根据国家能源局的数据，我国生产的光伏组件、风力发电机、齿轮箱等关键零部件占全球市场份额70％，是全球光伏领域唯一具备从上游材料到中游组件再到下游电站投资能力的国家[5]。

储能方面，2021年，国家发展改革委、国家能源局等九部门联合发布《“十四五”可再生能源发展规划》，明确新型储能独立市场主体地位，完善储能参与各类电力市场的交易机制和技术标准，发挥储能调峰调频、应急备用、容量支撑等多元功能，促进储能在电源侧、电网侧和用户侧多场景应用。2022年，国家发展改革委、国家能源局发布《“十四五”现代能源体系规划》，提出力争到2025年，抽水蓄能装机容量达到6200万千瓦以上、在建装机容量达到6000万千瓦左右。在需求侧，对电源侧、电网侧以及用户侧三个方面提出了鼓励，要求大力推进电源侧储能发展，支持分布式新能源合理配置储能系统。优化布局电网侧储能，发挥储能消纳新能源、削峰填谷、增强电网稳定性和应急供电等多重作用。同年，国家发展改革委、国家能源局发布《“十四五”新型储能发展实施方案》，提出到2025年，新型储能由商业化初期步入规模化发展阶段，具备大规模商业化应用条件。

（2）氢能政策　2006年科技部发布《国家“十一五”科学技术发展规划》，提出要积极发展氢能开发与利用技术，重点研究氢能与燃料电池技术，正式开启了我国探索氢能源的新阶段。2016年后，我国陆续发布《能源技术革命创新行动计划（2016—2030年）》《“十三五”国家战略性新兴产业发展规划》《能源生产和消费革命战略（2016—2030）》。2019年《政府工作报告》明确提出要重点发展充电、加氢等基础设施建设。随后，《中华人民共和国能源法（征求意见稿）》《关于开展燃料电池汽车示范应用的通知》《中华人民共和国国民经济和社会发展第十四个五年规划和2035年远景目标纲要》《氢能产业发展中长期规划（2021—2035年）》先后出台，氢能在能源系统中的地位逐步提升，进入快速发展阶段。

（3）新能源充电设施政策　国务院办公厅于2009年发布《汽车产业调整和振兴规划》，提出了实施新能源汽车战略的发展思路，并提出要建立电动汽车快速充电网络，加快停车场等公共场所公用充电设施建设。2012—2014年，国家先后颁布《节能与新能源汽车产业发展规划（2012—2020）》《国务院办公厅关于加快新能源汽车推广应用的指导意见》，加快了新能源汽车的发展步伐。大力推进充电基础设施建设，是发展新能源汽车产业的重要保障（宋砚秋等，2023）。2015年，《国务院办公厅关于加快电动汽车充电基础设施建设的指导意见》《电动汽车充电基础设施发展指南（2015—2020）年）》的颁布标志着新能源基础设施开启了跨越式发展的新阶段。2020年，国务院办公厅印发《新能源汽车产业发展规划（2021—2035）年）》。2022年1月，《发展改革委　能源局　工业和信息化部　财政部　自然资源部　住房城乡建设部　交通运输部　农业农村部　应急部　市场监管总局关于进一步提升电动汽车充电基础设施服务保障能力的实施意见》指出，我国充电基础设施在快速发展的同时，仍存在公共充电设施发展不均衡、用户充电体验有待提升、行业质量与安全监管体系有待完善等突出问题，亟须进一步提升充电服务保障能力。2023 年 5 月，《国家发展改革委　国家能源局关于加快推进充电基础设施建设　更好支持新能源汽车下乡和乡村振兴的实施意见》提出，要加快推进农村地区充电基础设施建设。2023 年 6 月，国务院办公厅印发《国务院办公厅关于进一步构建高质量充电基础设施体系的指导意见》，针对充电基础设施存在的布局不够完善、结构不够合理、服务不够均衡、运营不够规范等问题，提出了系列指导意见。

(4) CCUS 政策　从 2006 年开始，我国先后制定并发布了多项政策文件，支持碳捕集、利用与封存（CCUS）技术的发展。2006 年，国务院发布《国家中长期科学和技术发展规划纲要（2006—2020 年）》，将“开发高效、清洁和二氧化碳近零排放的化石能源开发利用技术”列入先进能源技术范畴。2007 年，我国发布《中国应对气候变化国家方案》，提出大力开发二氧化碳捕获及利用、封存技术。科学技术部等部委联合发布《中国应对气候变化科技专项行动》，将二氧化碳捕集、利用与封存技术纳入重点任务。“十二五”和“十三五”期间，我国均出台了一系列相关政策文件，支持 CCUS 技术的发展和应用。“双碳”目标提出之后，《中共中央　国务院关于完整准确全面贯彻新发展理念做好碳达峰碳中和工作的意见》将 CCUS 确定为先进适用技术进行研发和推广，并提出推进规模化碳捕集利用与封存技术研发、示范和产业化应用。《2030 年前碳达峰行动方案》提出了一系列与 CCUS 相关的行动方案，包括强化应用基础研究，开展技术创新，建设全流程、集成化、规模化示范项目，加大科研合作和技术交流。

1.2　能源材料与环境

1.2.1　能源材料

能源材料是指在能源转换、储存和利用场合下使用的材料。它们在能源行业中具有重要的应用价值，创新的能源材料对能源领域的发展起到重要的推动作用。能源材料能够转化自然资源为可再生能源，包括太阳能电池、风能发电设备、生物质能源等。新能源材料的发展对于解决能源紧缺和环境污染问题具有重要意义。在当前全球温室气体排放日益严重的背景下，新能源材料的研发和应用成为了各国政府和科研机构的重点工作。

首先，能源材料在能源转换中的应用主要体现在太阳能电池、燃料电池、光催化材料等方面。太阳能电池是利用光的能量直接将光能转化为电能的装置，其关键组件是光伏材料。通过优化光伏材料的吸收光谱范围、光电转换效率和稳定性等性能，可以提高光伏电池的能源转换效率，降低太阳能发电成本。燃料电池则是一种将氢气、甲醇等可燃物质直接转化为电能的装置，其关键组件是催化剂材料。通过开发高效的催化剂材料，可以提高燃料电池的转化效率和稳定性。光催化材料是一种通过光照下的光生电荷与物质间的化学反应来实现能量转化的材料，其应用于水分解、CO_2 还原等反应中，可以实现可持续能源的生产。

其次，能源材料在能源储存中的应用主要体现在电池、超级电容器、热储能材料等方面。电池是将化学能转化为电能和将电能储存在化学键中的装置，其关键组件是电极材料。通过设计合适的电极材料，可以提高电池的能量密度、循环寿命和安全性。超级电容器则是一种能够高效储存电能的装置，其关键组件是电极和电解质材料。通过优化电极和电解质材料的性能，可以提高超级电容器的能量密度和循环寿命。热储能材料则是一种能够将热能储存并在需要时释放的材料，其应用于太阳能热水器、储能系统等场合，可以实现能源的高效利用。

最后，能源材料在能源利用中的应用主要体现在节能材料、能源催化剂、新型燃料等方面。节能材料是一种能够减少能量损失、提高能量利用效率的材料，例如高效节能建筑材料、节能照明材料等。能源催化剂是一种能够加速能源转化过程的材料，例如催化裂化催化剂、催化氧化剂等。通过设计高效的能源催化剂，可以提高能源转化过程的效率。新型燃料是指以新能源材料为基础制备的高热值、低污染的燃烧材料，例如氢气、甲醇等。通过开发和利用新型燃料，可以降低能源消耗和环境污染。

总的来说，能源材料在能源行业中具有广泛的应用前景和巨大的发展潜力。未来的发展方向主要包括：提高光伏材料的光电转换效率和稳定性，改善燃料电池的催化剂材料和电极材料，开发更加高效的电池和超级电容器材料，设计具有优异性能的节能材料和能源催化剂，研发新型燃料并提高燃料利用率等。综上所述，能源材料的应用和发展将在未来能源领域中发挥重要的作用，推动能源的高效利用和可持续发展。

1.2.2 能源与环境

在当今社会，能源和环境是紧密联系的。能源的开采和使用会对环境产生直接或间接的影响。一方面，能源的获取与利用会释放出大量的二氧化碳等温室气体，导致全球变暖，进一步影响生态系统；另一方面，能源的生产和运输也会对自然环境造成负面影响，如矿产资源开采会破坏生态系统，燃料的运输也可能会对水、土地等环境产生污染。

可持续能源的发展是指在保护环境的前提下，确保能源供给充足并广泛、平等分配和利用的一种发展方式。可持续能源的发展主要有以下几个方面。

① 降低能源消耗量。这是通过提高能源利用效率、减少浪费、加强能源管理等措施来实现的。例如，采用高效节能技术、建立节能制度、促进新能源开发等。

② 发展新型能源。利用太阳能、水能等新型清洁能源，可以有效地减少对传统能源的依赖从而减少对环境的影响。例如，在建筑物上安装太阳能板，利用太阳能提供热水和电力。

③ 提高能源的利用效率。提高能源立体利用率，采用能源多联供等方式，将能源的使用效果最大化。例如，对城市供热系统进行改造，通过余热回收等方式来提高能源利用效率。

能源和环境的可持续发展是人类社会发展的必然要求。其具有重要意义。

① 可持续发展能够减轻环境压力，缓解气候变化。这有利于保护自然生态环境，实现经济社会和环境的和谐发展。

② 可持续发展能够推动经济转型和升级。在可持续能源的背景下，传统产业模式和能源消费模式必须改变，从而推动经济结构的优化升级。

③ 可持续发展有助于推动全球化进程。当世界各国一起倡导可持续发展，共同组建可持续发展的合作机制，就能够推动全球乃至整个人类社会向着更加协调、可持续的方向发展。

1.3 能源发展现状与未来趋势

世界正经历百年未有之大变局，气候变化给人类生存和发展带来严峻威胁和挑战。化石能源消费是二氧化碳排放的主要来源，实现“双碳”目标要求重构能源体系，其核心是大规模、高比例开发利用非化石能源，逐步推进低碳、零碳的非化石能源对化石能源的替代。按照《中共中央　国务院关于完整准确全面贯彻新发展理念做好碳达峰碳中和工作的意见》的部署，到 2025 年，非化石能源消费比例达到 20%左右；到 2030 年，非化石能源消费比例达到 25%左右；到 2060 年，非化石能源消费比例达到 80%以上。大规模、高比例非化石能源的开发利用将使能源体系呈现两大趋势：能源系统电气化、电力系统低碳化。构建新型电力系统是能源体系重构的核心，应构建能承载高水平电气化和实现高水平低碳化的新型电力系统[6]。

未来我国能源事业发展的重要任务是构建以高比例新能源为主体的新型电力系统，实现能源结构转型。基础设施投资是一个国家和地区实现可持续发展的关键领域，新能源基础设施建设是我国能源结构转型的基石。新能源基础设施主要包括风电、太阳能发电、水力发电等可再生能源发电设施，氢能设施，储能、输电等配套设施以及用电侧的新能源充电等基础设施。在碳中和目标下，考虑到能源安全性，化石能源在能源结构中仍将占据一定比例，碳捕集、利用与封存（CCUS）技术是实现化石能源清洁利用的关键技术，CCUS 基础设施也是实现碳中和目标亟须大规模发展和建设的[3]。

思考题

1. 新能源的概念是什么？
2. 新能源是可再生能源吗？
3. 可再生能源是取之不尽用之不竭的吗？

参考文献

[1] 白洋．能源安全新战略下我国能源政策体系的基本逻辑．中国石化，2024（6）：21-23.

[2] 武天娇，潘俊，王伊晓．我国综合能源服务政策与业务发展的关系研究．上海节能，2024（5）：773-779.

[3] 郭健．“双碳”目标下新能源基础设施发展的投资激励政策研究．经济研究参考，2024（5）：87-97.

[4] 刘洋．市场与政策双轮驱动　中国可再生能源发展领跑全球．机电商报，2024-7-1.

[5] 王能全．我国能源安全三大政策选择．中国石油石化，2024（10）：40-41.

[6] 马佳．加快建设新型能源体系　为高质量发展注入绿色动能．国家电网报，2024-06-25（001）.

第2章

锂离子电池材料

2.1 锂离子电池概述

2.1.1 锂离子电池的工作原理

能源、环境和信息技术已成为21世纪的重点领域，这些与技术发展密切相关。从古至今，人们一直在寻找能源来提供舒适和平稳的生活方式，目前使用的能源包括化石燃料、核能、太阳能等。从工业化开始，人们开始探索更有效、方便、无污染和安全的能源。内燃机是化石燃料（石油）的主要用户，消耗约1/3的年总能源需求，因此其对全球变暖和空气污染的影响已日益凸显。作为一种替代能源，电池具有许多优点。目前，锂离子电池、燃料电池和镍金属氢化物电池已被誉为先进的电源，正在慢慢取代铅酸电池和镍镉电池等传统系统。在所有可能的系统中，锂离子电池以其在微型电池中的高能量密度而成为先驱和市场领导者。锂离子电池是一种紧凑的可充电电源，稳定超过500个周期。它的尺寸可以从几微米到大型电池，能够为计算机存储芯片、通信设备、彩色电影和电动汽车（EV）提供电力[1]。

从18世纪初发现锂元素到20世纪90年代锂离子电池商业化应用，锂离子电池（LIB）的发展已极大地改变我们的生活，后续衍生的材料和化学成分也不断影响未来能源发展。电池是由多个组件组成的系统。为了使这样的系统能够运行，其中的所有组件都必须同步进行电化学转变。锂离子电池是指以含锂化合物作为正极材料的电池总称，是一种二次电池。因此，锂离子电池正极中只有锂离子而没有金属锂存在。在充放电过程中，锂离子电池伴随锂离子的嵌入和脱嵌，同时伴随有相等物质的量电子的嵌入和脱嵌，被形象地称为“摇椅电池”（图 2-1）。

在充电过程中，正极产生的锂离子脱嵌，在电解质中穿梭，得到电子被还原为锂金属后嵌入负极。而负极的碳材料呈层状结构，具有丰富微孔结构，易于锂金属嵌入。嵌入的锂金属越多，充电容量越高。同理，放电过程中，嵌在负极的锂金属脱出，迁移回正极。回归正极的锂离子越多，放电容量越高。

$$Li^{+}+e^{-} \rightleftharpoons Li$$

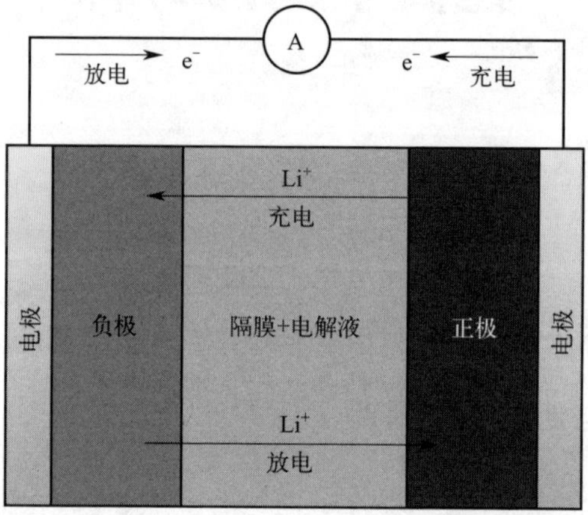

图 2-1　锂离子电池工作原理图

尽管镍氢电池和锂离子电池在体积能量密度方面都是优异的，但是锂离子电池在重量能量密度方面更优，其可提供的能量是镍氢电池的 1.5 倍。锂离子电池的标称电压在 3.7V 左右，约为镍氢、镍镉等传统镍电池（1.2V）的 3 倍。锂离子电池的高电压是由锂离子在正负极间的嵌入反应的化学过程产生的。钴酸锂（$LiCoO_2$），具有高放电电压，目前是商业锂离子二次电池的主要正极活性材料。商业化负极主要是碳材料。锂离子二次电池无法在含水电解质中工作，因为其较高的充电截止电压会形成强氧化环，导致电解质分解。然而，含有溶解的电解质盐（锂盐，如 $LiClO_4$、$LiPF_6$、$LiBF_4$）的具有宽电化学窗口的有机液体，如碳酸丙烯酯（PC）、碳酸乙烯酯（EC）、碳酸二乙酯（DEC）、碳酸二甲酯（DMC），对高电压是稳定的。与铅酸蓄电池的情况相反，锂离子电池电解质不被充放电反应消耗，相反，锂离子在阳极和阴极之间穿梭，有助于锂离子电池的小尺寸和轻质量。在施加电压下充电期间，锂离子从正极（$LiCoO_2$）脱嵌到电解质液体中，同时等量的锂离子从电解质嵌入碳负极中。在放电期间，逆反应自发地进行。在充电和放电时，电荷补偿通过外部电路发生。

2.1.2 锂离子电池的结构及生产工艺

锂离子电池主要由正极、负极、电解液和隔膜四部分组成，在充电过程中，锂离子从正极脱出然后嵌入负极石墨材料中，形成锂离子的石墨嵌入化合物；放电过程中，锂离子从石墨嵌入化合物中脱出，重新嵌入正极材料中。

（1）正极材料　20 世纪 70 年代中期，首次提出将无机化合物 TiS_2 应用于高比容量和功率密度的非水二次电池。此化合物具有良好的金属特性，并可进行锂可逆嵌入。其恒定的放电电压超过 2V，电流密度为 1～10mA/cm^2，但实际的非水电池和在锂负极上的可逆沉积的困难将商业化的 Li_xTiS_2/Li 电池限制为纽扣电池。1980 年，Mizushima 等人提出使用具有 α-$NaFeO_2$ 结构的层状 $LiCoO_2$ 作为嵌入正极。测得的电池 Li_xCoO_2/Li 的开路电压大约是 Li_xTiS_2 的两倍，在结构上比 TiS_2 更稳定，具有 1.1kWh/kg 的理论能量密度。

正极材料所需的主要特征为：

① 放电反应应具有大的负吉布斯自由能（高放电电压）。

② 主体结构必须具有低分子量和嵌入大量锂的能力（高能量容量）。

③ 主体结构必须具有高锂化学扩散系数（高功率密度）。

④ 在嵌入和脱出过程中结构改变应尽可能小（长循环寿命）。

⑤ 材料具有化学稳定性，无毒且廉价。

（2）负极材料　目前市售的锂离子电池中，碳被用作负极活性材料。石墨由 ABAB 层构成，ABAB 层通过范德瓦耳斯力结合在一起；每一层都含有共轭 sp^2 键。锂离子嵌入这些层中，则层排列变为 ABC。因此，石墨用作锂嵌入的主体结构，并且该结构具有足够的弹性，可实现锂的可逆嵌入和脱出。石墨以从结晶到无定形的各种形态存在。用于生产负极的原料包括天然石墨、石油沥青、煤焦油、烃（气）、苯、各种树脂等。这些负极可分类如下：①石墨；②即使在高温下热处理也不石墨化的非石墨化玻璃状碳（硬碳）；③容易随热处理而变化的软碳。通常，石墨和硬碳被用作负极。在实践中，在室温下，石墨接受足够的锂以形成 $LiCl_6$，其在脱锂时可以提供 372mAh/g 的比容量。在 3000℃下烧结处理的石墨化微米级中间相碳微珠，在用作石墨阳极时，具有 400mAh/g 的充电比容量，而在放电时提供低至 290mAh/g 的容量。这是基于第一充电状态期间在石墨表面上形成薄的锂离子导电膜时的不可逆反应。在石墨中，由于充放电电压是平坦的，因此当其与阴极组合时，维持平坦电压放电模式。这种放电特性是大多数微型电气设备的主要要求。另外，在由石油沥青的缩聚制备的硬碳中，锂不仅存在于碳层之间而且会被储存在晶体颗粒之间的缝隙中，因此，硬碳的储锂容量高于 $LiCl_6$，为高容量负极材料。对于硬碳，与石墨相比，其第一循环的不可逆性以及伴随插层的电势变化是相当大的。当使用硬碳作为阳极材料时，放电电压随时间逐渐变化。这种放电模式允许容易地估计电池的剩余容量。此外，当具有各种初始放电电压的几个以硬碳作为阳极的电池并联连接时，整个电池系统在其整个放电过程中保持平衡电压。

高性能负极材料的探索导致基于 Sn 和 Si 的合金阳极的开发。虽然嵌入 Li_4M-$Li_{4.4}M$（M：金属）中的锂显示出 800～3000mAh/g 的高比容量，但由于在锂嵌入期间相关的体积变化超过四倍，因此没有获得稳定的循环性能。还提出了使用氧化物负极，并且已经研究了 SnO、$InVO_4$、$FeVO_4$ 和 Brannerite 型 MnV_2O_6。几乎所有这些氧化物在嵌锂过程中都从晶态转变为非晶态。在第一次插层期间显示出非常高的容量，但此后显示出严重的不可逆反应且锂化容量大幅衰减，严重限制了其实际使用，通过用其他元素选择性地部分取代过渡金属，可以稳定这些氧化物材料的结构。

(3) 电解质　在锂离子二次电池中，由于平均充电或放电电压保持超过 3V 范围，会导致水性电解质分解，因此不能使用水性电解质。溶解在具有大稳定窗口的有机液体中的无机盐（例如 $LiClO_4$）被认为是可以使用的电解质。为更好应用于锂离子二次电池中，这种非质子电解质必须具有良好的离子电导率、高化学稳定性、确保安全性和成本效益。由于锂离子可充电电池通常在 −20～60℃之间工作，因此需要具有低熔点、高沸点和低蒸气压的性质。Li^+ 的离子电导率与其迁移率和移动的离子数成正比。虽然环状碳酸酯（如 PC 和 EC）具有高介电常数，但是由于分子之间的相互作用，导致分子的电荷偏移。另外，链状酯如碳酸二甲酯（DMC）和碳酸二乙酯（DEC）中，黏度和介电常数值相当低，对锂离子在分子之间的运动没有太大的限制。此外，如果介电常数变大，则分子中正位点和负位点之间的库仑力变高，从而在相邻分子中赋予相当程度的离子解离。通常的做法是混合两种或更多种溶剂以获得适用于高性能电池的所需的一组性质。基于 PC 的电解质在与石墨化碳阳极接触时分解，Yamaki 等人推荐了合适的溶剂混合物（EC/DEC）。也有人提出，碳酸锂在碳表面上提供保护膜方面具有重要作用。基于混合碳酸盐溶剂的电解质的电导率通常约为具有 1,2-二甲氧基乙烷（DME）作为共溶剂的电解质的电导率的一半，尽管这取决于溶解在其中的锂盐的类型。电解质组成对碳材料的充放电特性的影响已经被广泛地研究。在通常的有机溶剂中，水含量必须小于 20ppm（10^{-6}），以防止可能与锂发生化学副反应。依据各种研究，包括热稳定性和循环伏安法，基于 $LiPF_6$ 的有机电解质已成为大多数商业电子产品的首选电解质。所选择的有机电解质必须是不易燃的，在上侧具有大于 5V 的宽电位窗口，以满足安全要求并且与宽范围的正极材料相容。

（4）隔膜 隔膜是夹在电池中的正电极和负电极之间的多孔聚合物膜，旨在防止电极之间的物理和电接触，同时允许离子传输。金属氧化物正极的氧化和负极在充电/放电过程中的还原通常会导致有机液体电解质的分解，会堵塞孔隙并影响隔膜的功能。此外，重复的充电/放电过程可导致锂枝晶生长，可穿透隔膜，导致电极之间的物理接触和内部短路。电池运行期间发生机械/电气/热滥用情况可能会对隔膜造成物理损坏。所有这些因素都会导致隔膜失效，最终导致电池失效。在极端情况下，这些故障可能引发火灾或爆炸。设计具有理想特性的隔膜是使电荷传输动力学最大化、减少隔膜故障并防止电池过早故障的一种方式。

迄今为止，已经对锂离子电池的正极和负极活性材料、隔膜、电解质、集流体及相关材料优化进行了研究。在电极制造过程中，将活性材料、导电添加剂（例如乙炔黑）和黏合剂［例如溶解在 *N*-甲基-2-吡咯烷酮（NMP）中的聚偏氟乙烯（PVDF）］的混合物制成糊状。将糊状物涂在金属箔的两面，干燥并辊压。然后将其切成所需的宽度。在进行凝胶电解质片材的直接聚合之后，在阴极和阳极片材上进行辊压，然后将其切割成合适的尺寸，包裹在铝层压膜中并在边缘处焊接。最后，检查电池是否短路。在此期间，在阳极-碳界面处将形成保护性薄膜（SEI）。必须进行出货检验。

2.1.3 锂离子电池不安全行为及引发机制

锂离子电池的开发最早可以追溯到 1976 年，M. Stanley Whittingham 使用 Li_xTiS_2 作为正极材料，但由于锂金属负极存在严重的安全问题，并未得到广泛采用。1977 年，Michel Armand 和 P. H. Touzain 证明可以用嵌入锂的石墨取代锂金属。1980 年，John B. Goodenough 制备出第一个稳定的高压 $LiCoO_2$ 正极，该正极能够进行多次锂嵌入循环而不会出现严重性能下降，极大地推动了锂离子电池的发展[1]。

经过几十年的发展，现代锂离子电池研究主要集中在开发稳定性、比容量、安全性和成本特征更佳的电池上。人们投入了大量研究精力来开发高能量密度 LIB 和其他电池技术的新化学和新材料。电池的能量密度越大，单位体积或质量存储的能量就越大，对电池管理的要求就越严格；随着能量密度的增加，与电池故障相关的事故的潜在严重程度也会增加。为提高能量密度而开发的新材料往往比传统替代品更具反应性和稳定性，并且可能更容易发生寄生反应，从而缩短电池的使用寿命。此类反应会降低稳定性并引起安全问题，因为它们可能导致灾难性的内部电池故障，从而导致无法控制的反应和热失控，使电池破裂、起火或爆炸。

在理想的稳定LIB中，运行过程中发生的唯一物理化学过程是锂离子在阳极和阴极之间来回穿梭。不幸的是，即使是最先进的LIB也是不稳定的。电池内发生的反应取决于其组成材料的性质和兼容性以及电池的运行状态。可能严重影响稳定性的过程包括关键成分的体积膨胀、不可逆相变和分解反应。

自2000年以来，LIB的研究和开发引起了人们的极大兴趣。大多数从事该领域的团队都试图开发能量密度更高的LIB以满足未来的能源需求；只有少数研究关注材料特性和相关危害如何影响电池安全性。在此期间，LIB在社会上无处不在，用于为手机、计算机、电动汽车和玩具供电。然而，这种趋势伴随着越来越频繁的LIB火灾和爆炸报道[2]。自2010年以来，LIB已用于许多电动汽车和飞机，此类应用中电池起火或爆炸的风险引起了人们对电池安全性和设计研究的极大关注。由于消费者压力引起的行业担忧，许多实体已经为LIB建立了新的、更严格的安全测试和标准。然而，没有任何电池安全测试或预防措施可以完全确保电池的安全性，因为安全性取决于电池单元内材料的状态以及电池在其使用寿命期间可能遭受的滥用。

任何电池的目的都是以化学能的形式储存能量，并以受控的方式释放以产生电流。电池安全问题的根本原因是锂离子电池中储存了大量的能量。如果电池的材料存在缺陷，导致储存的能量无法以可控或可预测的方式释放，则电池内部会产生热量，而这些热量无法快速扩散以维持安全温度。产生的热量会升高电池的温度，可能引发电池内部的其他放热反应。这些内部化学反应最终可能变得无法控制，导致电池发生热失控。电池内部产生失控热量的主要化学和电化学反应是电解质和电极材料之间的连续界面反应；阴极材料会分解产生活性氧，而阳极锂化石墨的反应会释放大量热量，从而可能引发热失控。其他潜在危险反应包括隔膜破裂导致电池短路而引起的阴极和阳极之间的反应，以及阴极产生的氧气向阳极穿梭而引起的燃烧反应。这些不良反应会以不可预测的方式释放电池储存的能量，是热失控的主要驱动因素。一旦引发热失控，电池内部的温度和压力就会持续上升，直到临界故障点。电池无法排出这些反应产生的气体和热量，因此随着电解质燃烧和/或蒸发，电池最终会破裂或爆炸。这反过来会使电解质和/或锂金属暴露在空气中，可能导致额外的放热反应，从而造成火灾隐患。

除了无法以安全的速度散发电池内部产生的热量外，热、机械或电气滥用，或生产过程中引入的加工缺陷，都可能导致电池故障和安全问题。例如，如果电池受到外部热冲击，电池界面的温度将升高，可能引发上述内部热反应。同样，机械滥用也会导致电池内部阳极和/或阴极的破坏。如果隔膜破裂，将发生特别严重的故障，这会导致电池内部形成短路，并产生热量或火花，扩大短路面积。如果发生这种情况，电池破裂后，电池内部物质暴露在空气中，很可能会直接点燃电解质，同时使阳极与空气接触[2]。

过压或过度（放）充电造成的电气滥用也会严重影响 LIB 的安全性。过度（放）充电会导致持续的降解电化学反应。在过度充电过程中，电池处于高电压状态，这会导致正极 [$LiNi_xCo_yMn_zO_2$ (NCM_{xyz})] 材料中的过量锂沉积在负极上，形成锂枝晶。然后，电解质在正极界面发生持续的放热反应，导致电池温度升高并引发一系列热危害。相反，在过度放电过程中，负极锂会完全脱嵌，集电器的铜箔开始氧化，这会破坏负极 SEI 并产生铜枝晶，导致所谓的“外部”短路。

在锂离子电池的实际操作和应用中，需要解决每个隐藏的故障和安全问题或制定策略。主要有以下六个方面：①防止产生能够充当穿梭物质的杂质离子和腐蚀性化学物质。②在特定的电压/温度范围内保护锂离子电池。③稳定锂离子电池的材料和电极/电解质界面。④降低材料的产热量和提高分解起始温度。⑤防止由枝晶和温度引起的隔膜破损或熔化导致的内部短路，这是电池内部最严重的事故之一。因此，防止电池短路的保护策略是根本。⑥最终，电池仍然面临火灾和爆炸的可能性，危及生命。如果降低爆炸风险或电池采用不易燃或阻燃的组件设计，电池的安全性将显著提高。因此，针对正常操作和极端条件的保护策略同样重要。强烈需要设计稳定的电池材料、坚固的隔膜材料以及不易燃和阻燃的组件。

总之，许多在用电池故障发生时并没有明显的外部损坏，而 LIB 系统一个组件的不稳定性会对其他组件产生严重影响。电池故障是由多种相互作用的因素造成的，涉及复杂的过程，这些过程的表征不佳会阻碍人们了解容量下降和相关的安全风险。因此，显然需要研究电池单元的内部组件及其相互作用，以识别潜在的安全风险并制定提高电池内在安全性的策略[3]。

2.1.4　锂离子电池应用市场现状及未来发展趋势

20 世纪的技术进步极大地提高了全球电子设备的使用率。传统的储能化学技术，例如 19 世纪 50 年代发明的铅酸电池，在这些发展中发挥了关键作用，但不足以满足对先进储能的新兴需求。此外，20 世纪中叶的能源危机和严重的环境问题共同催生了对强大储能的强烈需求，迫使社会开发有效的方法来收集和储存可再生能源以减少排放。20 世纪 80 年代末锂离子电池（LIB）的推出为满足这些需求提供了一种新方法[4]。

锂离子（Li-ion）电池自 1991 年首次投放市场以来，其产量不断增加，这与其优异的性能，如高比能量、能量密度、比功率、效率和长寿命有关。锂离子电池首先用于手机、摄像机和笔记本电脑等消费电子产品，其次是过去十年出现并仍在扩大的汽车应用，最后是包括储能在内的工业应用。每年全球生产和运输数十亿个锂离子电池。自 2016 年 11 月《巴黎协定》生效以来，市场对锂离子电池的需求持续上升。预计 2025 年全球锂离子电池出货量将达到 439.32GWh。到目前为止，从电子产品到电动汽车（EV）和大规模储能，锂离子电池已经渗透到我们日常生活的方方面面。特别是近年来，电动汽车的快速普及进一步刺激了对锂离子电池的需求。有四种有前途的电池被考虑用于储能应用：①$LiMn_2O_4$/石墨电池使用天然丰富的低成本材料；②$LiNi_{1-x-y}Co_xAl_yO_2$/石墨电池具有高比能量和长寿命；③$LiFePO_4$/石墨电池具有良好的安全特性；④$Li_4Ti_5O_{12}$ 作为锂离子电池负极材料，使用寿命长，安全性能好。然而，每种电池都有一些缺点，这些技术的发展仍在进行中[4]。

锂离子电池（LIB）以锂离子作为电荷载体，因其高能量和功率密度而被视为最具竞争力的储能设备。然而，电池材料，尤其是高容量电池材料，会发生副反应和变化，导致容量衰减和安全问题。为了制造更安全、更好的电池，需要深入了解导致电池内部组件变化的反应及其机制。

尽管在理解和提高电池固有安全性方面已经取得了重大进展，但仍存在相当大的障碍和挑战。以标准化的方式识别锂离子电池的失效机制并分类至关重要。之后可以有针对性地设计电池材料或系统，优化反应起始温度，降低产热和强度，从而缓解甚至抑制热失控的发生。我们必须承认，目前对锂离子电池的理解还不完整，包括 SEI、材料的失效机制和潜在的危害关系。这些可能是产生电池安全问题的重要原因。阳极 SEI 中的 LiH 在电池热失控之前会分解产生氢气，并通过电解质吸附在阴极表面。当锂离子电池的阴极放出氧气时，它首先与氢气发生反应，释放出大量的热量。电解质的不可燃性与电池安全性无关。最近发现，即使是锂离子电池中最不显眼的聚对苯二甲酸乙二酯（PET）卷带也会对电池的稳定性产生重大影响。需要注意的是，锂离子电池是一个整体装置，锂离子电池内部的任何变化都可能影响锂离子电池的稳定性。过渡金属离子从正极溶解对负极和电解质的影响相对较大，但仍有进一步探索的空间。其他材料的影响需要大量研究。只有这样，才能更好地了解整个电池系统。此外，还需要充分了解高压、过度放电、高温、低温等极端条件下异常现象对锂离子电池的影响。这些现象可能直接决定电池的安全性。我们经常可以看到一些电动汽车在行驶或充电过程中直接起火爆炸，而这些情况大多与锂离子电池在极端条件下的工作密不可分。电池热失控的主要危害是喷发物的燃烧和爆炸。了解这一过程并制定相应的抑制策略非常重要。

提高电池的热安全性需要考虑很多因素。在电池自热阶段，应避免材料分解和界面反应。自热后，可逆热响应材料可防止副反应并实现冷却效果，已证明对安全的锂离子电池具有良好的应用前景。热稳定材料可延缓热失控的快速变化，有助于减轻安全事故中的破坏力；它们可以提高热失控温度并减少热量的产生。必须尽量减少和减轻锂离子电池中热失控的传播。耐高温和热关闭隔膜除了抑制材料分解外，还可以避免正极和负极之间的非接触反应，从而显著抑制整个电池的发热[5]。因此，从安全角度来看，新型隔膜应是下一代电池的必备材料。电池破裂时，几乎所有可燃物质，包括隔膜、电解液、碳材料、阻燃剂、阻燃物质以及阳极中的活性锂，都可能在高温下被氧化。因此，提高锂离子电池的热安全性可以考虑抑制热失控的可能性、降低热失控的强度以及减少总热量。根据电池材料的特性，根据单个电池单元的性能预测电池的安全性至关重要。这使我们能够在整个生命周期内监控电池状态并优化电池性能。

从电压保护角度来看，电解液添加剂在过充过放、稳定电极界面等方面发挥着重要作用，但其功能和稳定性问题突出。几乎所有的 LIB 灾难性故障都源于电池破裂后易燃有机电解质起火或爆炸。燃烧是一种自由基链式反应，会释放大量热。为了延缓火焰，添加阻燃添加剂或助溶剂是一种直观而有效的方法，它们可以清除自由基并终止燃烧反应。与可逆温度响应材料类似，可逆电压保护策略对于耐用的 LIBs 至关重要。需要特别注意电解质和电极材料的稳定性。拓宽电解质的电化学窗口和增强电极材料的界面稳定性和机械稳定性是两个主要考虑因素。重要的是确保电解质和电极材料在电滥用下的稳定性，即使电极材料破裂也能确保内在稳定性。

目前出现了许多电池安全策略，但它们的实际适用性需要彻底评估。虽然各种类型的电解质添加剂在增强特定电池功能方面显示出良好的前景，但它们对电池性能的整体影响需要进一步评估。同样，不同隔膜结构和阴极材料设计在实际电池系统中的实用性，以及它们是否可以改善当前的电池性能，还有待观察。开发更安全的电解质系统是解决电池安全问题的关键方法。当前的研究重点是高浓度电解质、局部高浓度电解质、氟化电解质和离子液体电解质。然而，高浓度电解质会增加锂盐的浓度，从而增加电池生产成本。氟化电解质形成稳定的 SEI 和 CEI 层并增强阻燃性，但与传统碳酸盐电解质相比，其黏度更高、离子电导率更低，因此需要添加其他溶剂来提高性能。然而，如果发生电池安全事故，这种电解质可能会加剧后果。因此，应根据改善电池性能的策略对整个电池生命周期的影响来评估其效果。

高 Ni 正极材料、Si 负极材料、固态电池、锂金属电池、钠离子电池等追求高能量密度锂离子电池的前提是保证电池的安全性。电池的能量密度越高，电池单位体积内能够释放的热量就越高，这意味着电池发生安全事故的概率会显著增加。因此高能量密度电池必须大幅提高热失控温度。同时，新型电池材料及其对电池稳定性和安全性的影响在投入实际使用前需要进行评估。

最后，随着锂离子电池在储能和电动汽车中的应用越来越多，未来每年将有大量电池退役。出于环境考虑、资源保护和经济价值考虑，回收退役的锂离子电池势在必行。为了最大限度地减少电池生命周期内对环境的影响，回收通常遵循金字塔回收方法，包括二次生命应用、材料再生和元素回收[5]。

2.2 锂离子电池正极材料

正极材料是锂离子电池构成的一部分，直接影响着锂离子电池的性能，在电池组分中占有较大比例，良好的正极材料一般应具备以下几种特点：

① 良好的结构稳定性。一般的正极材料多为层状或隧道的晶体结构，以利于锂离子的嵌入和脱出，该晶体结构牢固，在充放电电压范围内的稳定性好，使电极具有良好的充放可逆性，以保证锂离子电池长循环寿命。

② 分子量小，提高质量比能量；摩尔体积小，提高体积比能量。

③ 较高的离/电子电导率，保证锂离子的快速脱嵌，实现大倍率快速充放电。

④ 充放电过程中，有尽可能多的锂离子嵌入和脱出，使电极具有较高的电化学容量。

⑤ 有较高的氧化还原电位，从而使电池具有较高的输出电压。

⑥ 化学性质稳定性好，正极材料不与电解质等发生化学反应。

⑦ 资源丰富，无毒，生产成本低。

目前商业化的锂离子电池正极材料按结构不同可分为层状结构 $LiMO_2$（M＝Co、Ni、Mn、Al）、尖晶石型 LiM_2O_4（M＝Ni、Mn）和橄榄石型 $LiMPO_4$（M=Co、Ni、Mn、Fe）等。各自的优缺点如表 2-1 所示。

表 2-1　常见正极材料及其性能比较表

性能	磷酸铁锂	锰酸锂		钴酸锂	镍酸锂	镍钴锰三元材料
	$LiFePO_4$	$LiMn_2O_4$	$LiMnO_2$	$LiCoO_2$	$LiNiO_2$	$LiNiCoMnO_2$
理论能量密度/(mAh/g)	170	148	286	274	274	278
实际能量密度/(mAh/g)	130～140	100～120	200	135～140	190～210	155～165
电压/V	3.2～3.7	3.8～3.9	3.4～4.3	3.6	2.5～4.1	3.0～4.5
循环性/次	＞2000	＞500	差	＞300	差	＞800
过渡金属	非常丰富	丰富	丰富	贫乏	丰富	贫乏
环保性	无毒	无毒	无毒	钴有放射性	镍有毒	钴、镍有毒
安全性能	好	良好	良好	差	差	尚好
适用温度/℃	−20～75	＞50 快速衰减	高温不稳定	−20～55	−20～55	−20～55

此外，研究较多的还有橄榄石和 NASICON 两种结构类型的聚阴离子型正极材料（XO_m）$^{n-}$（X＝P、S、As、Mo 和 W）、磷酸铁锰锂（$LiFe_xMn_{1-x}PO_4$）等。

2.2.1　橄榄石型磷酸铁锂

2.2.1.1　磷酸铁锂材料的结构

1997 年 Padhi 和 Goodenough 发现具有橄榄石结构的磷酸盐，如磷酸铁锂（$LiFePO_4$），比传统的正极材料更具安全性，尤其耐高温、耐过充电性能远超传统锂离子电池材料。因此已成为当前主流的大电流放电的动力锂电池的正极材料。

$LiFePO_4$ 在自然界中是以磷酸锂铁矿的形式存在的，具有正交的橄榄石结构空间群为 Pnma，$a=10.3449$Å（1Å＝10^{-10}m），$b=6.0137$Å，$c=4.6990$Å，$V=292.33$Å^3，如图 2-2 所示。$LiFePO_4$ 晶体由 FeO_6、LiO_6 八面体和 PO_4 四面体构成，其中 O 原子以稍微扭曲的六方紧密堆积方式排列，Fe 与 Li 分别位于氧原子八面体中心位置，形成了 FeO_6 和 LiO_6 八面体。P 占据了氧原子四面体 4c 位置，形成了 PO_4 四面体。在 b、c 面上，相邻的 FeO_6 八面体共用一个氧原子，从而互相连接形成 Z 字形的 FeO_6 层。在 FeO_6 层之间，相邻的 LiO_6 八面体通过 b 方向上的两个氧原子连接，形成了与 c 轴平行的 Li^+ 的连续直线链，这使得 Li^+ 可能形成二维扩散运动。

从结构上看，PO_4 四面体位于 FeO_6 层之间，这在一定程度上阻碍了 Li^+

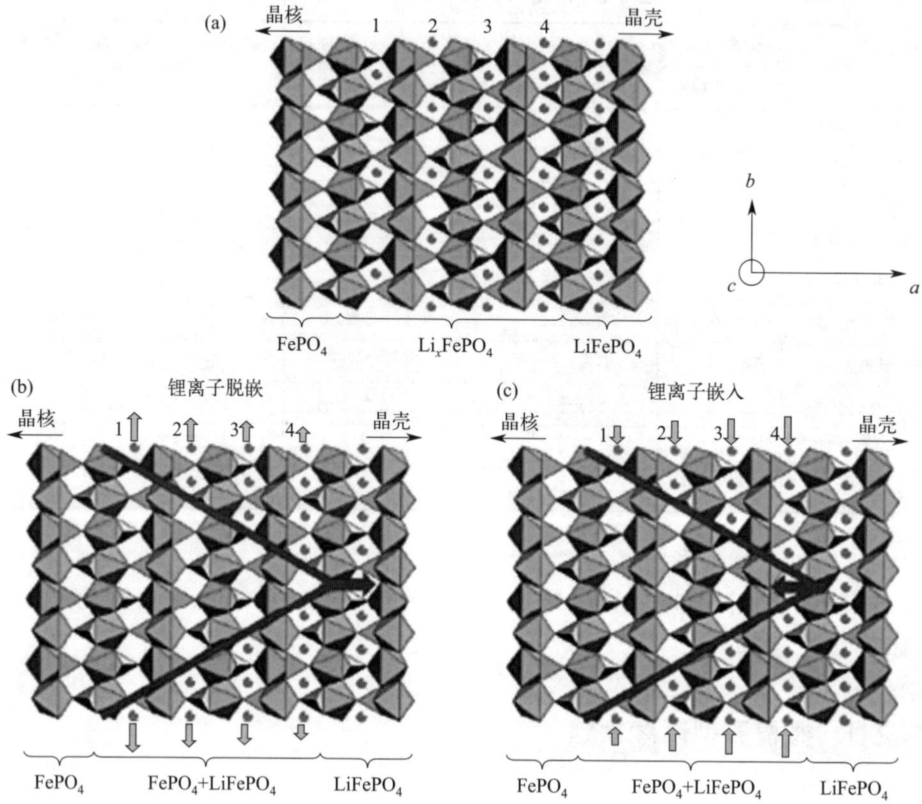

图 2-2　$LiFePO_4$ 晶体结构

的扩散运动。此外，相邻的 FeO_6 八面体通过共顶点连接，与层状结构（$LiMO_2$，M=Co，Ni）和尖晶石结构（LiM_2O_4，M=Mn）中存在共棱的 MO_6 八面体连续结构不同，共顶点的八面体具有相对较低的电子传导率。因此，$LiFePO_4$ 的内在结构决定了其只适合于小电流密度下充放电。

2.2.1.2 磷酸铁锂电池的充放电机理

$LiFePO_4$ 的脱锂产物为 $FePO_4$，实际的充放电过程是处于 $FePO_4/LiFePO_4$ 两相共存状态的。本质上，充放电过程可以看作是磷酸铁锂（LFP）与磷酸铁（FP）不断相互转化的过程，伴随有锂离子和电子在活性材料中反复嵌入和脱嵌，见图 2-3。在充电过程中，亚铁离子因失去一个电子而被氧化为三价铁离子，Li^+ 从磷酸铁锂中脱嵌以平衡价数，同时正交晶系的磷酸铁锂转变为六方晶系的磷酸铁，相应的晶格参数变为 $a=9.8213Å$、$b=5.7927Å$、$c=4.7886Å$，$V=272.43Å^3$。$LiFePO_4$ 在脱锂过程中，晶格参数 a 和 b 略有缩小，参数 c 略有增大。相应地，电池体积缩小了 6.81%，而密度增加了 2.59%。在此过程中，LFP 材料的结构并没有被破坏，只是略有改变，由于充放电过程中结构与体积变化很小，因此 $LiFePO_4$ 具有良好的循环性能。而放电过程与此相反。如图 2-4 所示为 $LiFePO_4$ 材料在充放电过程中 X 射线衍射（XRD）变化示意图。

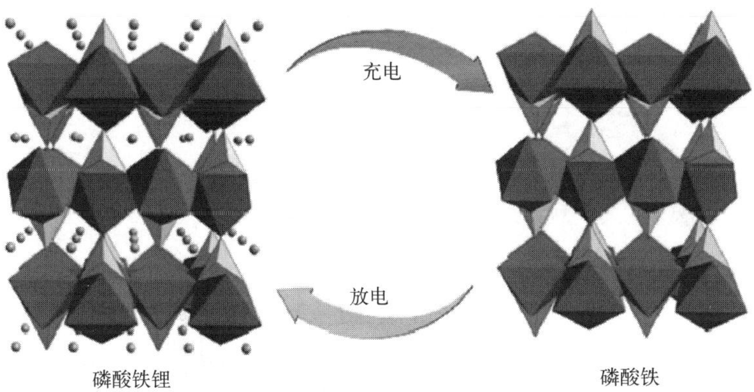

图 2-3　$LiFePO_4$ 材料在充放电过程示意图

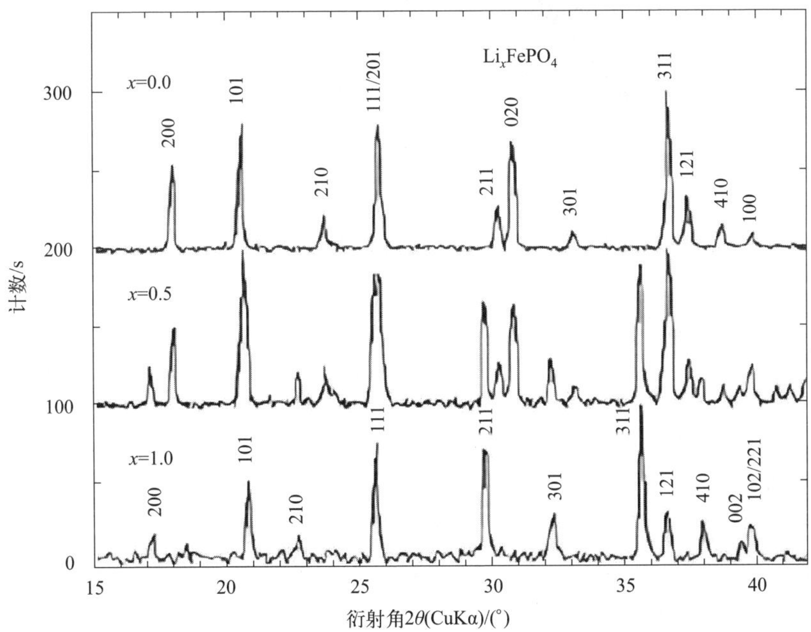

图 2-4　$LiFePO_4$ 材料在充放电过程中 XRD 变化示意图

以石墨作负极的 $LiFePO_4$ 电池为例（见图 2-5）：

正极充电过程：$Li_xFePO_4-xe^-\longrightarrow xLi^++FePO_4$

正极放电过程：$FePO_4+xLi^++xe^-\longrightarrow Li_xFePO_4$

负极充电过程：$6C+xLi^++xe^-\longrightarrow Li_xC_6$

负极放电过程：$Li_xC_{6-}-xe^-\longrightarrow 6C+xLi^+$

$LiFePO_4$ 电池整体的充放电过程：

充电过程：$LiFePO_4+6C\longrightarrow Li_{1-x}FePO_4+Li_xC_6$

放电过程：$Li_{1-x}FePO_4+Li_xC_6\longrightarrow LiFePO_4+6C$

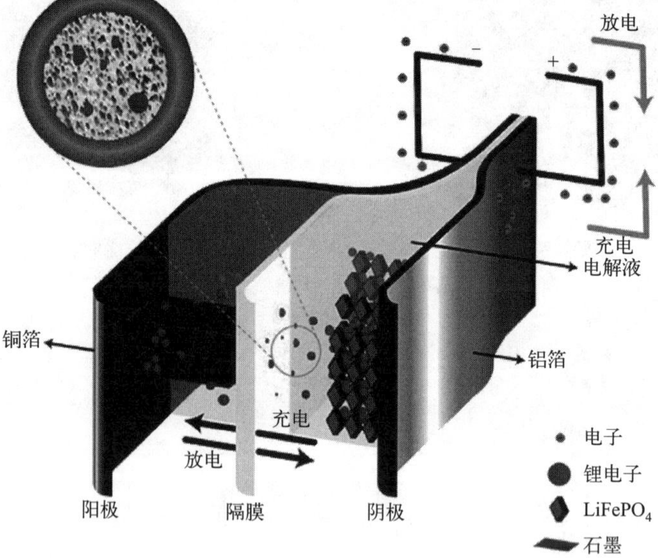

图 2-5　磷酸铁锂电池充放电示意图

2.2.1.3　磷酸铁锂材料的特点

优点：

① $LiFePO_4$ 电池的标称电压是 3.2V、终止充电电压是 3.6V、终止放电电压是 2.0V。

② 比容量大，高效率输出；标准放电为 2～5*C*（1*C* 表示电池在 1h 内将标称容量完全放电（或充电）的电流值)、连续高电流放电可达 10*C*，瞬间脉冲放电可达 20*C*。

③ 工作温度范围宽广（−20～75℃），高温时性能良好；外部温度 65℃时内部温度高达 95℃，电池放电结束时温度可达 160℃，电池内部结构安全完整。

④ 资源丰富，环境友好，安全性好，电池内部或外部受到伤害，电池不燃

烧、不爆炸。利用了丰富、廉价、无毒的磷和铁元素，且 $LiFePO_4$ 中强的 P—O 共价键阻止了氧的释放，保持了结构稳定性，降低了燃烧或爆炸的可能性。

⑤ 极好的循环寿命。经过 500 次循环，其放电容量仍大于 95%；实验室制备的磷酸铁锂单体电池在进行 1*C* 的循环测试时，循环寿命高达 2000 次。

⑥ 过放电到 0V 也无损坏，0 电压存放 7 天后电池无泄漏，性能良好，容量为 100%；存放 30 天后，无泄漏、性能良好，容量为 98%；存放 30 天后的电池再做 3 次充放电循环，容量又恢复到 100%。

⑦ 可快速充电，自放电少，无记忆效应：可大电流 2*C* 快速充放电，在专用充电器下，1.5*C* 充电 40min 内即可使电池充满，起动电流可达 2*C*。

$LiFePO_4$ 具有较高理论比容量（170mAh/g）、充放电电压适宜（3.5V）、自放电小、原材料可获得性广、安全性能突出、循环性能优异、热稳定性好、成本低、环境友好等诸多优点。与其他类型的 LIBs 相比，$LiFePO_4$ 电池表现出极低的自放电率，每月不到 3%。有研究表明，$LiFePO_4$ 电池的自放电受到储存温度和荷电状态（SOC）等因素的影响。更高的温度和更高的 SOC 导致自放电增加，在 50% 的充电状态下，温度升高的影响接近指数关系。$LiFePO_4$ 电池的自放电水平与其使用寿命有关，随着电池的老化，自放电率逐渐降低，然而，在明显老化的电池中，该速率可能再次呈现上升趋势。

图 2-6 为 $LiFePO_4$ 材料的充放电平台曲线，在 3.1～3.2V 之间存在一个平台区。如图 2-7 所示，温度降低或者放电倍率提升都会使平台区电压降低。

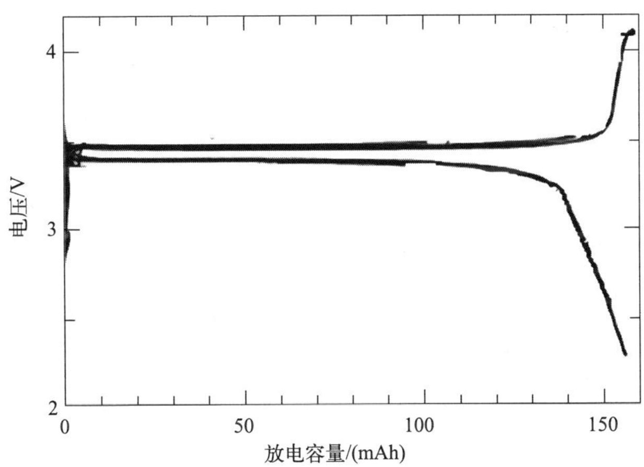

图 2-6　$LiFePO_4$ 材料的充放电平台曲线

缺点：

① 导电性差。由于 $LiFePO_4$ 晶格中缺乏连续的 FeO_6 网络，其电子导电性极低，仅为 10^{-10}～10^{-9}S/cm，故其实际容量略低于理论容量。

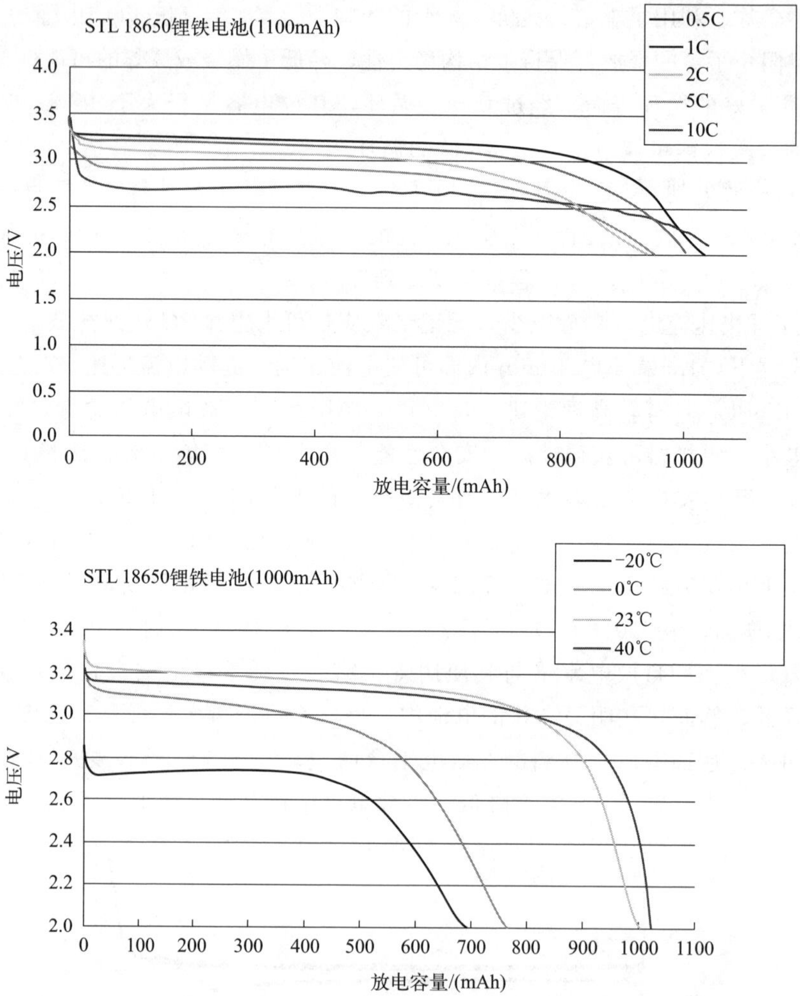

图 2-7　以 STL18650 为例，在不同放电倍率和不同温度下放电曲线

② $LiFePO_4$ 具有较低的锂离子扩散系数，范围为 $10^{-13}\sim10^{-11}cm^2/s$，锂离子在 $LiFePO_4$ 晶格中的运动是一维的，若产生晶格缺陷会显著影响材料容量。

③ 有限的比容量和放电电压导致其能量密度低，里程焦虑限制了其在电动汽车上的应用。目前最先进的 $LiFePO_4$ 电池可达到 180Wh/kg 的比能量，而 NMC 和 NCA 电池可达到 250Wh/kg。

④ 在恶劣/极端条件下，循环过程中的相变锂消耗过程会影响电池性能，导致不必要相的形成。

⑤ $LiFePO_4$ 的低温性能较差，导致其在低温下电化学性能严重恶化，限制了其应用。在 0℃时的容量保持率 60%～70%，－10℃时为 40%～55%，－20℃时为 20%～40%。

2.2.1.4 磷酸铁锂材料的合成与改性方法

合成磷酸铁锂的最常用的方法可分为固相法和液相法。通常固相法是在高温下进行的，包括高温固相法、碳热还原法、微波合成法、熔盐焙烧法等。而液相法是基于溶液/溶剂体系中的反应，主要有水热/溶剂热法、共沉淀法、溶胶凝胶法、喷雾热解法、乳液干燥法等。此外，一些其他方法也被用于合成 $LiFePO_4$，如冷冻干燥法和熔盐法。虽然这些方法都可以实现 $LiFePO_4$ 的合成，但考虑到成本、工艺难度、环境影响等因素，难以运用到实际的工业生产中。

2.2.1.4.1 磷酸铁锂材料的合成方法

一般情况下，由于没有溶液/溶剂作为反应介质，固相法需要在反应前通过粉碎和充分混合来降低颗粒尺寸，以促进合成的反应的进行。这种方法非常成熟，但能耗高，产品性能相对较差。

（1）固相法

① 高温固相法。高温固相法具有技术成熟、设备简单、适合大规模生产等优点，已被广泛用于合成 $LiFePO_4$，常以铁盐（如草酸亚铁，$FeC_2O_4 \cdot 2H_2O$）、磷酸盐［如磷酸氢二铵，$(NH_4)_2HPO_4$］和锂盐（如碳酸锂，Li_2CO_3）为原料，其合成程序主要包括混合、研磨、预烧结、再磨和烧结。将前驱体按一定的化学计量比放入容器中，充分混合，然后加入适量的有机溶剂作为分散剂进行研磨。研磨材料在 300～400℃ 预烧结，去除水分和杂质。最后将预烧结产物再研磨，然后在 400～800℃ 下烧结 10～24h。烧结温度一般为 650～700℃。要注意的是焙烧温度和时间也必须控制在合理的范围内，当反应温度高于 800℃ 时，会形成 Fe_2O_3 和 $Li_3Fe_2(PO_4)_3$ 产物。此外，过长的焙烧时间会使颗粒变大、结块，不利于 $LiFePO_4$ 材料的性能。由于纯 $LiFePO_4$ 只含有 Fe^{2+}，因此本方法采用含铁化合物作为前驱体，但是亚铁不稳定，极易被周围的氧气氧化为三价铁，特别是在高温环境下，这促进了氧化反应。因此，烧结过程一般在惰性气氛（N_2 或 Ar）或弱还原性气氛（如 H_2 与其他惰性气体混合）条件下进行。

常需要注意的是，产物中的碳源于有机物，如聚乙二醇、葡萄糖等，有机物可以在 $LiFePO_4$ 表面原位生成碳，从而可以提高 $LiFePO_4$ 材料的导电性。引入碳可以防止颗粒的生长和团聚，也可以提高其性能。当使用有机铁盐和/或锂盐作为原料时，它们也可以用作碳源。丙酮和乙醇是研磨和混合过程中常用的分散颗粒的有机溶剂。此外，含磷的锂盐或铁盐也可以作为 $LiFePO_4$ 的前驱体，而不是分别使用铁、锂和磷的单独盐源。如 LiH_2PO_4 可提供锂和磷，

NH_4FePO_4、$Fe[CH_3PO_3(H_2O)]$、$Fe[C_6H_5PO_3(H_2O)]$ 可作为铁源和磷源。

然而，固态合成方法有许多缺点。由于固态合成是在高温下进行的，因此很难避免反应器内部出现局部过热的现象，从而导致杂质的形成。过热还会导致颗粒生长和团聚不可控，从而导致颗粒尺寸分布广，颗粒形态不均匀。需要反复研磨和烧结，这使得操作烦琐，能耗大。系统的气密性和惰性/还原气氛的纯度，也会影响产品的纯度。采用的草酸亚铁较贵，且易氧化，反应时需要大量的惰性保护气体，同时烧结过程中会产生氨气、水、二氧化碳，炉膛内经过冷却的过程时会产生碳酸氢铵晶体颗粒而造成产品的污染，氨气的产生不利于环保，需进一步增加尾气处理设备。

② 碳热还原法。该方法与高温固相法基本相同，只是铁源和烧结温度不同。将锂源（磷酸二氢锂或碳酸锂）、铁源（三氧化二铁、四氧化三铁、磷酸铁）、碳源（蔗糖、葡萄糖）等，均匀混合后，在高温和氩气或氮气保护下焙烧，以有机碳源作还原剂将三价铁还原为二价铁，也就是通过碳热还原法合成磷酸铁锂。

优点：解决了在原料混合加工过程中可能引发的氧化反应，使合成过程更为合理，同时改善了材料的导电性。

缺点：反应时间相对过长，温度难以控制，产物一致性要求的控制条件更为苛刻，难以适应工业化生产。

③ 微波合成法。微波合成法与其他固相合成法类似。微波合成法需要锂、铁和磷前驱体。一般需要惰性或还原气氛来保护亚铁离子不被氧化。此外，使用某些原料时，反应过程中也会产生还原性气体。Amol Naik 等人以 $Fe_2(CO)_9$ 作为铁源，在反应过程中可产生还原性 CO 气体，提供还原性气氛。微波合成法不需要加热和传热来提供反应所需的温度，而是通过电磁场在分子水平上的相互作用将能量传递给材料。因此，原料必须吸收微波能并将其转化为热量才能激活合成反应。Masashi、Higuchi 等人的研究证实了这一点，他们使用 Li_2CO_3、$NH_4H_2PO_4$ 和 $Fe(CH_3COO)_2$ 成功合成了 $LiFePO_4$。一般来说，碳是理想的微波吸收剂，它价格低廉，还可以作为还原剂，使反应可以在氮气中进行，无需还原性或氩气等气氛。与其他固相法相比，微波合成法所需的反应时间要短得多，一般只需 2～20min。在很短的时间内，$LiFePO_4$ 的颗粒来不及熟化，合成的材料粒径要小得多，也更均匀。然而，如果微波加热时间超过临界时间，就会生成杂质 Fe_2P，此外，微波加热在分子水平上是均匀的，不存在温度梯度，也不存在局部过热现象，产品纯度较高，有利于材料性能的提高；而且所需温度为 100～200℃，低于使用传统加热炉的温度，可有效降低能耗。

④ 熔盐焙烧法。该方法的生产大体过程为：首先将前驱体和熔盐按一定比例球磨混合，制成均匀的混合物，然后放入真空烘箱中干燥，通过加热使熔盐由固态转变为熔融态。反应一定时间后，将产物冷却至室温，然后用水或乙醇洗涤以除去副产物和未反应的盐。最后经过滤、干燥后，即可得到 $LiFePO_4$ 产品。一些研究采用进一步的退火操作，在 $LiFePO_4$ 颗粒表面获得碳涂层，从而提高产品性能。一般选择廉价易得、绿色无毒、熔点较低的熔融盐作为介质，如 KCl。此外，熔融盐可直接作为反应原料，如锂盐，也能有效减少杂质的生成，使产品纯度更高。由于两种或两种以上组分的熔融盐熔点较低，复合熔融盐往往是更好的选择，例如 LiCl-LiOH 共晶熔融盐仅需 277～325℃的反应温度，氯化胆碱与二乙二醇熔融盐反应温度仅为 230℃。由于液态熔融盐具有活性高、流动快的特点，在熔融介质中，离子的扩散和溶解度较高。因此与传统固相法相比，该方法具有反应速度更快、产物形貌更可控、在较低温度下产物粒径更小以及电化学性能更佳等优点，此外该方法还适用于难熔、易分解、易挥发的原料，具有应用范围广泛的优势。

（2）液相法　液相法一般需要溶液/溶剂作为反应介质，此方法虽然比固相法复杂，但所需时间少，能耗低，且能在分子水平上达到较好的混合条件，故产物的纯度较高，均匀性较好，粒径也比固相法小。

如图 2-8 所示在一定的 pH 值和电位条件下，在水相体系中添加 Li、Fe、P 等可溶性物质，可以形成稳定的 $LiFePO_4$ 化合物，理论上液相合成法是可行的，且温度越高，$LiFePO_4$ 能够存在的稳定区域越大。这从理论上解释了为什么液相法往往需要加热和高温环境。

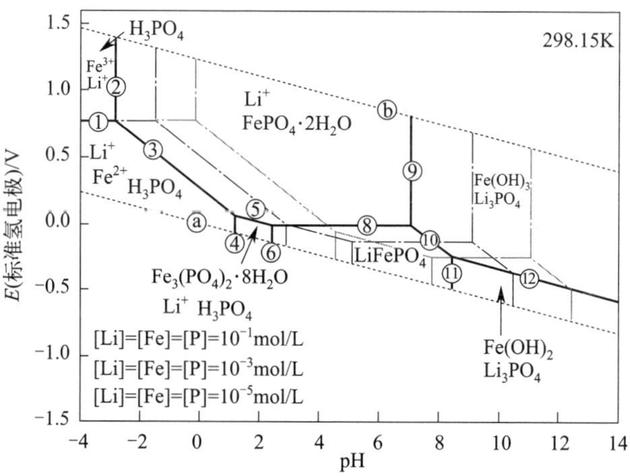

(a)

图 2-8

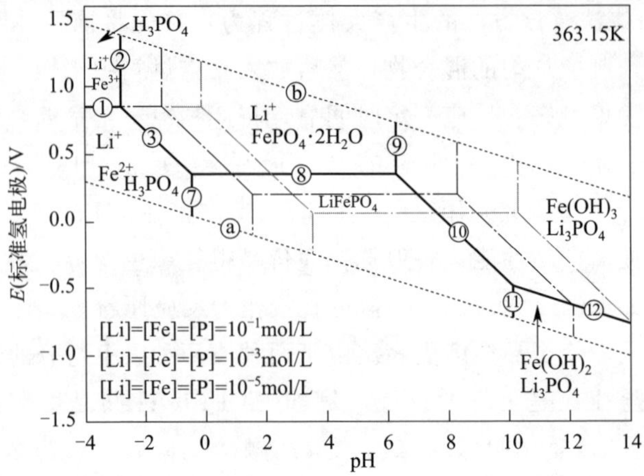

(b)

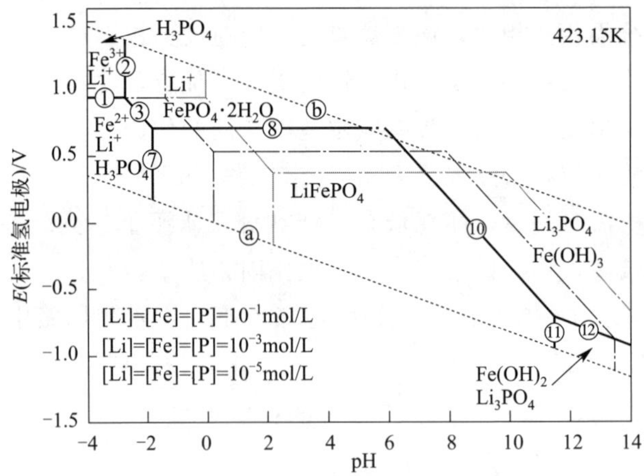

(c)

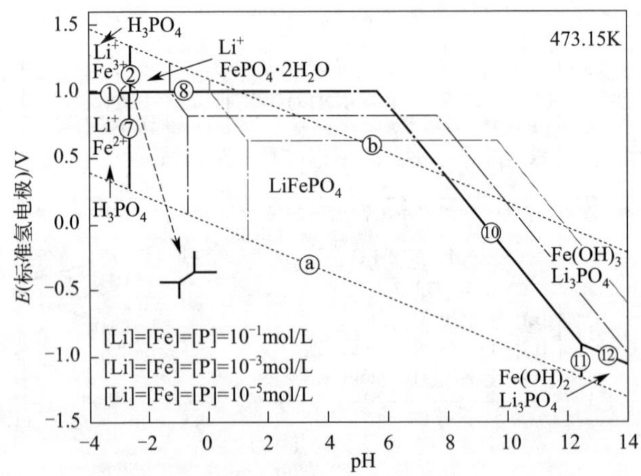

(d)

图 2-8 不同温度下 Li-Fe-P-H$_2$O 体系的 E-pH 图

① 水热/溶剂热法。水热/溶剂热法是将原料溶解在水相反应介质中，在高温下合成 $LiFePO_4$ 的过程。该方法所需的反应温度一般为 120～220℃，反应必须在高压釜等密闭反应器中进行。一般认为高于 170℃ 是合理的反应条件，因为这是可以大限度地减少铁无序性的最低温度，可以减少晶体内部结构的畸变，从而获得最佳的材料性能。高温下粒子的扩散加速，因此晶体生长非常快，反应可以在 5～10h 内完成。与传统固相法相比，该方法具有反应时间短、环境危害小等优点。此外，该方法合成的材料结晶性良好，且粒径均为亚微米级。

需要注意的是，该方法所用的铁源通常是可溶性亚铁盐，不稳定，易被氧化。因此，为了保证合成材料的性能，通常在溶液中加入可溶性还原剂如肼、抗坏血酸、乙二醇、吡咯、葡萄糖和蔗糖。

优点：可以在液相中制备超微细颗粒，原料可以在分子级混合。具有物相均匀、粉体粒径小以及操作简便等优点，且具有易量产、产品批量稳定性好、原料价廉易得的优点。同时生产过程中不需要惰性气氛。

缺点：水热/溶剂热法制备的产物结构中常常存在着铁的错位，生成了亚稳态 $FePO_4$，影响了产物的化学及电化学性能。同时也存在粒径不均匀、物相不纯净、设备投资大（耐高温高压反应器的设计制造难度大，造价也高）或工艺较复杂的缺点，且该方法制备的 $LiFePO_4$ 不具有碳包覆，阻碍了材料的导电性，因此仍需通过添加碳源并在高温下烧结来生成碳包覆的 $LiFePO_4$。

② 共沉淀法。共沉淀法制备超细氧化物由来已久，其具体过程是将适当的原材料溶解后，加入其他化合物以析出沉淀，干燥、焙烧后得到产物。由于溶解过程中原料间的均匀分散，故共沉淀的前体可实现低温合成。

与水热/溶剂热法类似，采用共沉淀法，将磷源、铁源和锂源溶解在水中，充分混合。还通过调节 pH 值来控制产物的生成，达到三种离子的等物质的量沉淀。不同的是，该方法不能直接生成 $LiFePO_4$ 产品，仍需经过烧结得到前驱体和最终产品，但是由于共沉淀方法自身的特点，前驱物沉淀往往在瞬间产生，各元素的比例往往难以控制。经过焙烧后，很可能会导致产物中各元素的非化学计量性。

③ 溶胶-凝胶法。溶胶-凝胶法不同于其他液基合成法，需要螯合剂（或络合剂）参与反应。该方法的一般过程是将原料溶解在溶剂中，并在溶剂中加入螯合剂与金属离子发生化学反应，形成配位化合物，然后通过调节 pH 值缩聚生成溶胶。加热除去溶剂，形成凝胶。

螯合剂的选择至关重要，但毫无疑问，强螯合剂对反应有利，通常选择具有多个配位点的羧酸作为螯合剂，酸性环境可以有效避免铁离子的水解反应。常用的螯合剂有柠檬酸、草酸、氨基三亚甲基膦酸（ATMP）、己二酸、抗坏血酸、月桂酸、乙醇酸和酒石酸。煅烧过程也需要在惰性或弱还原气氛下进行，一般煅烧温度为500～700℃。在煅烧过程中，升温速率对材料的性能也有很大的影响。加热太慢对材料的性能不利，因为它会增大粗糙度，不利于多孔结构的形成。反之，快速升温则有利于材料的电化学性能。

溶胶-凝胶法可以实现原料在分子水平上混合均匀，产品形貌可控，粒径均匀，产品性能好。但用该方法生产LFP时，体积变化较大，生产周期长，目前不适合大规模应用。

④ 乳液干燥法。乳液干燥法是将按化学计量的锂源、铁源、磷源等溶解到水中形成水溶液，然后与有机相充分混合形成油包水乳液。将乳液在300～400℃下进一步干燥形成前驱体，此过程伴随着有机相的热分解和水分的蒸发。然后将干燥的前驱体在惰性气氛中于650～850℃下煅烧。通常，750℃被认为是最佳烧结温度。如果温度过高或过低，产品的电化学性能尤其是容量都会变差，这是因为在较高温度下颗粒过度生长，而在较低温度下反应难以充分进行。通常有机相一般为乳化剂（如吐温85）和煤油的混合物。

该方法还具备一般水热/溶剂热法的优点，原料能在原子尺度上均匀混合，有效抑制颗粒的无限生长和团聚。

（3）其他合成方法

① 冷冻干燥法。将含有锂离子、磷离子、铁离子和有机碳源（如HCOO—、CH_3COO—等）的溶液通过液氮冷冻，然后在真空条件下干燥约10h，从而形成前驱体。进一步在350℃下分解2h，在350～600℃条件下烧结5～15h，即可得到$LiFePO_4$产品。该方法通过添加额外的螯合剂如柠檬酸可以将粒径控制在纳米尺度，柠檬酸也可以作为碳源。通过这种方法还可以获得具有良好纯度、形貌和电化学性能的$LiFePO_4$材料。

② 生物合成。例如使用酵母细胞作为生物模板和碳源，与其他结构模板相比，酵母细胞无毒、易降解、无污染。Yue Cao等将干酵母培养在葡萄糖水溶液中形成酵母细胞乳状液，经离心和多次洗涤后得到纯化的酵母细胞。将纯化的酵母细胞培养在$Fe(NO_3)_3 \cdot 9H_2O$水溶液中，加入$NH_2H_2PO_4$、$LiOH \cdot H_2O$、$C_6H_8O_7 \cdot H_2O$等原料以及柠檬酸（作为螯合剂和还原剂），在80℃下搅拌生成凝胶。最后在120℃下干燥24h，在氮气保护下于700℃下烧结6h即可得到$LiFePO_4$材料。

另一种方法是使用还原菌如*Shewanella* sp.，它可以将三价铁离子还原为二价亚铁离子，从而促进$LiFePO_4$在室温下的合成，但这种细菌合成过程存在工艺时间过长和复杂性的问题。

2.2.1.4.2 磷酸铁锂材料的改性方法

在大多数情况下，改性和合成 $LiFePO_4$ 是同时进行的。例如，当使用固体基方法合成 $LiFePO_4$ 时，其外表面已经覆盖了一层碳；在合成过程中，采取控制措施防止颗粒过度生长和聚集，进一步实现纳米级性能；或在 $LiFePO_4$ 合成过程中加入适量的其他金属或非金属元素，实现晶格取代，提高其电化学性能。但也存在合成与改性分离的情况，如采用液相法合成 $LiFePO_4$ 后，需要高温烧结才能实现碳包覆。总之，在大多数情况下，合成和修饰是齐头并进的，它们之间有着复杂的联系。虽然它们可以单独讨论，但在进行研究时考虑两者是很重要的。目前主要有三种改性方法，即表面修饰、纳米化和晶格取代。

（1）表面修饰　表面修饰是提升 $LiFePO_4$ 电化学性能的主要方法之一，其主要目的是通过添加导电性良好的材料并将其包裹在 $LiFePO_4$ 粒子表面来提高 $LiFePO_4$ 的电子电导率。表面修饰分为外表面修饰和内表面修饰，其中外表面修饰是研究最多、最常见的提高 $LiFePO_4$ 电导率的方法。其目的是用碳、银粉、TiO_2、$LaFeO_3$、RuO_2、ZnO、ZrO_2、铜粉、导电聚合物等导电物质包裹 $LiFePO_4$。

一般来说，碳包覆是非常常用的方法，因为它工艺简单、成本低、效果好。$LiFePO_4$ 的碳涂层应均匀、致密、完整，并具有合适的厚度和含量。碳包覆可以显著提高 $LiFePO_4$ 的性能，使其电子电导率提高 5～8 个数量级，碳包覆可以显著提高 $LiFePO_4$ 的比容量和循环稳定性。在碳包覆中掺杂 P、N 等其他元素可以进一步大幅度提高电导率。碳包覆一般是在合成过程中通过添加碳源来完成的。

碳涂层的作用主要有以下几个方面：传递电子，从而提高 $LiFePO_4$ 的电导率和容量；防止颗粒的无限生长和团聚；碳的稳定性好，碳涂层可以减缓甚至避免电解液中 $LiPF_6$ 形成的 HF 对 $LiFePO_4$ 颗粒的腐蚀；防止 $LiFePO_4$ 与空气和水分接触，避免氧化。

常用的有机碳源有葡萄糖、蔗糖、吡咯、单宁酸、偏氟乙烯等，无机碳也是常用的碳源，如炭黑、石墨、石墨烯等。

碳包覆在 $LiFePO_4$ 上的优势是显而易见的，但碳含量不宜过高。由于碳的密度较低，过量碳会使 $LiFePO_4$ 产品的振实密度降低，进而影响其能量密度。此外，如果碳的添加量过多，$LiFePO_4$ 会过度降低，导致杂质相的形成。因此，需要添加适量的碳。需要注意的是，碳包覆只能提高颗粒间的导电性，对本体内的导电性影响不大，尤其是当颗粒尺寸较大时，表面改性对 $LiFePO_4$ 材料的作用非常有限。

除了外表面修饰，内表面修饰也是常用的修饰策略之一。通过在纳米级 $LiFePO_4$ 颗粒内部添加碳纳米管、碳纳米棒、碳纳米线等，可以有效改善 $LiFePO_4$ 内部锂离子的扩散，提高 $LiFePO_4$ 的利用率和导电性，保证其良好的循环性能。内表面修饰是基于 $LiFePO_4$ 颗粒的纳米化。因此，纳米化也是提高 $LiFePO_4$ 性能的手段之一。

(2) 纳米化　如上所述，Li^+ 扩散系数低和电子电导率低是 $LiFePO_4$ 材料两个致命的缺点。由于 $LiFePO_4$ 材料的各向异性，以及锂离子在 $LiFePO_4$ 材料内的一维传输，锂离子在其传输路径上无法绕过缺陷，从而导致材料容量和性能的降低。减小粒径是解决这一限制的有效方法。纳米级 $LiFePO_4$ 粒子具有以下优点：

① 增强电子电导率：一旦 $LiFePO_4$ 的粒径从亚微米级减小到纳米级，极化子电导率就会增加约一个数量级。在纳米尺度范围内，减小粒径也是有益的，尤其是当粒径小于 200nm 时。当尺寸减小到 150nm 时，电子性质表现出典型的尺寸依赖效应，例如当粒径从 150nm 减小到 50nm 时，电子电导率提高了两个数量级，但对于大于 600nm 的粒径，粒径效应非常弱。这是由于粒径减小引起的晶格应变显著，即 [1 0 1] Pnma(*a* 轴方向) 方向的双轴压缩应变导致电子电导率增加，因为它导致跳跃距离缩短。

② 增强 Li^+ 扩散系数：纳米化可以缩短颗粒内部的 Li^+ 扩散路径；并可以降低体内出现缺陷的概率，从而增强 Li^+ 的传输。

③ 提高充放电反应速率：这是由于纳米化增加了粒子的比表面积，使其与电解液更好地接触，从而提高了反应速率。

④ 纳米粒子在连续充放电过程中有效缓冲晶格应变，从而延长 $LiFePO_4$ 的使用寿命。

虽然球磨和控制煅烧温度可以减小粒径，但生成纳米级粒子非常困难。固相法合成的 $LiFePO_4$ 粒子一般为 2～7μm。合成纳米级粒子的方法主要是液相法，在分子水平上原料混合得更好，可以提供更多的反应位点；而且反应时间相对较短，可以有效避免颗粒的熟化。

纳米化具有以下缺点：纳米颗粒制造困难且成本高，其较低的振实密度也导致较低的能量密度。纳米颗粒往往需要更多的碳和黏合剂作为支撑材料，这也增加了成本并进一步降低了电池的能量密度；由于纳米颗粒的比表面积较大、表面原子配位较低，当它们在电解质中时更容易发生颗粒溶解，这会严重降低电池的比容量和寿命。

（3）晶格取代　晶格取代（掺杂）是提高 $LiFePO_4$ 材料电子电导率和锂离子扩散的常用方法。晶格取代又可分为金属掺杂和非金属掺杂。金属掺杂的主要作用是提高 $LiFePO_4$ 内部的 Li^+ 扩散速率和电子电导率，而表面修饰只能改变粒子间的电导率。而金属掺杂既可以发生在锂位，也可以发生在铁位，掺杂的位置与掺杂剂的离子半径有关。一般来说，离子半径相近的离子更容易发生晶格置换。如 Na、K、Al、Nb、Ti 等离子半径较小，与锂离子半径较近，因此这些金属离子通常会取代锂离子；而离子半径较大的 V、Mo、Bi、Ru、Ho、Sn、Cu、Mn、Ni、Co 等更适合掺杂在铁位，由于铁位点掺杂往往效果更佳，因此得到了广泛的推崇。具体而言，少量的锂位点掺杂会导致 $LiFePO_4$ 材料中出现晶格缺陷，从而增加锂空位浓度，加宽 Li^+ 扩散通道，提高 Li^+ 扩散系数，有效降低电荷转移电阻，从而提高电导率。研究表明，通过锂位点掺杂，$LiFePO_4$ 的电子电导率可提高 8 个数量级。掺杂一些特定的离子还会有一定的特殊好处，例如 Na 掺杂可以改善动力学行为，提升循环性能，降低电阻；Mg 可以增加晶格体积，为 Li^+ 扩散提供更多的空间，可以提升材料的电化学活性和充放电容量；Al 可以提高材料的循环性能；Nb 可以拓宽 Li^+ 扩散的通道，提高容量和循环稳定性；Ti 可以增强充电过程的可逆性和循环性能。铁位点掺杂可以降低 Li—O 键相互作用，可以抑制晶体沿（010）平面的生长，使颗粒变得扁平、细长，有利于只能一维移动的锂离子的扩散，对 $LiFePO_4$ 的电子电导率和离子扩散速率非常有利。与锂位点掺杂类似，在铁位上用特定元素取代也可以带来一定的好处。

例如，V 掺杂可以提高电化学容量、细化粒径、引起晶格畸变；Bi 掺杂可以改善锂离子脱嵌动力学，提高容量，提高可逆性；Ru 掺杂可以降低晶格参数和带隙，提高结构稳定性，提高容量和循环性能；Ho 可以提高 C 倍率和循环性能；Sn 可以细化粒径；Mo 可以拓宽 Li^+ 扩散通道，显著提高电化学性能；Cu 可以提高均匀性、电导率、循环性能和容量；Mn 可以增加晶体体积，从而提高离子扩散速率、载流子浓度和放电容量；Ni 可以显著提高循环稳定性和 Li^+ 的扩散；Nb 可以使锂离子迁移通道变宽、降低共价键强度，从而促进锂离子的扩散速率和电子电导率；Mg 掺杂可以减小 $LiFePO_4$ 的电池体积，缩短 Fe—O 和 P—O 键，加长 Li—O 键，从而有利于 Li^+ 的扩散，Mg 在加宽锂离子扩散路径方面起着至关重要的作用，从而使 $LiFePO_4$ 材料具有更高的比容量、更好的循环稳定性和更好的倍率性能；而 Co 可以增强 P—O 和 M—O 键的结合，此外，Co 还可以抑制电解液对 $LiFePO_4$ 的腐蚀，从而保障电池的结构稳定性和循环稳定性。

非金属掺杂（在 P 位和 O 位受到的关注较少），因为元素间的有益相容性受到更多限制。目前常见的非金属掺杂元素主要有 Cl、F、S 等。非金属掺杂的作用主要在于稳定晶格结构、优化 Li^+ 通道，从而促进 Li^+ 的扩散。例如 Cl 掺杂可以改变晶体结构，增强其稳定性，改善锂离子的扩散，此外 Cl 还有助于降低 $LiFePO_4$ 的带隙，从而增强材料的电子电导率；S 可以扩大 Li^+ 的扩散路径，提高材料的倍率容量；F 可以占据 O 位，削弱 Li—O 键，细化颗粒，从而促进 Li^+ 的扩散，提高材料的电导率。当用不同价态的离子取代（异价掺杂）时，会产生离子空位，从而增加 Li^+ 的扩散路径，提高其迁移率和扩散系数。然而，异价掺杂也会引起晶体缺陷，使材料结构不稳定。在某些情况下，如果电荷得不到补偿，还会发生超价掺杂，导致杂质相的出现。

保持 $LiFePO_4$ 独特的结构稳定性优势很重要，但也必须考虑 Li^+ 和电子的高效传输。但由于这些因素本质上是矛盾的，因此需要找到一个平衡点。掺杂往往可以在一定程度上提高 $LiFePO_4$ 正极材料的性能。不同掺杂粒子的改性效果各有千秋。多位点协同作用无疑对 $LiFePO_4$ 整体性能具有更好的改性效果，因此多元素共掺杂有望成为有效提升 $LiFePO_4$ 电化学性能的重要途径。

（4）改性总结　三种改性方法均可大幅提升 $LiFePO_4$ 材料的电化学性能，但其效果和机理各有不同。例如：外表面改性可通过在 $LiFePO_4$ 表面包裹导电物质来增加颗粒间的电子电导率；纳米化可通过减小粒径来缩短锂离子与电子之间的距离；晶格取代可提高 Li^+ 的扩散速率和电子电导率。但这三种方法也各有不足，例如：外表面改性会降低 $LiFePO_4$ 的振实密度，从而降低材料的能量密度；纳米化工艺烦琐成本高，也会降低材料密度，且纳米颗粒容易团聚；晶格取代会破坏结构的稳定性，可能导致杂质相的生成。

总体而言，$LiFePO_4$ 改性方法以多种方式相互结合，可以发挥各自的优势，减少各自的不足。该方法可以事半功倍，实用且前景广阔。此外，在选择磷酸铁锂电池改性方法和材料时，还需要考虑生产成本、材料可用性、毒性、环境影响和可持续性等问题。例如，在掺杂时，应避免使用价格昂贵或对人体健康和环境有害的元素，以及过于复杂烦琐的改性方法。

2.2.2 尖晶石型锰酸锂

2.2.2.1 锰酸锂材料的结构

尖晶石型锰酸锂（$LiMn_2O_4$）是主要的锰系锂离子电池正极材料之一，1981 年 Hunter 首次将其作为锂离子电池正极材料使用。尖晶石型锰酸锂正极材料为面心立方结构，空间群为 $Fd\bar{3}m$。Li^+ 占据四面体 $8a$ 位点，$Mn^{3+/4+}$ 占据八面体 $16d$ 位点，O^{2-} 呈立方密堆积占据 $32e$ 位点。具有边缘共享的八面体结构的$[Mn_2]_{16d}O_4$框架提供了一个三维的锂离子扩散途径，Li^+将从 8*a* 位点穿过相邻的 16*c* 八面体空位进入下一个四面体 8*a* 位点，这种独特的三维离子扩散通道使得 $LiMn_2O_4$ 具有更快的充放电特性。同时因为空余的 16*c* 位点的存在，额外的 Li^+ 可以进入 16*c* 八面体空隙，在 3V 左右形成锂化尖晶石 $Li_2Mn_2O_4$。在充/放电过程中锂离子沿 $8a \rightleftharpoons 16c \rightleftharpoons 8a$ 的三维路径进行可逆脱嵌。因尖晶石型锰酸锂具有三维锂离子扩散通道，其常温下的锂离子扩散系数为 $10^{-14} \sim 10^{-12} cm^2/s$。图 2-9 和图 2-10 分别展示了锰酸锂的晶体结构以及典型的 XRD 衍射峰。

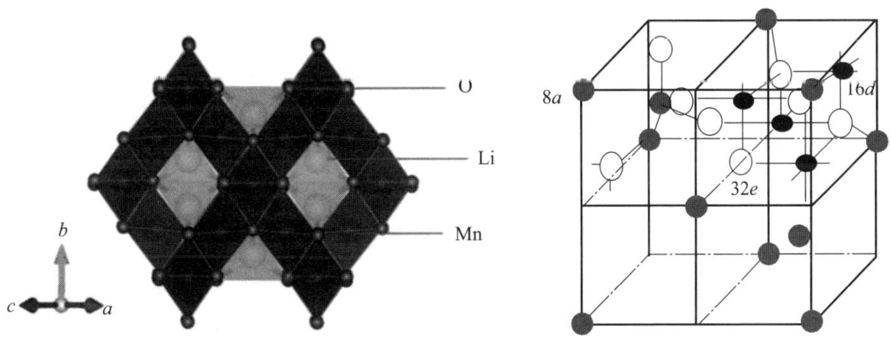

图 2-9　$LiMn_2O_4$ 结构示意图

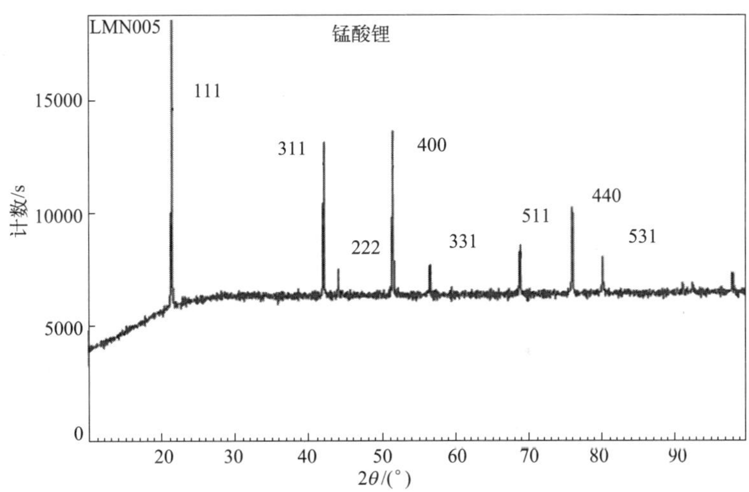

图 2-10　$LiMn_2O_4$ XRD 示意图

2.2.2.2　锰酸锂电池的充放电机理

在 $LiMn_2O_4$ 的放电初期，重新嵌入晶格的 Li^+ 会先占据晶体结构

$[Mn_2O_4]$ 中氧四面体的 8*a* 位置。锂离子嵌入 $[Mn_2O_4]$ 晶格时将伴随有部分 Mn^{4+} 还原为 Mn^{3+}，在 $x<0.5$ 时锂离子先占据其中一半的 8*a* 位置，这与 $[Mn_2O_4]$ 晶格的超结构有关，此时整个晶体长程有序而短程无序，一个亚晶格全满而另一个全空，这样锂离子通过先嵌入一半的 8*a* 位置有效地减小相邻锂离子间的斥力，从而使嵌入锂离子后的尖晶石结构保持最低的能量状态，宏观表现为在 $x=0.5$ 时，$\lambda\text{-}Mn_2O_4$ 转变为单相 $Li_{0.5}Mn_2O_4$，晶胞参数突跃，表现出第一个工作平台，电压约为 4.1V。第一平台反应式如下：

$$[Mn_2]_{16d}O_4+0.5Li^+ \longrightarrow Li_{0.5}[Mn_2]_{16d}O_4$$

当嵌入晶格的 Li^+ 达到甚至超过一半时，材料的晶体结构出现 $Li_{0.5}Mn_2O_4$ 和 $LiMn_2O_4$ 两相共存的现象。随着 Li^+ 进一步嵌入另一半的 8*a* 位置，该材料会表现出第二个工作平台，电压约为 3.95V。锂离子完全嵌入尖晶石晶格的氧四面体的 8*a* 位时，该材料就会由初期的 $[Mn_2O_4]$ 变成 $LiMn_2O_4$。第二平台反应式如下：

$$Li_{0.5}[Mn_2]_{16d}O_4+0.5Li^+ \longrightarrow Li_{8a}[Mn_2]_{16d}O_4$$

然而，如果进一步过放电，在 3V 左右时，立方相的 $LiMn_2O_4$ 会在 16*c* 空位进一步嵌锂，此时体系锰离子主要为 Mn^{3+}，这将导致严重的 Jahn-Teller 效应，晶体结构向四方相 $Li_2Mn_2O_4$ 转变。第三平台反应式如下：

$$[Li_{8a}][Mn_2]_{16d}O_4+Li^+ \longrightarrow [Li]_{8a}[Li]_{16c}[Mn_2]_{16d}O_4$$

尽管利用 3V 的平台形成锂化尖晶石，材料的理论比容量高达 296mAh/g，c/a 变化达到 16%，晶胞体积增加 6.5%，但是材料巨大的内部应力与体积变化导致结构的迅速崩塌，锂离子的三维迁移通道被破坏，性能急剧下降。因而通常认为 3V 电压平台没有实际应用价值，故而 $LiMn_2O_4$ 正极材料也只针对在 3V 以上充放电范围，在这范围内，存在两个电压平台，依次为 4.1V、3.9V 左右，其理论比容量为 148mAh/g，但实际比容量仅为 120mAh/g。$LiMn_2O_4$ 的放电曲线见图 2-11。

2.2.2.3 锰酸锂电池的合成方法

$LiMn_2O_4$ 作为一种成熟的商业化正极，合成方法众多，不同方法制备的材料也存在明显的性能差异。

固相法是 $LiMn_2O_4$ 最为经典的合成方法，操作较为简单，是工业生产中最为理想与实用的方法，在常规合成中，通常将锂源（常为 LiOH 或 Li_2CO_3）、锰源（常为 $MnCO_3$、MnO_2、Mn_3O_4 等 Mn 系列化合物）通过干磨或者湿磨混合均匀，再通过在热炉中适当温度热处理得到 $LiMn_2O_4$ 正极材

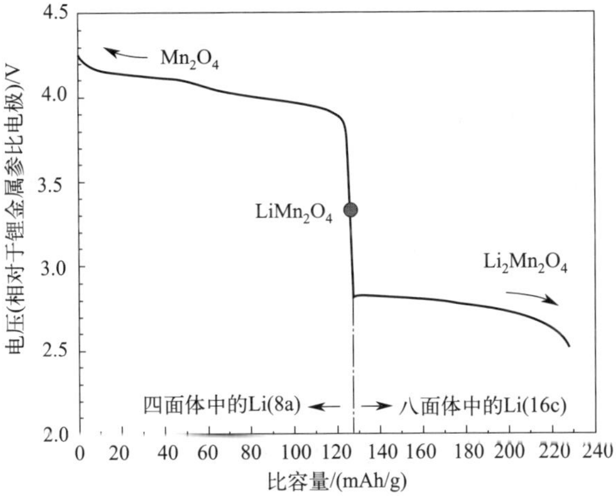

图 2-11 $LiMn_2O_4$ 的放电曲线

料。固相法存在明显的缺陷，合成的材料团聚严重，颗粒分布不均匀，这也将对材料性能产生一定不利影响。

溶胶-凝胶法是在相对较低的成本和温度下获得高纯度、高可控化学计量纳米尺寸材料的合成方法。在溶胶-凝胶法合成中，锂和锰的乙酸盐或硝酸盐为源材料，柠檬酸为螯合剂，并在前驱体的均质化过程中使用氨溶液以保持中性 pH 值。然而，溶胶凝胶法产量受限，此外大量螯合剂的使用使材料合成原子经济效益低，成本增加。

共沉淀法是获得颗粒分布相对均匀的高结晶性 $LiMn_2O_4$ 的有效途径。此外共沉淀方法还有合成时间短、能耗低和产量高等优点。在沉淀过程中，锂和可溶性盐溶解在水中，通过控制沉淀剂的注入速率和沉淀温度，获得锂和锰均匀混合的共沉淀。由于锂和锰的原子量相差过大，形成的沉淀物的容积常数也存在较大差异，很难实现二者的完全沉淀，这对共沉淀法的合成参数设计与优化提出了更高要求。

水热/溶剂热法是最常用的形貌调控合成方法，广泛应用于电化学、生物医学等纳米材料合成，优点是成核可控制、能耗较低、形貌构筑均匀。通常通过水热反应控制锰源的形貌，如锰源纳米线、纳米片等特殊形貌，再加锂源经热处理继承锰前驱体的形貌，制备具有特殊形貌的 $LiMn_2O_4$ 正极。水热反应对于温度、气压和反应底液含量高度敏感，因此该方法较难用于大规模生产，且不同批次材料重现性差，不适合工业生产。

此外，$LiMn_2O_4$ 的制备还包括燃烧法、喷雾干燥法、静电纺丝法等各种方法，并且各种方法制备的材料均有其独特的属性。这些方法往往因成本较高或者难以大规模量产等问题，而无法在大批量商业化生产中使用。对于 $LiMn_2O_4$ 的大规模生产而言，依旧以产量最高的固相烧结法为主。

2.2.2.4 锰酸锂电池的失效机制与改性方法

（1）失效机制　尽管 $LiMn_2O_4$ 正极材料存在着价格低廉、无毒环保的元素优势和三维离子扩散通道、脱嵌锂体积变化小的结构优势，但其容量的迅速衰减严重阻碍了其广泛应用。失效的原因通常是 Mn^{3+} 固有的 Jahn-Teller 畸变和自发歧化反应。研究人员认为锰酸锂电池可能存在以下几种机制（见图 2-12）：

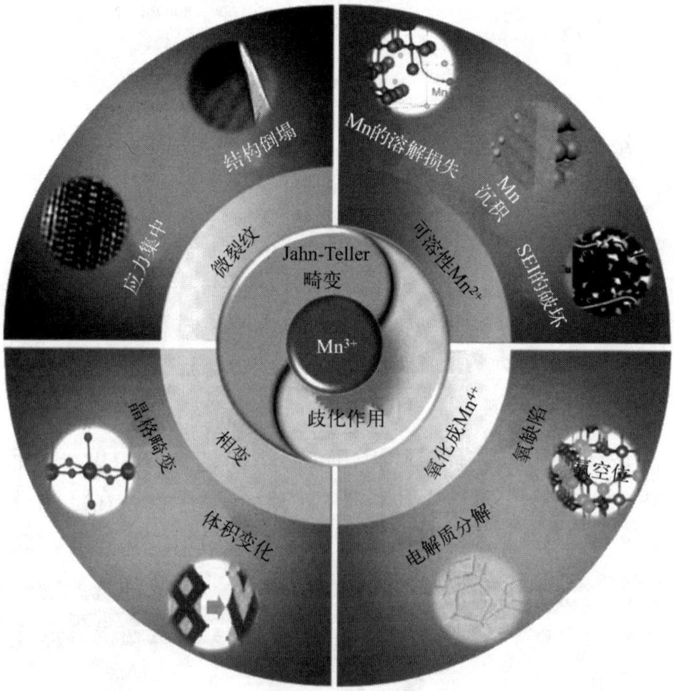

图 2-12　$LiMn_2O_4$ 电池的失效机制

① 深度放电时 Mn^{3+} 发生 Jahn-Taller 畸变。核外电子在 e_g 的简并轨道上的不对称占据将导致系统处于高能不稳定状态。为了达到稳定状态，系统会自发地发生构型畸变，即 Jahn-Teller 畸变。

② Mn^{3+} 发生歧化反应引起锰的溶解损失（$Mn^{3+} \longrightarrow Mn^{4+} + Mn^{2+}$），活性锰离子的大量溶解损失将导致比容量不可逆下降。

③ 电解液的分解会产生 HF，腐蚀电极，导致电解液击穿的恶性循环。电

解液中不可避免地会存在微量的 H_2O，是造成电解液分解循环的原因。

④ 材料合成过程或电解质分解产生的氧缺陷。

⑤ 不可逆相变引起微裂纹的形成。具有不匹配晶胞参数的不同相之间的变化不可避免地会伴随体积膨胀或压缩，随后形成微裂纹。

⑥ 锰在负极上的沉积带来固体电解质界面相（SEI）的破坏和阻抗的增加。

（2）改性方法　基于上述各类失效机制，研究人员对锰酸锂电池提出了包括元素掺杂、表面涂层、特殊结构控制、电解液优化、功能隔膜和功能黏结剂的改性策略。对于正极材料本身的改性通常采用前三个策略。

元素掺杂是锰酸锂材料最为经典且实用的改性方式，它不改变尖晶石结构框架，却涉及体相与界面的调控。$LiMn_2O_4$ 中的元素掺杂以 Mn 的+3.5 价为界线，研究的掺杂剂可分为两类：①化合价为+1、+2 和+3 的元素，如 Li^+、Mg^{2+}、Al^{3+}、Cu^{2+}、Zn^{2+} 等。研究人员认为，这些元素可以降低 $LiMn_2O_4$ 正极材料中 Mn^{3+} 的比例，从而减少由于歧化反应和 Jahn-Teller 效应引起的正极材料性能的恶化。②化合价高于+3 的元素，如 Ti^{4+}、V^{5+}、Nb^{5+} 等。增强的结构和电化学稳定性通常归因于这些掺杂剂和氧原子之间存在比 Mn—O 键更强的键合。

表面涂层是另一种有效且可控的改性方法，可以采取这种方法来稳定 $LiMn_2O_4$/电解质界面，并产生人造保护层。通常的保护层按照功能可以划分为快离子导体涂层或者 HF 抑制剂涂层。涂层的主要材料包括各种氧化物、氟化物、磷酸盐等。但是表面涂层设计改性也存在着一些弊端，一是选择既是快离子导体又是 HF 清除剂的包覆层物相较难；二是材料表面的曲率半径不同，很难保证包覆层的均质分布，易于形成岛状包覆层。因此，设计均质、稳定且不妨碍锂离子扩散传输的包覆层是表面涂层改性的关键。除上述两种改性方式外，空位、反位缺陷和位错等晶体学缺陷是特殊结构控制的常用思路。

2.2.3　层状结构 $LiMO_2$ 材料

层状过渡金属氧化物 $LiMO_2$（M＝Ni、Co、Mn）正极材料，被视为最高容量的锂正极之一，近年来受到电池研究人员和工程师越来越多的关注。

典型的层状氧化物正极材料 $LiMO_2$（M＝Co、Ni、Mn 等）的结构如图 2-13 所示。MO_2 层中的氧阴离子与位于六配位八面体晶体位置的阳离子形成紧密堆积的面心立方（fcc）晶格，MO_2 层和 Li 层交替堆叠。

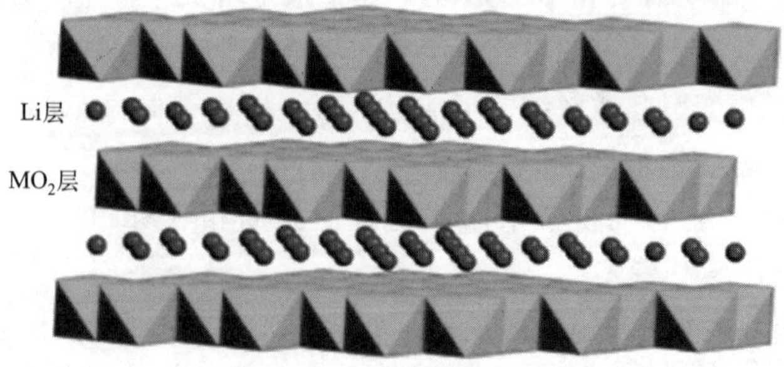

图 2-13　层状 $LiMO_2$ 的晶体结构

2.2.3.1　层状 $LiMnO_2$

层状 $LiMnO_2$ 是多晶型化合物，与 $LiMn_2O_4$[图 2-14(a)]不同，包括两种典型的晶体结构[图 2-14(b)和(c)]和一种阳离子无序的岩盐多晶型结构[图 2-14(d)]。具有 β-$NaMnO_2$ 类结构的正交 $LiMnO_2$（以下称为 o-$LiMnO_2$）属于 C2/m 空间群（a=0.2805nm；b=0.5757nm；c=0.4572nm；晶胞中所含的化学式单元数 Z=2)。在具有密堆积氧晶格的晶体中，所有 MnO_6 八面体都共享一个共同边缘，并且 MnO_6 和 LiO_6 以波纹状相互作用排列。单斜晶系 $LiMnO_2$（以下称为 m-$LiMnO_2$）具有 α-$NaFeO_2$ 型结构，属于 C2/m 空间群（a = 0.5439nm；b = 0.2809nm；c = 0.5395nm；Z = 2)，与 $LiCoO_2$ 和 $LiNiO_2$ 类似。也可以说，Li 和 Mn 阳离子交替形成 o-$LiMnO_2$ 中沿（010）面的锯齿状层。与 o-$LiMnO_2$ 不同的是，m-$LiMnO_2$ 中的 Li 和 Mn 阳离子占据与立方氧亚晶格的（111）平面平行的八面体位层。在层状结构中，锰和锂离子都占据八面体位置。

相变和锰的溶解是层状 $LiMnO_2$ 应用的挑战：Jahn-Teller 畸变在循环过程中触发了结构从层状到尖晶石或岩盐状的快速转变，[o-$LiMnO_2$] 不可逆地转化为尖晶石结构。另一方面，$LiMnO_2$ 的循环性能也受到放电过程中 Mn 元素歧化（$Mn^{3+} \longrightarrow Mn^{2+} + Mn^{4+}$）的制约，$Mn^{2+}$ 易溶于电解质溶液。锰离子在负极上的迁移和沉积会对固体电解质界面（SEI）产生重大影响。Mn 溶解导致活性物质的还原，直接导致结构退化和容量损失。

与其他正极材料类似，层状 $LiMnO_2$ 的主要合成方法有离子交换法、固相法、水热/溶剂热法、溶胶凝胶法和共沉淀法等。

常用的改性方法有：元素掺杂、表面包覆、纳米复合材料设计、兼容电解质等。

元素掺杂可以抑制相变，提高容量。元素掺杂的功效主要体现在以下几个

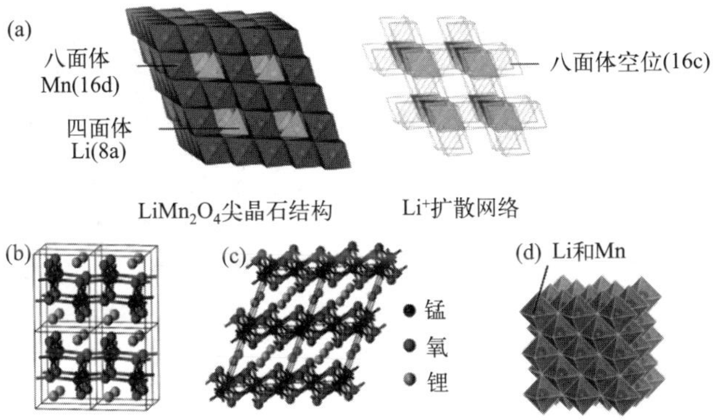

图 2-14　(a) $LiMn_2O_4$ 尖晶石晶体结构；(b) o-$LiMnO_2$ 的晶体结构；(c) m-$LiMnO_2$ 的晶体结构；(d) 亚稳态和阳离子无序岩盐多晶型 $LiMnO_2$

方面：①抑制 Jahn-Teller 畸变，使结构稳定，提高循环性能；②提供有利的 Li^+ 扩散路径。对于 Mn 位取代，掺杂离子半径（Al^{3+}、Co^{3+}、Cr^{3+}）小于 Mn^{3+}，掺杂离子半径较大（Y^{3+}）的晶格参数较大，Li^+ 可在氧化物中自由移动，有利于提高倍率。对于 Li 位取代，离子半径较大的金属元素可提供柱撑效应，提高正极材料的稳定性。

2.2.3.2　层状 $LiCoO_2$

$LiCoO_2$ 最早是由 Goodenough 等人在 1980 年提出可以用于锂离子电池的正极材料，之后得到了广泛的研究。$LiCoO_2$ 具有合成方法简单、工作电压高、充放电电压平稳、循环性能好等优点，是最早用于商品化的锂离子电池的正极材料，也是目前应用最广泛的正极材料。

$LiCoO_2$ XRD 衍射与扫描电子显微镜（SEM）图见图 2-15。$LiCoO_2$ 具有 α-$NaFeO_2$ 结构，属六方晶系，R-3m 空间群，其中 6c 位上的 O 为立方密堆积，3a 位的 Li 和 3b 位的 Co 分别交替占据其八面体孔隙，在晶面方向上呈层状排列。

$LiCoO_2$ 的理论比容量为 274mAh/g，但在实际应用时，锂离子从 Li_xCoO_2 中可逆脱嵌最多为 0.5 个单元，实际比容量只有 140mAh/g 左右。Li_xCoO_2 在 $x=0.5$ 附近会发生六方到单斜的结构相变，同时晶胞参数发生微小变化。当 $x<0.5$ 时，Li_xCoO_2 中的钴离子将从其所在的平面迁移到锂所在的平面，导致结构不稳定而使钴离子通过锂离子所在的平面迁移到电解液中，并且此时钴（CoO_2）的氧化性很强，容易和电解液发生反应失氧，造成很大

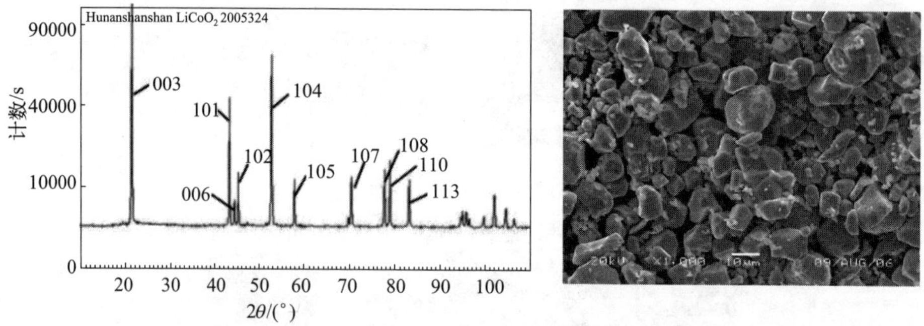

(a) 钴酸锂各峰对应的晶面指数示意图　(b) SEM图

图 2-15　$LiCoO_2$ XRD 衍射与 SEM 图

的不可逆容量损失。因此在实用锂离子电池中，$0<x<0.5$，充放电电压上限为 4.2V，在此范围内，$LiCoO_2$ 具有平稳的电压平台（约 3.9V），充放电过程中不可逆容量损失小，循环性能非常好。

最早得以商业化应用的锂离子电池正极材料就是采用的层状氧化物钴酸锂，并且至今也是 3C 电子产品领域主要的电池正极材料，其主要优点是具有生产工艺简单、电化学性能稳定、工作电压高、充放电电压平稳和压实密度高等优点。钴酸锂的缺点首先在于它只能稳定发挥出 165mAh/g[4.35V(相对于 Li/Li^+ 电极)]左右的比容量，这种比容量上的限制是由于当其脱锂量过高时材料所固有的结构不稳定性引起的，因此其发展趋势为采用改性方法提升其稳定性和安全性，从而向更高的电压体系和能量密度发展。其次，钴酸锂中有毒且昂贵的 Co 离子不仅带来了环境问题，同时也提高了锂离子电池的成本。因此，对层状氧化物的研究从钴酸锂转移到其衍生物，主要的思路是 Co 离子部分或者完全被更丰富且环境友好的过渡金属离子取代，如 Ni 和 Mn，形成 $LiNiO_2$ 或者 $LiMnO_2$。

$LiCoO_2$ 在高压下的失效机制已被广泛研究，总结起来有：结构相变引起的失效、表面退化和不均匀反应机制。对于结构相变引起的失效，在 Li^+ 脱嵌/嵌入过程中复杂的结构演变和反复的体积变化导致不可逆相变和颗粒裂纹，从而导致容量损失。对于表面问题，高压操作下 $LiCoO_2$ 电极的阻抗增长与表面退化密切相关，包括正极电解质中间相（CEI）的持续形成、不可逆的表面相变、O_2 损失和 Co 溶解。不均匀反应机制表明，由于锂扩散动力学的差异，不同颗粒或颗粒不同部分的荷电状态（SOC）是不均匀的。SOC 分布不均匀导致变形和应力产生，从而导致电极和颗粒碎裂，随后导致容量损失。

2.2.3.3　层状 $LiNiO_2$

$LiNiO_2$ 与钴酸锂具有相同的晶体结构，理想的 $LiNiO_2$ 为 α-$NaFeO_2$ 型六方层状结构，属 R-3m 空间群，Li 和 Ni 分别占据 3a 位和 3b 位，$LiNiO_2$ 正极材料的理论比容量为 275mAh/g，实际比容量达到 180～200mAh/g。相对于 $LiCoO_2$ 而言，镍的储量比钴大，价格便宜，而且环境污染小。

与 $LiCoO_2$ 相比，$LiNiO_2$ 的制备条件比较苛刻，其组成和结构随合成条件的改变而变化。因为 Ni^{2+} 难于氧化，按照制备 $LiCoO_2$ 的工艺合成出的 $LiNiO_2$ 几乎不具备电化学活性，必须要在含有 O_2 的气氛中进行反应，合成的产物往往是非整比的 $Li_xNi_{2-x}O_2$。在这种非整比产物中，部分 Ni^{2+} 占据 Li^+ 位置（3*a*），在锂位产生部分无序的阳离子分布，降低了材料的结构有序性，为了维持 Ni^{2+} 进入 Li—O 层后体系的电中性平衡，Ni—O 层中也必然有等量的 Ni^{2+} 存在（3*b*），化学式可以表示为$[Li_y^+Ni_{1-y}^{2+}]_{3a}[Ni_{1-y}^{2+}Ni_y^{3+}]_{3b}O_2^{2-}$，这就是“阳离子混排”现象。

$Li_xNi_{2-x}O_2$ 的非整比性对其电化学性能有较大的影响。$Li_xNi_{2-x}O_2$ 中占据锂位（3*a*）的 Ni^{2+} 在首次充电（脱锂）时，会被氧化成半径更小的 Ni^{3+} 甚至 Ni^{4+}，使层间距不可逆减小，造成该离子附近结构的塌陷，在随后的嵌锂过程中，Li^+ 将难于回到已塌陷的位置，从而造成放电（嵌锂）时容量的不可逆损失，这种不可逆损失与占据锂位的 Ni^{2+} 的量有直接关系。

2.2.4　三元正极材料

由于 $LiCoO_2$、$LiNiO_2$ 和 $LiMnO_2$ 都存在着各自的缺点，因此研究者们提出了将三种过渡金属混合的材料作为锂离子电池的正极材料。对于层状三元复合材料，最常见的是将 Ni、Co、Mn 三种过渡金属混合，称为 NCM（$LiNi_{1-x-y}Co_xMn_yO_2$）三元材料，或者将 Ni、Co、Al 三种元素混合形成 NCA（$LiNi_{1-x-y}Co_xAl_yO_2$）材料。对于 NCM 三元材料，将 Ni、Co、Mn 混合的主要原因在于三元协同效应：其中 Ni 可以提高正极容量；Co 可以减少阳离子混合占位，稳定层状结构，提高充放电的动力学性质；Mn 降低材料成本，提高安全性和稳定性。

NCM 根据三种元素物质的量比例的不同，目前已经发展出 NCM111、NCM424、NCM523、NCM811 等种类。各种电池性质对比见表 2-2。

表 2-2　各种电池性质对比

名称	化学式	电压区间(Li^+电极)/V	全电容量/(mAh/g)	压实密度/(g/cm^3)	首效/%	中值电压/V	比能量/(Wh/kg)
钴酸锂	$LiCoO_2$	3.0～4.2	145			3.70	537
		3.0～4.35	165			3.80	627
		3.0～4.4	175	4.1～4.25	90	3.85	674
		3.4～4.5	183			3.87	708
		3.4～4.8	186			3.89	724
NCM111	$LiNi_{0.33}Co_{0.33}Mn_{0.33}O_2$	2.5～4.2	137			3.62	496
NCM523	$LiNi_{0.5}Co_{0.2}Mn_{0.3}O_2$	2.5～4.2	147			3.65	537
		2.5～4.3	160			3.68	589
		2.5～4.4	181			3.70	670
NCM622	$LiNi_{0.6}Co_{0.2}Mn_{0.2}O_2$	2.5～4.2	165			3.65	602
Ni65	$LiNi_{0.65}Co_{0.15}Mn_{0.2}O_2$	2.5～4.2	175	3.5～3.6	86～89	3.65	639
NCM712	$LiNi_{0.7}Co_{0.1}Mn_{0.2}O_2$		180				659
Ni83	$LiNi_{0.83}Co_{0.05}Mn_{0.12}O_2$		188				688
Ni87	$LiNi_{0.87}Co_{0.05}Mn_{0.05}O_2$	2.5～4.25	192			3.66	703
Ni88	$LiNi_{0.88}Co_{0.05}Mn_{0.07}O_2$		198				725
Ni90	$LiNi_{0.90}Co_{0.05}Mn_{0.05}O_2$		205				750
磷酸铁锂	$LiFePO_4$	2.0～3.8	145	2.55	95		464
磷酸铁锰锂	$LiFe_{0.6}Mn_{0.4}PO_4$	2.0～4.6	147	2.2	97		588
锰酸锂(半电)	$LiMn_2O_4$	3.0～4.5	115		92		
镍锰酸锂(半电)	$LiNi_{1.5}Mn_{0.5}O_2$	3.0～4.8	140				
富锂锰基	$Li_{1.2}Ni_{0.13}Co_{0.13}Mn_{0.54}O_2$	2.0～4.6	255	2.65	96	3.4	884

目前 NCM 材料存在的主要问题有三个：循环稳定性、热稳定性和空气稳定性。所有这些都与 Ni^{3+} 或 Ni^{4+} 在与液态有机电解质或环境空气接触时的不稳定性有关。NCM 三元材料充放电过程中结构相变的研究表明，Ni^{2+} 占据 Li^{+} 位置，是层状结构向类尖晶石结构转变的开始，最终层状结构转变成电化学活性很差的类 NiO 岩盐相结构，这种不可逆的结构转变是材料容量衰减和循环性能恶化的主要原因。而 Al 能够有效稳定材料中的 O，抑制氧空位的产生，进而降低 Ni^{2+}-Li^{+} 发生位置交换概率，抑制 NiO 相的生成。并且 $LiAlO_2$ 的存在可以使材料的电位上升至 4.7V。另一方面，由于 Al 不存在 Jahn-Teller 效应且原子量更小，因此，采用 Co、Al 共掺杂合成的镍钴铝三元体系（$LiNi_{1-x-y}Co_xAl_yO_2$，NCA）成为目前能量密度最高的商业化正极材料之一，NCA 材料在能量密度上比 NCM 三元材料稍高，但是放电电压略低。在 NCA 材料中，Al 的存在提高了当 Ni 和 Co 结合时材料的热稳定性，四面体位置中 Al^{3+} 的稳定性抑制了阳离子迁移，从而抑制了高温下层状到尖晶石的相变。Al 的含量一般维持在 5%～10%（物质的量比），当 Al 含量大于 10%，会容易导致严重的容量衰减和较低的锂离子扩散系数。

高镍三元材料的合成方法主要有固相法/熔融盐、共沉淀法、溶胶凝胶法等。元素分散的均匀性和结构的生长情况对材料的性能起决定性的作用，因此合成方法的技术要求主要在元素分散和结构生长两个方面。

固相法是将原料按照化学计量比混合研磨后，经高温煅烧得到最终材料。合成步骤简便，适合实际大规模生产，固相法存在的主要问题在于机械物理混合无法将原料在原子水平上混合均匀。

共沉淀法合成的材料可以达到纳米级尺度，故而其性能比较优异，并且由于工艺参数清晰、合成条件易控、成本低等优势，在实际商业生产中被普遍采用。共沉淀法的工艺流程主要以两步法的方式进行：首先前驱体合成阶段，将 Ni/Co、Mn/Al 的盐溶液与沉淀剂如 NaOH 溶液按照一定的速度注入反应釜，通过控制温度、pH 值、进料速度、投料比等参数使三种元素均匀沉淀制备前驱体；前驱体经过与锂源的混合煅烧后得到最终材料。

溶胶-凝胶法基于金属离子的水解以及络合剂单体之间的缩聚反应，将所有金属离子与络合剂络合配位后，通过蒸发溶剂使之聚合交联形成凝胶，经过干燥、煅烧即可得到最终材料。溶胶-凝胶法具有组分比例易控制、粒径分布窄、纯度高、合成温度低等优势，有利于解决 Al 分散不均匀的问题，同时也有利于合成准确 Al 计量比的材料。但是溶胶-凝胶法所用的原料价格较高且处理周期长、工业化难度较大。因此，溶胶-凝胶法多用于实验室内的定性和定量研究。

高镍三元材料虽然具备更高的能量密度，但也使得材料更接近 $LiNiO_2$ 材料的性质，循环寿命和安全性再次成为制约高镍三元材料发展的关键问题，具体表现为：①结构缺陷引起的层状结构不稳定：非化学计量比带来的结构缺陷会改变元素配位环境和能带结构，加速 Li^+/Ni^{2+} 混排和元素损失，导致结构破坏；②高电压下的界面/体相相变：工作电压在 4.25V 以上时会加速材料的 Li^+/Ni^{2+} 混排行为，引起层状结构的不可逆相变，形成阻碍 Li^+ 迁移的 NiO 层；③表面残碱引起的界面副反应：合成过程中残留的锂源副产物（主要成分为 Li_2CO_3 和 LiOH），在充放电过程中与电解液发生反应，引起界面结构破坏以及电池阻抗升高；④电解液中的 HF 对材料的侵蚀：电解液中的痕量水产生的 HF 副产物会腐蚀电极材料，导致材料中的过渡金属溶解和结构破坏。上述充放电过程中的组分变化（如锂离子浓度的减少、过渡金属溶解、析氧）、形貌改变（如二次颗粒开裂和一次颗粒微裂纹）以及不可逆相变等行为，最终导致材料层状结构的破坏，伴随着的热释放现象容易引发热失控等安全问题。

体相掺杂是高镍三元材料的主要改性方法之一。高镍三元材料的掺杂位点可分为两类：①过渡金属层的掺杂（层内掺杂）。通过提高金属—氧键键能来增强过渡金属和氧在电化学过程中的稳定性，比如高镍三元材料组成元素 Co 能够调节材料层状结构的生长，促进 Ni^{2+} 向 Ni^{3+} 的氧化。Mn 能够显著抑制高度脱锂状态下的放热效应以及过渡金属的溶解并且成本较低，但过量反而会促进混排行为的发生，同时 Mn 的 Jahn-Teller 效应会恶化材料在高电压状态下的电化学性质。Al 凭借较强的 Al—O 键，能够显著抑制析氧行为和 Ni^{3+} 的 Jahn-Teller 效应，因此在稳定结构相变和防止过渡金属溶解方面比 Mn 的效果更好，但是过量的 Al 会大幅降低材料的比容量。②Li 层的掺杂（层间掺杂）。通过提前占据部分 Li 位点，抑制材料的 Li^+/Ni^{2+} 混排行为，同时这类柱撑效果有利于 Li^+ 传输速率的提升。

表面改性是高镍三元材料另一种主要的改性策略。表面改性通过阻断界面与外界的反应通道来降低副反应的速度，是保护材料活性界面结构、提高高镍三元材料性能最简单有效的方式。包覆层种类主要有碳材料、氧化物、氟化物、磷酸盐、锂化物等性质稳定的化合物。表面改性策略主要以包覆形式作为主要改性方式。其优势在于：①通过稳定的材料对高活性的材料进行直接保护，减少副反应对材料的侵蚀；②提高材料的结构强度，使材料在高电压范围内有更好的结构稳定性；③抑制材料中的元素溶解行为，保持材料的组分稳定。

2.2.5 聚阴离子型材料

聚阴离子型材料是一系列含有四面体或者八面体阴离子结构单元 $(XO_m)^{n-}$ (X=P、S、As、Mo 和 W)的化合物的总称，是这些结构单元通过强共价键连成的三维网络结构并形成更高配位的由其他金属离子占据的空隙，使得聚阴离子型化合物正极材料具有和金属氧化物正极材料不同的晶相结构。通过各种过渡金属和聚阴离子化合物的组合，可以形成许多主体结构，其中具有代表性的晶体结构有 NASICON 结构、橄榄石结构和 Tavorite 结构（如图 2-16 所示）。

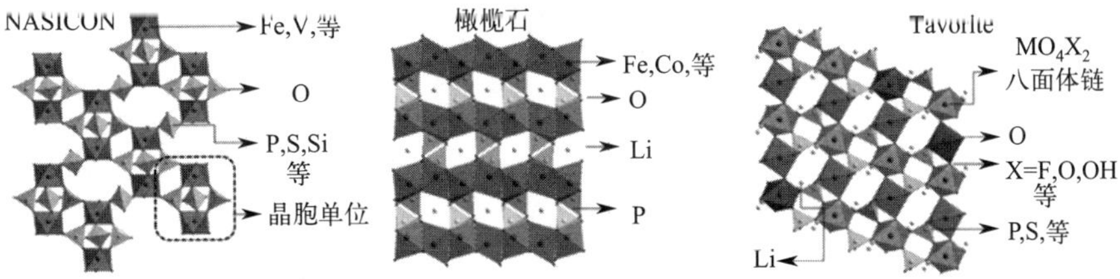

图 2-16　聚阴离子型氧化物正极材料的结构示意图

对于 NASICON（Na 快离子导体）型材料，其结构由共角的 MO_6 八面体（M=V、Fe 等）和 XO_4 四面体（X=P、S、Si 等）的三维框架组成。这种结构的基本单元，即所谓的“灯笼单元”，由三个 XO_4 四面体和两个 MO_6 八面体组成。每个单元与六个相邻单元相连，形成一个大空间，可以容纳可移动的碱性离子。NASICON 结构的聚阴离子磷酸盐的一个重要代表是 $Li_3V_2(PO_4)_3$。根据不同灯笼单元的堆叠情况，这种材料存在两种不同的晶型：菱形 R-3NASICON 型和单斜 P21/n 反 NASICON 型。单斜晶系 $Li_3V_2(PO_4)_3$ 具有反 NASICON 排列，其结构单元的取向提供了比 NASICON 型更致密的结构，并且使结构更具热力学稳定性。

橄榄石型结构聚阴离子化合物是一类具有重要应用的材料，尤其在锂离子电池正极材料中表现突出，如磷酸铁锂（$LiFePO_4$）。其结构属于正交晶系，空间群通常为 Pnma。其中孤立的聚阴离子（如 PO_4^{3-} 或 SiO_4^{4-}）四面体，彼此孤立，不共享氧原子，形成稳定的结构框架。过渡金属八面体（如 FeO_6 八面体）通过共顶点或共边连接，形成链状或层状排列。由聚阴离子和过渡金属八面体共同构成刚性骨架，提供结构稳定性，孤立的聚阴离子和强共价键增强热稳定性和循环寿命。过渡金属（如 Fe^{2+}）和 Li^+ 分别占据不同位点，碱金属离子（如 Li^+）位于八面体或四面体间隙形成的单向通道中，在充放电过程中沿特定通道脱嵌，一维离子通道设计促进 Li^+ 扩散，但本征电导率较低，需通过纳米化或碳包覆优化。类似结构通常具有较高的理论容量（如典型代表 $LiFePO_4$ 理论比容量为 170mAh/g），低体积变化，安全性高，可用于钠离子电池（如 $NaFePO_4$）或含其他聚阴离子（如 SO_4^{2-}）的化合物等。

对于 Tavorite 型结构，$LiVPO_4F$ 材料是最典型的例子。$LiVPO_4F$ 是第一种用作锂电池正极材料的氟磷酸盐，其 V^{3+}/V^{4+} 氧化还原对的氧化还原电位为 4.2V（Li/Li^+ 电极），对比来说，$Li_3V_2(PO_4)_3$ 中 V^{3+}/V^{4+} 氧化还原对的氧化还原电位为 3.8V（Li/Li^+ 电极），比 $LiVPO_4F$ 低了 0.4V。它由 VO_4F_2 八面体组成一维共角的连接链，两个八面体通过链上的氟原子相连。$LiVPO_4F$ 的理论比容量为 156mAh/g，放电电压平台高达 4.2V（Li/Li^+ 电极），热稳定性好。此外，Tavorite 型氟硫酸盐 $LiMSO_4F$（M=Fe，Co，Ni）由于其良好的电化学性能而成为研究的对象。$LiMSO_4F$ 属于 P-1 空间群，其晶体结构类似于磷酸盐基 Tavorite 材料，由共角的 FeO_6 八面体链组成，SO_4 四面体相互连接，形成一个三维框架，其中有锂离子占据的大空隙。然而，该类材料的电子电导率和离子电导率都较低，致使其实际应用受到了限制。

2.3 锂离子电池负极材料

目前常用的锂离子电池负极材料，根据材料性质，可分为碳基和非碳基负极材料两大类。碳基负极材料可以分为石墨类碳材料、非石墨类（无定形）碳材料两类。石墨类碳材料包括天然石墨、人工石墨和改性石墨，无定形碳材料按其石墨化难易程度分为硬碳（难石墨化碳材料）和软碳（易石墨化碳材料）。非碳基负极材料主要有硅基、锡基、钛酸锂、金属氧化物等。根据反应机理不同，锂离子电池负极材料可以被分为以下三种类型：嵌入型负极材料（石墨、钛酸锂等）、转化型负极材料（过渡金属氧化物、硫化物等）和合金化型负极材料（硅、锡、锗、锑等）。嵌入型负极材料主要包括碳材料、插层过渡金属氧化物，其中 Li^+ 可以从块状电极材料中嵌入/脱嵌；转化型负极材料在充放电过程中发生可逆氧化还原反应，涉及过渡金属（Fe、Co、Ni、Mn、Mo、V、Cu）氧化物和过渡金属（Mo、Fe、W、V）二硫族化合物；合金化型负极材料主要含有 IVA 和 VA 基团的金属（Sn、Sb、Bi 等）和半金属（Si、Ge、P 等），可与多个锂离子合金化，比常规碳材料具有更高的比容量。见图 2-17。

理想的锂离子电池负极材料应满足：

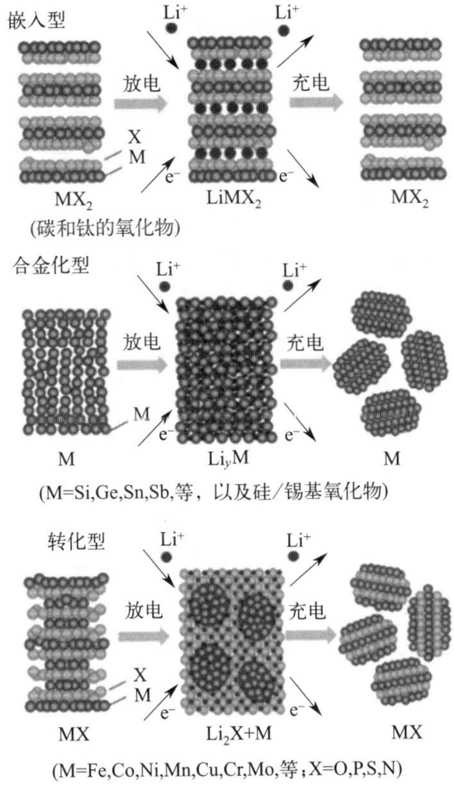

图 2-17　锂离子电池负极材料类型

① 高可逆脱嵌能力以满足高的重量容量和体积容量；

② 对阴极材料的低电位，使材料的输出电压高；

③ 锂的脱嵌过程中结构变化小以保证长的循环寿命；

④ 较好的电子电导率和离子电导率以减少极化、提高倍率性能；

⑤ 良好的界面性质以促使材料和液体电解质形成良好的固态电解质界面（SEI）；

⑥ 低成本、资源丰富以及环境兼容性好等。

2.3.1　石墨材料

石墨是一种稳定的碳同素异形体，具有合适的层结构（层间距为 0.335nm），允许可逆的 Li^+ 嵌入/脱嵌。石墨首先被 Yazami 等人成功地用作锂离子电池的负极材料，1991 年索尼公司开发的第一个商业化的锂离子电池采用石墨作为负极材料。从那时起，石墨一直是商用锂离子电池阳极材料的最佳选择，因为它具有相对较低的成本、高比容量（372mAh/g）、低的工作电位和出色的循环稳定性。然而，石墨具有缓慢的锂嵌入动力学和低锂化电压[0.08V(相对于 Li/Li^+ 电极)]，在高电流条件下（超过 1C）的大极化会将石墨电位推到金属锂沉积的阈值，导致石墨表面镀锂。沉积的锂金属将与电解质反应或形成电隔离（称为“死锂”），增加内阻并迅速衰减电池的容量。随着锂金属沉积量的增加，可能导致锂枝晶过度生长，造成短路甚至严重的热失控和安全问题。为了解决这一问题，对天然石墨进行改性是非常必要的。

石墨中的石墨烯层通常以两种顺序堆叠，包括热力学稳定的六边形 ABA 序列（这是最普遍的结构）和不太稳定的菱形 ABC 序列，见图 2-18。两种结构的石墨可相互转化，机械处理如磨、剪切、超声等工艺可导致石墨中 ABC 排列相组成比例增加，而高温下退火处理会生成热力学更稳定的 ABA 堆叠结构。石墨烯平面上的每个碳原子通过 sp^2 杂化与周围的三个碳原子相连，形成共价键，键长为 0.142nm，相邻键间夹角为 120°，相邻的石墨烯层以大约 0.335nm 的间距分开，并通过弱范德瓦耳斯力结合在一起，这种力来自离域 p 轨道，因此锂离子能够从棱面嵌入石墨层间，进而形成不同阶的锂-石墨层间化合物。石墨通常由六角形和菱形晶体组成，由于热力学稳定性差，菱形体晶相占比不足 30%，但随着石墨粒径的减小，其所占比例增大。此外，由于其较高的表面能，边缘面表现出较高的反应性。除了表面能外，石墨的二维层状结构的各向异性导致其基面和边缘面的物理化学性质不同，从而显著影响其电学、热学和力学性能。石墨烯层之间的层间滑动能力使石墨能够有效地用作润滑剂和铅笔材料。然而，垂直方向上较弱的范德瓦耳斯力使得客体材料很容易从边缘平面表面插入并发生化学反应，导致层间化合物的形成，并伴随着石墨结构的逐渐演化。

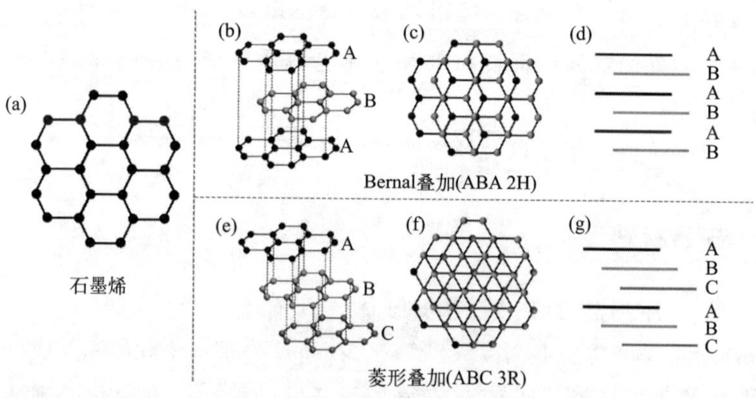

图 2-18 石墨中的石墨烯层通常的两种顺序堆叠

Li^+ 嵌入石墨的过程见图 2-19。

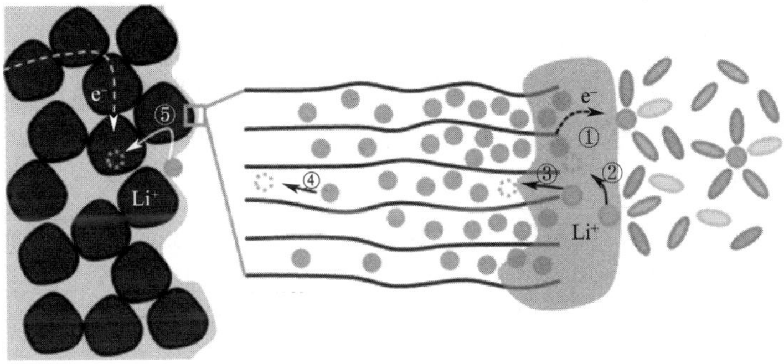

图 2-19　锂离子嵌入石墨的过程

①—去溶剂化；②—穿过 SEI；③—嵌入；④—石墨层中的扩散；⑤—负极内部扩散

石墨阳极在充放电过程中经历了 3 个基本的电化学过程。第一个过程是固体电解质界面（SEI）的形成，发生在电池的第一个循环过程中。当石墨阳极表面形成一层薄薄的锂盐时，它作为阳极和电解质之间的屏障。SEI 层有助于减少 Li^+ 泄漏到电解液中，防止形成直接的锂金属阳极，从而导致短路和其他安全问题。第二个过程是锂离子可逆嵌入石墨层的间隙，并在电池的放电和充电循环中提取这些离子。这个过程会导致石墨阳极的体积发生变化，从而产生机械应力，影响电池的寿命周期。此外，石墨层中 Li^+ 的低扩散率（约为 $10^{-7}cm^2/s$）阻碍了 Li^+ 的快速迁移。第三个过程为锂沉积，是法拉第反应的副作用的结果。微结构锂层的形成会增加短路、热失控甚至电池爆炸的风险。研究者们深入探讨了 SEI 的合理成分，研究结果表明，SEI 膜可能是由 $ROCO_2Li$、ROLi、$(ROCO_2Li)_2$、HCOLi 等有机成分以及 Li_2CO_3、LiF、Li_2O、LiOH 等无机成分组成的。SEI 膜的形成具备不可逆的特征，原因在于其形成的过程中伴随着富锂材料中锂离子的消耗，因此充放电循环的过程中会产生持续的容量损失，且损失是不可逆的，因而充放电效率会持续降低，不可逆容量也会不断增加。

2.3.2　无定形碳材料

无定形碳材料按其石墨化难易程度分为硬碳（难石墨化碳材料）和软碳（易石墨化碳材料），软碳是指在 2500℃ 以上的高温下能石墨化的无定形碳材料。一般而言，根据前驱体烧结温度的区别，软碳会产生 3 种不同的晶体结构，分别是无定形结构、湍层无序结构和石墨结构，石墨结构也就是常见的人造石墨。其中无定形结构由于结晶度低，层间距大，与电解液相容性好，因此低温性能优异，倍率性能良好，从而受到人们的广泛关注。软碳首次充放电时不可逆容量较高，输出电压较低，无明显的充放电平台，因此一般不独立作为负极材料使用，通常作为负极材料包覆物或者组分使用。

硬碳又称难石墨化碳材料，在2500℃以上的高温也难以石墨化，一般是前驱体经500～1200℃范围内热处理得来。常见的硬碳有树脂炭、有机聚合物热解炭、炭黑、生物质炭等4类，其中酚醛树脂在800℃热解，可得到硬碳材料，其首次充电比容量可达800mAh/g，层间距 $d_{002}>0.37nm$（石墨为0.335nm），大的层间距有利于锂离子的嵌入和脱嵌，因此硬碳具有极好的充放电性能，正成为负极材料新的研究热点。但是硬碳首次不可逆容量很高，电压平台滞后，压实密度低，容易产气也是其不可忽视的缺点。

炭化过程伴随着脱氢、缩合、氢转移、异构化等并行反应，是制备碳材料最重要的过程。广义的炭化过程可分为热解过程、炭化过程和石墨化过程三个步骤。在1000℃以下的热解过程中，前驱体分解释放出 H_2O、CH_4、CO_2、CO等小分子，如果分解产物处于半流体状态，则在高温下容易石墨化，生成软碳。然而，对于具有完全交联纳米结构的前驱体，在分解过程中不能形成流体状态，这使得它们即使在3000℃以上也难以石墨化。因此得到的最终产物称为难石墨化碳，也称为硬碳。大多数前驱体在1000℃以上炭化，导致碳层的形成和生长。在1000～2000℃的温度范围内，软碳的横向尺寸和堆叠层数分别增加到15nm和50～100层，而涡旋层失调并未减轻。这是由于“钉住”抑制了层向石墨中有序堆叠的摆动。对于硬碳，具有大晶粒尺寸的石墨烯片旋转成某种平行阵列，因此可以消除纳米孔隙。当它被连续加热到2000℃以上时，软碳中的石墨烯层有足够的热能来克服这种钉住并旋转成石墨堆叠排列。换句话说，软碳是在3000℃高温下，结构逐渐向石墨结构演变的碳材料。然而，对于硬碳，涡轮层失调是无法缓解的。碳前驱体根据其发热特性可分为热固性和热塑性两种。其中，热塑性前驱体如沥青、乙烯基聚合物和聚氯乙烯可以转化为软碳，而热固性前驱体如热解蔗糖、生物质和酚醛树脂可以在1000℃左右炭化为硬碳，其表现为短范围片层有序、纳米级结构域、层数少、随机取向的微观结构。

三种碳质材料的结构差异可以使用一些传统的表征方法，包括拉曼光谱、X射线衍射光谱和氮吸附/解吸等温线，晶体尺寸（L_a 和 L_c）、无序碳/石墨碳比、平均层间距（d_{002}）、孔隙度和比表面积（SSA）都会存在一定的差异。

2.3.3 碳材料性能的改进方法

天然石墨一般采用天然鳞片石墨为原料，经过改性处理制成球形天然石墨。天然石墨虽然应用广泛，但存在几个缺点：①天然石墨表面缺陷多，比表面积大，首次效率较低；②采用 PC 基电解液，有严重的溶剂化锂离子共嵌入现象，导致石墨层膨胀剥离，电池性能失效；③天然石墨具有强烈的各向异性，锂离子仅能从端面嵌入，倍率性能差易析锂。人造石墨一般采用致密的石油焦或针状焦作为前驱体制成，避免了天然石墨的表面缺陷，但仍存在因晶体各向异性导致倍率性能差、低温性能差、充电易析锂等问题。

设计新型石墨结构已成为提高锂存储性能的主要途径。合理的结构设计，如扩大层间距、产生多孔结构、掺杂和引入缺陷等都可以促进锂离子的输运，并且已经开发了许多方法来改善石墨材料的快速充电性能。形态修饰，如减小粒径和球化，可以缩短锂离子的扩散路径，加速电化学反应。使用复合材料利用了材料之间的协同作用，实现了材料性能的良好结合，提高了电化学性能。表面涂层可以重塑电解质与石墨阳极之间的界面，从而优化 SEI，提高循环速率和循环性能。这些策略促使科学界不断开发具有卓越快速充电性能的先进石墨材料[6]。

（1）结构工程　扩大石墨层间距离可以通过降低扩散阻力和防止锂离子嵌入/脱嵌过程中二维结构的破坏，大大提高快速充电容量。为了实现这一目标，在 H_2SO_4 与 H_2O_2 的混合物中使用插层反应制备了轻度膨胀石墨，然后通过热处理引起的脱插层过程，使层间距从 0.3358nm 略微增加到 0.3370nm，制备过程中引入了孔隙、通道、层错等缺陷的产生，这些缺陷起到了体积膨胀的缓冲作用，显著提高了循环稳定性。同时多孔结构还提供了更多的锂存储位点，大大提高了材料的可逆容量。

通过控制层间距和调节官能团的协同作用，可以加速石墨中锂离子的输运。有学者将层间距离从 0.3359nm 增加到 0.3390nm，并通过对裸石墨进行轻度氧化和热还原，在平面或边缘生成官能团。随着层间距离的增加，膨胀石墨为扩散路径提供了更大的空间，降低了运动屏障，增强了锂离子在石墨层之间的传递。此外，由于表面官能团的氢原子与电解质中碳酸盐的氧原子之间的氢键诱导电荷极化，锂离子插入石墨层所需的活化能降低，可以改善石墨的快速充电性能。

此外，局部扩大石墨层间距，特别是在边缘，可以增强锂化/去锂化动力学。可以通过暴露石墨的边缘位置来实现质量传递动力学的优化，并且通过边缘选择性功能化延长外围层间距。边缘功能化基团作为分子楔使石墨脱落，优化局部石墨外围层间距控制，使石墨对锂离子更开放，同时保持其完整性，从而使材料高倍率下容量得到了提升。

（2）包覆改性　包覆改性是指以石墨类碳材料为“核芯”，表面包覆改性材料形成类似“核-壳”的结构，包覆改性主要分为碳材料包覆、金属及其氧化物包覆等。

碳材料包覆：通常包覆所用的碳材料有沥青、树脂类材料等。在石墨表面包覆一层无定形碳，会增大负极材料整体的层间距，从而利于 Li^+ 在其内部的扩散。有研究者以四氢呋喃为溶剂，探究不同包覆含量和不同软化点对石墨负极材料的影响。研究表明，在250℃软化点下，当石油沥青含量为10%（质量分数）的碳涂层包覆人造石墨，其具有良好的首次充放电效率，放电比容量达343mAh/g，在10C倍率下也具有84.1%的容量保持率。另外有其他研究者在实验过程中，通过使用甲苯作为溶剂，将沥青涂覆在球形天然石墨上，然后用温和活化的手段控制涂层结构，结果显示这有助于在反复充放电的整个过程中保持石墨负极结构的完整性。除沥青之外，也有学者用马来酸钠（SM）涂覆在石墨材料的表面。微观结构表明，SM涂层由于其丰富的羧基有利于形成坚固的固体电解质界面（SEI），由于不饱和键之间的聚合，提高了石墨负极的力学性能，从而能够大大延长电池的循环寿命。

金属及其氧化物材料包覆：石墨通过与金属及其氧化物的复合，能够有效提高其导电性能。Eom等通过简单球磨，能够在短时间内制备出具有优异倍率性能和循环性能的 $Li_4Ti_5O_{12}$（LTO）包覆改性的石墨负极材料。结果显示，经过5min球磨的LTO涂层包覆的石墨负极，表现出较高的初始放电比容量（0.2*C* 时为324mAh/g），较好的倍率性能（5*C* 倍率下比容量大于260mAh/g）和出色的循环性能（0.2*C* 倍率下循环100次容量保持率约为94%）。

通过对石墨进行碳材料包覆，能够优化石墨负极的首次充放电效率，并延长循环寿命，但涂覆层颗粒与石墨颗粒之间的结合力较弱，容易从石墨表面脱附影响改性效果；金属及其氧化物材料的包覆能够将其本身的导电性引入石墨负极当中，对循环稳定性和倍率性能都有较好的提升。目前最新的原子层沉积技术（ALD），能够很好地兼顾成本与收益，或将是未来传统包覆改性技术的替代方案。

(3) 表面改性　对石墨进行表面氧化处理可以去除石墨表面碳原子的无序状态，调控石墨表面的化学性质，从而有助于形成更加稳定的SEI膜。氧化处理主要包括气相氧化和液相氧化，常用的氧化剂有 HNO_3、H_2SO_4、H_2O_2 和直接的空气热处理等，近年来，也有学者用琥珀亚酰胺和氧化锰改性石墨。采用液相强氧化剂处理，一般可以得到表面微氧化或微膨的石墨颗粒。Lin等用高氯酸（$HClO_4$）作为插层剂和氧化剂可以在较低的温度下合成微膨石墨，所制备的微膨石墨具有0.2*C* 下395mAh/g和1.6*C* 下250mAh/g的放电比容量。

石墨表面的孔隙结构也是影响 Li^+ 嵌入/脱出速率的重要因素。表面刻蚀的目的是增加 Li^+ 扩散的通道，从而有效提高电池的倍率性能。Cheng 等将天然石墨在 650℃、750℃和 850℃的干燥气流下热处理 1h，然后在氮气气氛中进一步热处理 4h。全电池测试实验结果显示，多通道石墨负极在 6C 倍率下有 83%的容量保持率，在 10C 倍率下也有 73%的容量保持率，其倍率性能远远优于原始石墨。

(4) 掺杂改性　掺杂改性元素的种类多样，总体可分为金属元素和非金属元素两类。通过将合适的元素掺杂到石墨负极材料中，能够起到改变石墨微观结构和电子结构的作用，有助于 Li^+ 的传输。Wang 等通过高能机械研磨使锡/石墨/银复合材料（Sn/G/Ag）、Sn、Ag_4Sn 等具有电化学活性的组分均匀分布在石墨颗粒表面，得到的负极材料初始比容量为 1154mAh/g，并在超过 100 次循环中仍有 380mAh/g 的可逆比容量。

非金属元素的掺杂主要有 N、P、B、S、Si 等。Kim 等通过热解燃料油的热凝聚和炭化过程制备石油基锂离子电池负极。值得注意的是，H_3BO_3 作为催化剂促进了热凝聚和石墨碳结构的形成，并充当了硼掺杂剂。硼的掺杂减弱了石墨碳中的高活性位点，有效控制了 SEI 膜的形成，从而提高了负极材料的初始库仑效率。

掺杂改性方法灵活多样，掺杂不同的元素会得到不同的效果。比如掺杂 N、P、B、Si 等元素，有效提高其储锂容量；而掺杂 Sn、Ag、Fe 等金属元素，可以提高石墨负极的电子电导率，对于初始放电容量和可逆容量有较大提升。并且，利用多元素共掺杂产生的协同作用，结合各自优点可以发挥出更好的改性效果。

(5) 其他改性思路　天然鳞片石墨存在的各向异性问题，使得锂离子电池的充放电比容量比较低，而通过对石墨球形化处理，能够改变天然石墨的形貌，控制石墨颗粒的粒度，从而优化电化学性能。有研究表明，石墨负极材料的粒度控制在 16～18μm 比较合适。在球形化过程中，主要涉及以下几个现象：片层状的石墨片被折叠和弯曲，成为球形颗粒的核心骨架；大薄片的石墨边缘被折断，粒度逐渐减小；较小的石墨碎片重新附着在球形石墨颗粒上。通过球形化处理，可有效改善负极材料的比容量、循环寿命和首次充放电效率等。还可以进行复合材料处理，将天然石墨颗粒，与其他同样具有优异电化学性能的材料混合，比如石墨烯、碳纳米管等，本质上也是协同运用多种材料和多种改性方法，与石墨产生协同效应，从而得到性能远远优于石墨本身的材料。

2.3.4 金属氧化物材料

金属氧化物材料根据不同的脱嵌锂机理，可以分为两类。第一类是嵌锂氧化物，锂的嵌入伴随着材料结构的转变，而没有氧化锂的形成。这种类型的代表有 TiO_2、WO_2、MoO_2 等，这类材料拥有良好的脱嵌锂性能，但其比容量低而且嵌锂电位高。第二类是转化型过渡金属氧化物（M_aO_b），其通常表现出高比容量和较好的循环稳定性。在锂化过程中，Li 和 M_aO_b 发生氧化还原反应形成 LiO_2，而 LiO_2 和 M 在脱锂过程中可以再次回到 Li 和 M_aO_b：

$$M_aO_b + 2bLi^+ + 2be^- \rightleftharpoons aM + bLi_2O$$

其中过渡金属 M 包括铁、钴、锰、铜和镍。但是，过渡金属氧化物通常在充电/放电过程中发生大的体积变化，导致颗粒粉碎、失去电接触，并导致容量快速衰减[7]。

氧化铁负极材料具有储量丰富、环境友好等优点。其中，每摩尔 FeO、Fe_2O_3 和 Fe_3O_4 可以提供 2mol、6mol 和 8mol 的电子，分别对应 745mAh/g、1007mAh/g 和 928mAh/g 的理论比容量。但是同时存在着电子电导率比较低、材料的大电流放电性能较差、首次充放电后有结构重排、循环性不理想等缺点。因而需要调整尺寸或者对材料进行碳包覆或者掺杂等方法来改善其电导率。

将活性材料尺寸从微米级减小到纳米级是缩短离子在块体材料中扩散路径的最直接手段，也可以缓解体积膨胀引起的应力。相较于微米尺寸的 Fe_2O_3，纳米尺寸颗粒在循环稳定性和倍率方面具有显著的改善。通过简单的液相搅拌和热退火使 Fe^{2+} 与 MnOOH 发生氧化还原反应制备一维(1D)α-Fe_2O_3 材料。热处理后晶格应力得到很好的释放，改善了颗粒间接触和界面接触，以承受循环过程中巨大的体积膨胀。同时，导电材料表面包覆可以将活性材料与电解质物理隔离，从而减少副反应的发生。此外，表面包覆还可以提高电子电导率，缓冲锂化过程中的体积变化，有效提高电化学倍率性能。

类似地，氧化钴也被作为锂离子电池负极材料进行研究。有研究者将层状氢氧化物原位转化为氧化物，并成功制备了具有纳米流体通道和表面功能化的超薄 Co_3O_4 纳米片。纳米片流体通道促进了快速的离子脱嵌，而超薄纳米片结构大大降低了锂离子扩散距离，适当的层间距有效缓解了结构应力。在 0.2A/g 和 1A/g 的电流密度下，分别显示出 1230mAh/g 和 750mAh/g 的可逆比容量。当电流密度提高到 5A/g 时，可以保持高比容量。

此外，一些其他过渡金属氧化物（如 NiO，MnO，MoO_3）和三元以及多元金属氧化物（如 $NiFe_2O_4$，$ZnFe_2O_4$，$NiCo_2V_2O_8$）也被用作锂离子电池快充负极进行研究。

2.3.5　硅、锡基材料

锂能与许多金属 M（M＝Mg、Ca、Al、Si、Ge、Sn、Pb、As、Sb、Bi、Pt、Ag、Au、Zn、Cd、Hg 等）在室温下形成金属间化合物，且生成锂合金的反应通常是可逆的，因此能够与锂形成合金的金属，理论上都可以用作锂电池的负极材料。例如，Si、Sn、Ge 和 Sb 可以与锂形成二元化合物，在完全锂化条件下形成 $Li_{4.4}Si$、$Li_{4.4}Sn$、$Li_{4.4}Ge$ 和 Li_3Sb，理论比容量分别为 4200mAh/g、994mAh/g、1625mAh/g 和 665mAh/g。然而，这些材料充放电过程中体积变化较大，导致活性材料粉末化，失去电接触，SEI 膜不稳定，限制了其倍率能力和循环稳定性。

硅基材料的独特的优点包括：理论比容量高，硅完全锂化至 $Li_{4.4}Si$ 时理论比容量可达到 4200mAh/g（约为石墨的 10 倍）；工作电压合适（0.2～0.3V，相对于 Li/Li^+ 电极），可直接与商用正极材料（如 $LiCoO_2$、镍钴锰三元材料等）匹配制作全电池；天然资源丰富、价格低廉及环保。

硅的合金化储锂机制可描述为

$$Si + xLi^+ + xe^- \rightleftharpoons Li_xSi$$

在理想的锂化条件下（415℃）Si 与 Li 的合金化反应经历多相转变过程，分别形成：Li_2Si_7，Li_7Si_3，$Li_{13}Si_4$，$Li_{22}Si_5$ 4 个相。但是在室温条件下，锂化过程中 Li_xSi 主要以非晶态的形式存在，通常只能检测到 $Li_{15}Si_4$ 的存在。

锂化过程：

$$Si(\text{晶态}) + Li^+ + e^- \longrightarrow Li_xSi(\text{非晶态})$$

$$Si(\text{非晶态}) + Li^+ + e^- \longrightarrow Li_xSi(\text{非晶态})$$

$$Li_xSi(\text{非晶态}) \longrightarrow Li_{15}Si_4(\text{晶态})$$

去锂化过程：

$$Li_{15}Si_4(\text{晶态}) \longrightarrow Si(\text{非晶态}) + Li^+ + e^-$$

晶体硅的锂化过程包括锂硅合金反应和表面 SEI 膜形成。在锂化过程中硅颗粒表面形成 SEI 膜的电压在 0.5V 以上，当电压下降到 0.1V 时，Li^+ 开始插入 Si 颗粒实现完全的合金反应，直到电压下降到 0.01V，Si 经历了结构转变，晶体 Si 演变为非晶 Li_xSi，然后演变为非晶 Si。每个 Si 原子结合 4.4 个 Li^+ 并产生大约 420％的体积膨胀。锂化过程中各向异性的体积变化在内部形成巨大的应力，衰减后的收缩导致硅颗粒的断裂和粉碎。

液态电解质界面 SEI 的耐久性也是硅阳极失效的主要原因。在第一步锂化过程中，Si 颗粒收缩，薄的 SEI 层溶解成独立的碎片，新的 Si 阳极表面完全浸入电解质中。在随后的循环中，在新覆盖的 Si 表面上生成新的 SEI 层。较厚的 SEI 层会增加电极阻抗和极化，导致相当短的循环寿命。

将微米级的硅颗粒尺寸减小到纳米级，可以缩短 Li^+ 传输距离，减小极化；能够提高材料比表面积，增大与电解液的接触面积，提高活性 Li^+ 的利用率和合金化过程的动力学；纳米结构使材料表面的原子具有高的平均结合能，可以更好地释放体积膨胀中的应力，有效减少体积膨胀对材料结构的破坏，从而提高硅基负极稳定性。研究表明，锂化过程的颗粒破碎现象，存在临界颗粒尺寸（150nm）。如果颗粒尺寸小于临界尺寸，硅阳极将不会出现裂纹。此外，多孔或中空结构，如中空管状结构、核壳结构和介孔网络结构已被成功应用于提供稳定的界面和结构，以改善硅阳极的倍率性能和循环稳定性。

表面包覆高导电材料是提高硅阳极电化学性能的另一种方法。其中，各种类型的碳包覆是商业化研究最多的方法。例如，由硅组成的硅复合阳极纳米粒子和还原氧化石墨烯交替排列，基于激光辅助的可扩展卷到卷沉积工艺制造。硅复合阳极纳米粒子和还原氧化石墨烯纳米层结合紧密，从而获得更高的机械强度，而石墨烯片上高度密集的纳米级孔有助于电解质的渗透，并为 Li^+ 扩散提供提取通道，从而使快速充电负极获得显著的倍率性能和循环性能。除碳包覆外，采用金属氧化物（如 Fe_2O_3、TiO_2、Al_2O_3 等）包覆是优化硅基负极电化学性能的另一种可行策略。金属氧化物具有一定的刚性，可以减少硅与电解液之间的副反应，抑制体积膨胀。例如二氧化钛（TiO_2）作为包覆层表现出非常优异的性能，其锂化时的体积变化可以忽略，作为物理界面层，具有优异的热稳定性，并能安全存储锂。

除了硅，锡也被用作锂离子电池的合金快速充电负极。虽然锡和硅属于同一种合金型负极，但粉碎机理不同。原位透射电镜观察到锡负极的锂化过程，该过程表现为两步可逆相变。在第一步中，Li_2Sn_5 相形成，同时保持结晶度且没有可见的相界。随着锂化过程的进一步进行，形成 $Li_{4.4}Sn$ 并伴随着大约 260%的体积变化。人们已经努力通过合理的电极结构设计来克服 Sn 作为锂离子电池快速充电负极的障碍。

一般来说，减小颗粒尺寸可适应大的应力，有效地减轻活性材料的粉碎。锡也有类似于硅的临界最小颗粒尺寸，但锡的临界尺寸明显小于硅的临界尺寸。有研究者研究了颗粒尺寸对锂化过程中锡阳极体积膨胀的影响，发现即使锡颗粒的尺寸减小至 10nm，仍存在明显的机械损伤，仅仅通过将颗粒尺寸减小到纳米尺寸来提高锡负极的电化学性能是不可行的。

将纳米锡与其他缓冲材料相结合，发展有效的锡基分级结构，可以明显提高锡阳极性能。锡与其他惰性金属进行合金化处理，形成锡基合金可以缓解锡负极在充电过程中体积膨胀，提高其电化学性能。在锂化和去锂化过程中，Sn 与 Li^+ 反应，而非活性金属相（Fe、Co、Cu、Ni、Mn、La、Ce、Cr 等）可以缓冲体积膨胀引起的应力，缓解锡的粉化和团聚，并形成导电网络，提升电极倍率性能和循环稳定性[8]。

2.3.6 钛酸锂材料

除了碳材料如改性石墨外，钛酸锂（$Li_4Ti_5O_{12}$，缩写为 LTO）和 TiO_2 等钛基氧化物正在成为传统石墨负极的替代品之一。LTO 具有尖晶石结构，在锂化过程中，Ti^{4+} 被还原成 Ti^{3+}，形成 $Li_7Ti_5O_{12}$ 的岩盐结构，每个单元可储存三个锂离子，理论比容量为 175mAh/g，反应可描述为方程式：$Li_4Ti_5O_{12}+3Li^++3e^- \rightleftharpoons Li_7Ti_5O_{12}$。在充放电过程中，强 Ti—O 键赋予其稳定的结构，当初始状态的 $Li_4Ti_5O_{12}$ 转变成最终态的 $Li_7Ti_5O_{12}$，锂离子从钛酸锂基体中嵌入或脱出时，晶格尺寸几乎没有变化，从而大大提升了钛酸锂材料作为锂离子负极材料的循环稳定性。同时钛酸锂也具有约 1.55V 的高充放电平台，可防止因电解质还原而形成 SEI 膜，这有利于循环过程中的初始库仑效率，并促进界面处 Li^+ 的扩散。同时，它还减少了与析锂相关的安全问题。LTO 被广泛地用作商用快速充电、高功率锂离子电池的负极材料。但是，宽带隙和缓慢的 Li^+ 扩散速率导致低本征电导率而限制了快速充电性能的进一步改善。因此提高初始放电阶段的电子电导率和锂离子扩散系数对于提高钛酸锂电极的倍率性能至关重要。

由大颗粒粉末组成的 $Li_4Ti_5O_{12}$ 电极在循环过程中通常表现出较差的容量保留能力，而且在较高的放电/充电速率下表现得更差。为了获得高比容量、高倍率性能和良好的循环稳定性，在过去的一段时间中，研究者们研究了改性的几种策略，包括纳米结构和形貌优化、表面涂层、掺杂和合成复合材料。

比表面积、表面能和表面化学在锂离子电池充放电过程中起着非常重要的作用。其中更小尺寸的纳米材料可以提供更大的电极/电解质接触面积以及更短的路径长度，用于 Li^+ 和电子传输，从而实现更高的充放电倍率，同时抑制锂嵌入脱出过程产生的体积应变，提高电池的电化学性能。LTO 的各种纳米结构包括纳米颗粒、纳米线、纳米棒、纳米片、纳米花和纳米阵列。例如，在合成前驱体中加入碳酸氢铵造孔剂，能在棒状 LTO 中原位形成微孔结构，显著改善倍率性能；通过简单的溶剂热反应和热退火制备由纳米片组装的分级

LTO 微球，其倍率性能和循环稳定性得到提升[9]。

包括表面包覆和离子掺杂在内的材料改性是提高 LTO 快速充电性能的另一种策略。碳包覆因其导电性好、来源广泛等优点而被广泛研究。使用 LiOH 作为锂源和活化剂制备了 $Li_4Ti_5O_{12}$/氮和硫共掺杂的多孔石墨烯复合材料，氮和硫的共掺杂促进了 Li^+ 在石墨烯中的吸附和扩散。并且纳米 LTO 和多孔石墨烯的协同作用构建了有效的 Li^+ 扩散通道和电子传导网络，从而提高了倍率性能。此外，金属氧化物、导电聚合物、氟化物、快离子导体包覆也被证明有利于改善 LTO 的快速充电性能，甚至在一定程度上提高其比容量。离子掺杂可以通过引入缺陷或空位来提高 LTO 的本征电子电导率和 Li^+ 扩散率。许多阴离子和阳离子，如 Mg^{2+}、Ca^{2+}、Cu^{2+}、Ti^{3+}、Zr^{4+}、F^- 和 Br^-，都可以通过取代 Li、Ti 或 O 掺杂到 $Li_4Ti_5O_{12}$ 的晶体结构中以形成各种相结构而提高原始属性。

2.4 电解质材料

电解质在引导锂离子的还原和传输方面起着至关重要的作用，是一种使锂离子能够在整个电池单元中传输的介质。被电解质溶解的离子会移动到阴极或阳极。同时电解质也影响着 SEI 层的形成和性能。对于液体电解质，研究主要集中在优化各种成分，包括醚和酯等不同溶剂、高浓度锂盐电解质和电解质添加剂。此外，受物理屏障启发的固态电解质与用于高电压和宽电化学窗口的高能量密度电池的电解质也已被广泛报道。

在目前的电池结构中，电解质连接两个电极，隔膜将两个电极分开。当一个组件无法发挥其作用时，电池通常会立即破裂。易燃有机液体电解质和薄多孔隔膜的组合易受到机械和热应力的影响，从而导致短路、着火和爆炸。除了电池单元直接受到外部损坏外，内部过热和随后的电池内产生气体也会导致此类事故。大多数商用电池中的电解质和隔膜仍然存在一些局限性，确定具有高离子电导率、热稳定性、化学稳定性、机械稳定性、润湿性和渗透性，低可燃性、毒性以及与电极的界面电阻等平衡特性的电解质和隔膜组合具有挑战性。因此，应该清楚地了解这些组件的作用以及安全高性能电池所需的条件。对于固态电解质（准固态湿凝胶和全固态干陶瓷或聚合物电解质），应满足其作为隔膜和电解质的各项性能要求。

在典型的电池中，电解质是根据电池高效性能和安全操作的几个标准开发的。电解质是传输离子的介质，应具有高离子电导率、热稳定性和化学稳定性。一些电解质成分被有意诱导发生电化学分解，在电极表面形成钝化层（即固体电解质界面）；然而，大多数电解质成分需要稳定地溶解离子盐，而不会在操作和高温下分解和产生气体。此外，当溶剂化离子快速迁移到电极中的活性材料时，电池性能会很好。也就是说，离子在电解质中以及电解质-电极界面处容易传输和迁移且电阻较低非常重要。此外，当电解质是一种稳定、安全、不易燃、不易挥发且无毒的材料时，电池可以轻松回收，不会发生严重事故[10]。

2.4.1　有机液体电解质

锂离子电池最常规的结构包括石墨阳极（例如中间相碳微球，MCMB）、由锂金属氧化物（$LiMO_2$，例如 $LiCoO_2$）形成的阴极、由锂盐（例如 $LiPF_6$）溶液和混合有机溶剂（例如碳酸乙烯酯-碳酸二甲酯，EC-DMC）组成的电解质，电解质嵌入隔膜毡中。

目前对 $LiPF_6$-有机碳酸盐溶液电解质的担忧包括：①相对狭窄的稳定域阻碍了高压阴极的使用；②高蒸气压和易燃性影响安全性；③与环境和人类健康的不相容性导致严重的操作危险。目前正在进行大量努力来提高锂电池电解质的安全性和可靠性，包括：①添加添加剂以建立稳定的 SEI 和/或增强其热稳定性；②氧化还原穿梭以防止过度充电；③采用具有热关闭功能的隔膜以防止热失控；④锂盐作为 $LiPF_6$ 的替代品，以降低毒性。

由碳酸盐或醚溶剂和锂盐组成的非水有机电解质由于对各种电极材料的优异适应性，几十年来一直用于锂离子电池。然而，它们的挥发性和易燃性是导致锂离子电池严重安全问题的关键原因。在电池滥用条件下，这些电解质会引发火灾甚至爆炸。许多电解质成分，如离子液体、氟醚和有机硅化合物，被研究作为锂离子电池的不可燃溶剂候选物。然而，锂离子电池中的大多数这些成分都会损害离子传输和碳质阳极循环性，从而导致电解质不稳定和电极/电解质界面接触不足。

目前可用的有机碳酸盐电解质溶液与锂镍锰氧化物的高电压并不完全兼容，尤其是在充电过程中。目前正在进行的研发项目旨在开发更稳定的电解质，从而使像 $LiNi_{0.5}Mn_{1.5}O_4$ 这样可大幅提高能量密度的阴极材料可用于工业用途。

目前的锂离子电池电解液是一种由锂盐、添加剂和有机溶剂组成的液体混合物，其中环状碳酸酯可提高锂盐的溶解度，而链状碳酸酯可降低黏度。由于这些有机溶剂大多具有剧毒和易燃性，当它们受到机械/热应力或暴露在空气中时，很容易发生污染和爆炸事故。液体电解质（LE）具有明显的优势和劣势。它们在所有电解质中表现出最高的离子电导率（室温下范围为 10^{-3}～10^{-2}S/cm），并且它们的液态特性能够有效润湿电极，从而实现出色的电极/电解质界面接触。然而，LE 通常具有低热/电化学稳定性的缺点。此外，由于机械强度有限，LE 缺乏抑制锂枝晶的能力。与固态锂离子电池相比，基于 LE 的 LIB 对隔膜的要求增加了其整体结构的复杂性。所有这些缺点使 LE 的安全性成为一个重大问题，并阻碍了基于 LE 的高性能 LIB 的实现[11]。

LE 的电化学稳定窗口有限，这表现在负电位下的还原电位与正电位下的溶剂氧化电位之间的差距很小。然而，为了最大限度地提高 LIBs 的能量密度，LE 需要为高压正极服务，而工作电压可能超出 LE 的电化学稳定窗口。为了增强正极/LE 界面稳定性，通常设计在界面处形成稳定的正极/电解质界面相（CEI)，这涉及正极和电解质的分解和相变。另外，负极/电解质界面处稳定的固体-电解质界面相（SEI）可以通过溶剂化鞘层的还原分解形成，其中溶剂化物质的组成影响 SEI 的稳定性。

在充电过程中，Li^+ 从阴极释放出来，并穿过 CEI 和 LE 到达阳极。在 LE 内，Li^+ 被几个溶剂分子包围，形成一个溶剂化鞘，称为 Li^+ 溶剂化。该核心（Li^+）-壳（溶剂分子）结构一起迁移。到达阳极后，Li^+ 从溶剂化鞘中脱溶剂，并吸附到 SEI/阳极的表面上。随后，吸附的 Li^+ 通过 SEI 迁移并参与阳极的电荷转移反应。放电期间，此过程会逆转。需要注意的是，Li^+ 的脱溶剂化需要克服很大的能垒，从而影响界面 Li^+ 传导的总速率。除了溶剂分子外，一些锂盐中的阴离子也可能参与 Li^+ 的溶剂化，与溶剂分子鞘相比，阴离子鞘显示出较低的脱溶剂化能垒，并且能够协助形成稳定的富含无机物的 SEI 和 CEI。因此，溶剂化鞘中阴离子占主导地位是优选的。

2.4.2 凝胶电解质

除了传统的离子导电增塑剂［如 LE 和离子液体（IL）］外，其他功能性溶剂（如液相阻燃剂）也可以作为潜在的增塑剂，为凝胶电解质（GE）提供独特的不易燃特性。例如，广泛使用的阻燃增塑剂三乙基磷酸酯（TEP）经常用于制造不易燃的凝胶聚合物电解质（GPE）。在各种类型的 GPE 中，使用 LE 作为增塑剂的 GPE 因兼具 LE 和聚合物固态电解质（SPE）的优势而备受关注。GPE 中的聚合物基质增强了其力学性能，并提供了一个框架来固定 LE 的溶剂分子，从而防止电极/电解质界面发生不良副反应。在 GPE 中添加液相不仅可以提高其离子电导率，还可以促进厚电极的良好渗透。然而，必须注意的是，这种性能的提高可能会以损害电化学/热稳定性以及降低电解质的机械强度为代价。

在GPE中，聚合物骨架的存在为电解质提供了结构支撑，而增塑剂则占据了骨架内的间隙。这导致聚合物链内聚力的破坏和随后的聚合物膨胀，从而增加了聚合物的自由体积。因此，聚合物的链段移动性得到增强。此外，加入高介电常数的增塑剂有助于锂盐的解离。链段移动性增强和载流子浓度增加的协同效应进一步增强了聚合物基质的离子传导。另外，添加离子导电液相增塑剂可以为GPE内的Li^+传导提供额外的快速途径。因此，在添加LE的GPE中，Li^+传导主要通过两种途径发生：在膨胀的聚合物基质内和在添加的LE内。添加LE通常会增加GPE的离子电导率，而电导率在很大程度上取决于LE的数量。当添加少量LE时，GPE中的Li^+传导主要与聚合物基质内的耦合/解耦有关。然而，随着LE数量的增加，大部分Li^+将被溶剂分子溶剂化，从而使液相中的Li^+传导速度更快。值得注意的是，在这种情况下，界面处Li^+的脱溶剂能垒仍然是决定整体Li^+传导速率的关键因素。此外，即使在LE提供的路径内，聚合物基质也会对Li^+传导产生积极影响。例如，与DME/1,3-二氧戊环（DOL）LE相比，拉曼光谱显示季戊四醇四丙烯酸酯(PETEA)/1,2-二甲氧基乙烷（DME)/DOLGPE中的自由溶剂分子数量减少，而溶剂分离离子对（SSIP)/接触离子对（CIP）增加。这表明聚合物基质的刚性性质可以固定Li^+周围的溶剂分子，从而改变为SSIP/CIP主导的溶剂化鞘。因此，可以降低Li^+的脱溶剂能垒，从而导致GPE的离子电导率总体增加。

对于以离子液体为增塑剂的GPE（即所谓的离子凝胶），离子液体也可以降低聚合物基质的结晶度，提高GPE的离子电导率。除了离子液体本身传导Li^+外，它还会对聚合物基质中Li^+的传导产生正向或负向影响。例如，离子液体的阳离子可能会被聚合物链吸收，并占据聚合物内原有Li^+跳跃位点。另外，添加一些离子液体，例如三氟甲磺酰基-*N*-氰基酰胺（TFSAM），可以放松Li^+和聚合物链之间的配位，从而增强链间传导，提高GPE的Li^+迁移数。

为了获得更具吸引力的性能的SSE，可以通过结合聚合物基质、陶瓷填料和液相增塑剂来制备复合凝胶聚合物电解质（CGPE）。精心设计的CGPE表现出出色的离子电导率、优异的电极润湿性和令人满意的热/电化学/机械稳定性。然而，由于CGPE的组成复杂，此类电解质体系带来了不确定性。液相成分的添加可能会引入与液体添加剂相关的固有问题，包括不良的副反应、腐蚀以及与可燃性和爆炸性相关的安全问题。因此，应谨慎选择液相增塑剂。例如，PVDF-六氟丙烯(HFP)-双氟磺酰亚胺锂(LiFSI)/锂镧锆氧(LLZO)-Ga/

TEP-氟碳酸亚乙酯(FEC)CGPE 在 TEP 增塑剂的帮助下表现出阻燃能力。添加 FEC 是为了提高 CGPE 和锂金属负极之间的界面稳定性。

CGPE 的 Li^+ 传导机理可以根据 GPE 和陶瓷聚合物电解质（CPE）的传导机理来阐明。根据上文的讨论，在 PETEA-双三氟甲烷磺酰亚胺锂（LiTFSI)/DME/DOL GPE 中加入 SiO_2 填料可以帮助聚合物基质固定更多的溶剂分子，有利于 Li^+ 和 $TFSI^-$ 之间的相互作用，从而促进以阴离子聚集体（AGG）为主导的溶剂化鞘的形成。这样 Li^+ 的脱溶剂能垒进一步降低。利用密度泛函理论（DFT）研究了聚环氧乙烷(PEO)-LiTFSI/锂镧锆钛氧(LLZTO)/四丁基膦 2-羟基吡啶(TBPHP)CGPE 各组分之间的相互作用。结合能（E_b）的负值表示阳离子和阴离子之间的化学键合稳定性，计算结果表明 Li^+ 和 HP^- 之间存在强配位，这有助于 LiTFSI 的解离，并有利于活性 LLZTO 填料提供更多可移动的 Li^+ 进行迁移。此外，PEO、LLZTO 和 TBPHP 之间的界面为 Li^+ 迁移提供了几条快速通道。

CGPE 中 Li^+ 传导的机制是多种成分的复杂相互作用。它不仅包括每个成分的单独 Li^+ 传导能力，还包括这些成分之间复杂的相互作用以及它们组合产生的潜在协同效应。虽然当前的研究为 CGPE 中的 Li^+ 传导机制提供了宝贵的见解，但对这些机制的全面理解尚未完全阐明。因此，需要进一步研究以探究 CGPE 中 Li^+ 传导的复杂细节[12]。

2.4.3 聚合物固态电解质

目前，几乎所有的锂离子电池都使用液态电解质（LE）作为锂离子导体。虽然它们具有高离子电导率，与电极接触良好，但它们的热稳定性和燃点较低。在锂离子沉积和剥离过程中，LE 中自发形成的锂枝晶可能导致电池短路，如果使用不当，甚至会导致火灾和爆炸事故等严重安全问题。因此，提高锂离子电池的安全性能和能量密度，尤其是对于便携式电子设备和电动汽车，已成为当务之急。

近年来，使用固态和准固态电解质替代液体电解质的研究引起了广泛关注。这种转变主要是出于解决安全问题的需要，例如枝晶形成、有机电解质的易燃性以及锂和电解质之间的副反应。这被认为是开发下一代安全 LIB 的关键一步。这些电解质的主要类别包括无机陶瓷电解质和聚合物电解质及其混合物。然而，增强金属锂和固体电解质之间的接触（固-固界面），以及提高固体电解质的离子传输速率（特别是在室温下，范围从 10^{-8}～10^{-5} S/cm，明显低于液体电解质的 10^{-3} S/cm)，仍然是一项艰巨的挑战。此外，探索具有宽电化学稳定窗口（ESW）和高电压的固态电解质是下一代高能量密度电池的关键。

固体电解质（SSE）的材料性能，包括离子电导率和电化学窗口的进步，为固态锂电池的发展铺平了道路。然而，初始库仑效率低、枝晶生长、气体产生和内部短路等挑战仍然阻碍固态锂电池满足新能源汽车的应用要求。

聚合物固态电池（PSSB）安全性高，加工性好，且聚合物的柔韧性有利于电解质和电极之间的接触。然而，保持紧密的正极/电解质界面接触仍然是全固态锂电池（SSLIB）的挑战。与传统的 LE 不同，大多数 SSE 难以润湿和渗透多孔正极，导致正极内以及正极/电解质界面上的 Li^+ 传导有限。这种限制阻碍了高质量负载厚正极的利用。在 SSE 中，聚合物基 SSE 由于其柔软的性质和理想的柔韧性，表现出与电极最有希望的界面接触。聚合物的原位聚合和某些液体成分的添加提供了潜在的解决方案，可以增强厚正极的润湿性，并实现更高的 SSLIB 能量密度。然而，正极/电解质界面电化学稳定性和空间电荷层的存在仍然是重大问题，它们严重影响了具有聚合物基 SSE 的 SSLIB 的能量密度和循环性能。正极/固体电解质界面遇到的电化学稳定性问题，包括界面副反应、聚合物电解质的氧化分解、过渡金属离子的溶解以及循环过程中的界面老化。在负极/固体电解质界面，首先，聚合物电解质膜和锂金属之间仅存在界面接触；其次，与锂金属的接触会引发化学反应，包括聚合物电解质的还原和结构变化；此外，反应产物的离子电导率通常低于电解质的离子电导率；再者，电解质和锂金属阳极之间的接触不良会导致界面阻抗高，循环过程中的结构不稳定性又进一步恶化电解质/电极界面相容性，增加了界面电阻；最重要的是，锂枝晶生长会穿透聚合物电解质膜，导致电池短路甚至失效。对于这些界面问题，有必要在电极和聚合物电解质之间建立更紧密、更稳定的连接。目前的优化方法包括调整聚合物主体和锂盐添加剂、采用无机/聚合物涂层、开发多层聚合物电解质以及原位形成保护层。

聚合物固态电解质（SPE）表现出出色的可加工性和柔韧性。尽管它们可能不像 LE 那样有效地润湿电极，但它们的柔韧性使其与电极保持良好的接触。某些聚合物可以原位聚合，从而获得更好的电极/电解质界面特性。然而，它们柔软的性质也使它们无法有效地抑制锂枝晶。而且，它们的离子电导率远低于实际应用要求。尽管 SPE 具有比 LE 更宽的电化学稳定性窗口，但它们在匹配高压正极方面仍然面临挑战。此外，一些聚合物，如聚丙烯腈（PAN）和聚偏氟乙烯（PVDF），由于其特定的官能团，与锂金属负极不稳定。

大部分 SPE 都是以结晶性聚合物为基础的，而 Li^+ 的传导主要发生在聚合物的非结晶区域。以聚环氧乙烷（PEO）为例，在电场作用下，解离后 Li^+

会与 PEO 主链上环氧乙烷基团中的氧原子进行配位，并与链的链段运动一起迁移。因此，聚合物链的链段运动直接影响 Li^+ 的传导。在 SPE 中，Li^+ 在链内或链间跳跃，同时伴有配位键的断裂和形成。Li^+ 这种同时发生的链内和链间跳跃，再加上聚合物链的链段运动，最终使聚合物能够传导 Li^+[13]。

2.5 隔膜材料

锂离子电池主要由正极、负极、电解液和隔膜四部分组成，隔膜是位于正极和负极之间的多孔聚合物膜，具有微孔结构，在维持电池的安全性能和循环性能中起关键作用。隔膜主要有两方面的作用：一方面是将电池的正负极隔开，避免两者之间发生直接接触而形成短路造成危险；另一方面是为锂离子在电池内部的传输提供通道。理想情况下，隔膜应具有优异的柔韧性、热稳定性、电解液浸润性以及高离子电导率等性能。因此，隔膜需具有一定拉伸强度以满足电池制备和使用过程中的性能要求。同时，隔膜还需要具备较高的穿刺强度，避免极片上的凸起和电池在使用过程中锂枝晶刺穿隔膜造成的安全问题。在充放电过程中，锂离子电池内部的温度会发生改变，隔膜会随之变化，当尺寸变化导致正负极间直接接触时会造成严重的不稳定现象，因此，隔膜需要具有良好的热稳定性。同时，隔膜还需要具有充分的电解液润湿性以提高离子电导率进而缩短电池静置时间。

隔膜对锂离子电池性能的影响因素如下。

(1) 孔隙率　孔隙率被定义为材料内的空隙分数，有助于保持电极间有效的锂离子扩散，而孔隙率的大小取决于所采用的制造工艺。具有大孔隙率的隔膜可降低内阻并促进离子快速传输。对于商业采用的 LIB，推荐孔隙率约为 40%。孔隙率过小对电池寿命有害，因为电解质中间体或产生的锂枝晶会阻塞小孔，减缓甚至终止电化学反应发生。然而，超过最佳水平的孔隙率会降低拉伸强度并在电化学反应期间使隔膜降解。此外，高孔隙率使得隔膜易于产生锂枝晶而发生短路。

(2) 孔径　隔膜的孔径必须小于电极材料颗粒和导电剂的尺寸。具有均匀尺寸分布的孔径可以确保穿过电流的均匀分布。其中，商业隔膜的平均孔径为 30～200nm 且小于 1μm。大孔径会影响关闭过程，因为在膜收缩或熔化期间，大孔不可能有效关闭。

(3) 迂曲度　迂曲度描述了分离器内通路的弯曲状态。隔膜的曲折结构可以抑制锂枝晶生长。然而，过高的迂曲度会降低有效的电荷和质量传递过程。

其中，隔膜的迂曲度可以通过以下公式计算：

$$迂曲度=\sqrt{\frac{\varepsilon^{*}\sigma_{e}}{\sigma_{s}}}$$

式中，ε^{*} 是孔隙率；σ_e 是电解质的离子电导率；σ_s 是隔膜的离子电导率。

(4) 机械强度　机械强度主要包括拉伸强度、抗撕裂性和穿刺强度。隔膜必须具有一定的机械强度，以承受电池组装期间以及连续充放电过程中产生的应力。拉伸强度是将隔膜拉至断裂点所需的力的量度。100MPa 的拉伸强度通常是商业应用的最低要求。抗撕裂性是隔膜能够承受撕裂或破裂影响的阻力水平。穿刺强度被定义为给定的针刺穿隔膜所需的最大载荷，并且其可以用拉伸试验机测量。300N/m 的穿刺强度是商业应用的最低要求。需要采用高穿刺强度的隔膜以避免电极材料中的颗粒和任何针状锂枝晶的穿透。

(5) 热稳定性　热稳定性是隔膜的重要性能，如果隔膜的热稳定性差，则在高温下的收缩变形可能会造成锂离子电池的正负极接触，导致内部发生短路引起电池的热失控，最终造成火灾或爆炸。

为此选取四种不同类型的隔膜进行对比，以探究隔膜在不同温度下的热收缩情况，判断隔膜的热稳定性，如图 2-20 所示。从 110℃ 到 150℃，聚乙烯 (PE) 隔膜逐渐收缩并且在横向和纵向收缩情况一致，到 140℃时隔膜已经完全熔化失去初始形貌。聚丙烯（PP）隔膜和 PP/PE/PP 隔膜与 PE 隔膜的收缩情况基本一致，但是由于制备时使用干法单向拉伸工艺，PP 和 PP/PE/PP 隔膜的收缩只发生在横向，在纵向上基本不收缩。在高温下，PE-Al_2O_3 隔膜表面涂覆的 Al_2O_3 颗粒对隔膜起到了支撑作用，减少了隔膜的热收缩，在 110～140℃的范围内基本上没有热收缩情况，由于 PE-Al_2O_3 隔膜熔点在 140℃，在隔膜受到的外界温度达到 150℃后，超过其熔点，导致尺寸发生了剧烈的收缩，通过热收缩实验证明氧化铝涂覆隔膜的热尺寸稳定性明显高于其他三种隔膜[14]。

(6) 电解质吸收率　电解质吸收率表示隔膜所吸收的液体电解质的量，可由以下公式计算：

$$电解质吸收率=\frac{W_e-W_d}{W_d}\times100\%$$

式中，W_e 是吸收液体电解质后隔膜的质量；W_d 是吸收液体电解质前干燥隔膜的质量。电解质吸收率影响电池的离子电导率，进而影响 LIB 的比容量、倍率性能和循环寿命。电解质吸收率越高，电化学容量越高。

隔膜的制备方法主要分为湿法工艺、干法工艺和涂覆工艺。湿法工艺是将

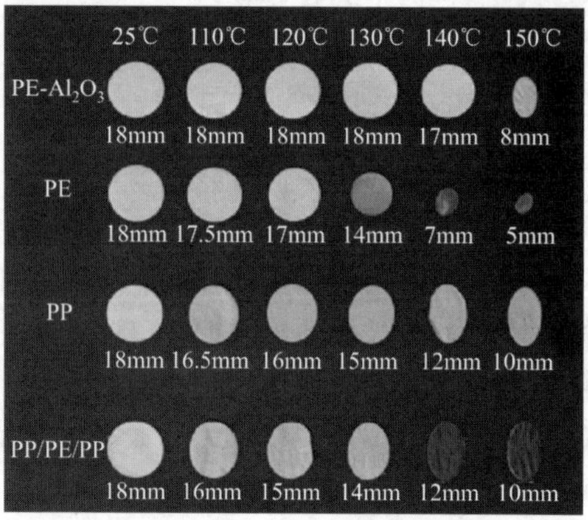

图 2-20 不同类型隔膜在不同温度下的收缩性

超高分子量的聚乙烯物质和低分子量的物质（如石蜡油）加热、熔融、共混、浸出后进行双向拉伸和萃取，主要用于生产聚乙烯（PE）隔膜。干法工艺则是将聚烯烃类颗粒和添加剂等物质混合形成均匀熔体，通过挤压、吹膜的方法，将熔融的均匀熔体制作成片状结晶薄膜，并在高温下通过单向拉伸形成狭缝状多孔结构，主要用于生产聚丙烯（PP）和聚丙烯/聚乙烯/聚丙烯三层复合（PP/PE/PP）隔膜。涂覆工艺是以聚烯烃类隔膜为基底，在隔膜的表面涂覆一层陶瓷材料，以改善隔膜的性能，主要用于生产陶瓷涂覆隔膜[15]。

2.5.1 聚丙烯材料

聚丙烯简称 PP，是丙烯通过加聚反应而成的聚合物，化学式为 $(C_3H_6)_n$。其外观透明，重量轻，具有优良的物理化学性能，是一种用途广泛的高分子材料。然而聚丙烯材料在低温下存在一定性能缺陷，阻碍了聚丙烯材料应用，因此需要对聚丙烯材料进行化学或者物理改性进而提高其强度及韧性。在工业化生产过程会产生大量废旧塑料，其中聚丙烯为主要废旧材料。为遵循低碳环保策略，需要对聚丙烯材料进行回收。一般有两种方式：一种是直接使用；另一种是改性处理后再使用。具有不同孔隙率和孔径的微孔聚丙烯通过与不同类型的橡胶混合制备，用作锂离子电池的隔膜，见图 2-21。迄今为止，聚丙烯材料具有低成本和稳定的电化学性能，从而占据了锂离子电池隔膜市场高比例份额。

聚丙烯隔膜的化学稳定性好、机械强度高、膜孔在超过其玻璃化温度时具有自动闭合的功能，因此被广泛应用于电池隔膜制造领域。但是，聚丙烯隔膜

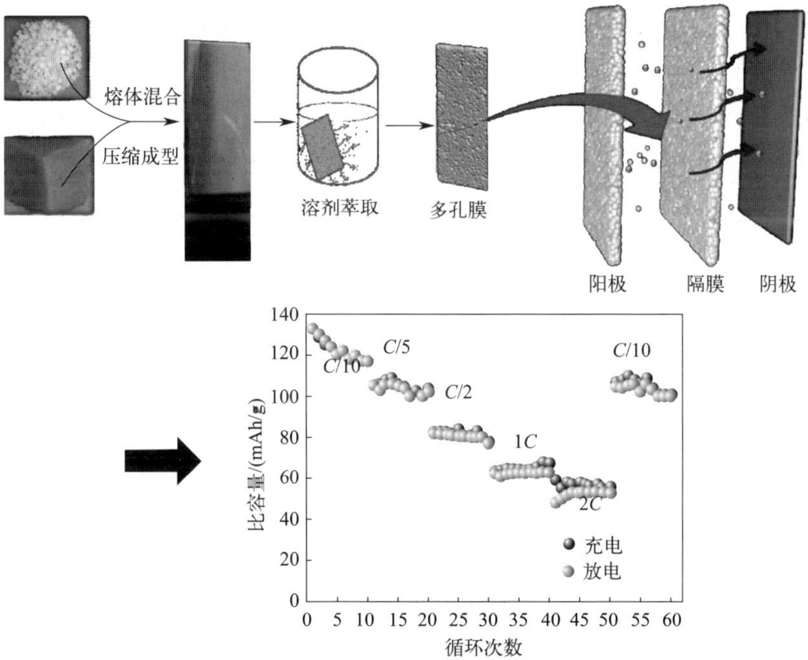

图 2-21　聚丙烯隔膜在锂离子电池中的应用

存在耐热性能差的缺点，在 160℃左右条件下开始收缩熔化；同时聚丙烯隔膜的吸液保液能力差，造成组装电池的长循环充放电性能和高倍率充放电性能不佳。聚丙烯隔膜在生产过程中主要采用拉伸工艺，此种制备方法可能导致聚丙烯隔膜表面的膜孔尺寸不均匀，甚至在某些区域产生大孔洞，严重影响锂离子电池安全性能，因此需要对其表面进行改性以克服各种缺点。对于聚丙烯材料的改性大致可分为两大类：①化学改性，包括共聚改性、接枝改性、交联改性等；②物理改性，包括填充改性、共混改性等。具体情况如下。

（1）化学改性　通过共聚改性、交联改性、接技改性、添加成核剂等使聚丙烯高分子材料大分子结构或晶体构型发生改变从而提高其力学性能、耐热性、耐老化性等，提升其综合性能、扩大其应用领域。

① 共聚改性。采用茂金属等各种催化剂在丙烯单体制备阶段进行的改性，在单体发生聚合过程中，丙烯与加入的烯烃类单体发生共聚反应，得到无规共聚物、嵌段共聚物和交替共聚物等，使得聚丙烯材料的力学性能、透明性和化学稳定性都得到提升。茂金属催化剂形成的络合物是以不规则形状受到一定限制的过渡状态作为单一活性中心，可以精确控制分子量及其分布、共聚单体含量、主链上的分布和高聚物晶型结构。

② 接枝改性。聚丙烯材料表面活性低，无极性，与极性高聚物难以共混，

与极性增强纤维、填料难以相容。接枝改性是将具有极性的基团引入大分子链上，从而改善聚丙烯的共混性、相容性和黏结性，改善其难共混、难相容与难粘接的问题。在引发剂作用下，熔融混炼时，接枝单体进行接枝反应，引发剂在加热熔融时分解产生活性游离基，当活性游离基遇到不饱和羧酸单体时，促使不饱和羧酸单体打开不稳定键并与聚丙烯活性游离基发生反应形成接枝游离基，随后通过分子链进行转移。聚丙烯常见的接枝改性方法有：熔融法、溶液法、固相法、悬浮法等。接枝改性后的聚丙烯分子链中氢原子被取代而呈现较强极性，这些极性基团使得聚丙烯相容性增强，耐热性、力学性能大幅提升。

③ 交联改性。交联改性主要是把线形或枝状的聚合物通过交联的方法改性为网状结构的聚合物。聚丙烯交联改性可改善其力学性能、耐热性以及形态稳定性等。聚丙烯交联改性主要方法有化学交联改性、辐射交联改性，主要区别在于交联机理不同、活性源不同。化学交联改性是通过添加交联助剂来实现聚丙烯改性；辐射交联改性主要是通过强辐射或强光来实现聚丙烯改性，其对聚丙烯厚度要求高而普及困难。目前硅烷接枝交联法能够制备出性能优良的材料得以迅速发展，硅烷接枝交联法生产的聚丙烯强度高、耐热性好、熔体强度高、化学稳定性强、耐腐蚀性能好。

（2）物理改性　在混合、混炼过程中向聚丙烯基体添加有机或无机助剂等得到性能优异的聚丙烯复合材料，主要包括填充改性、共混改性等。

① 填充改性。在聚丙烯制备成型过程中，将硅酸盐、碳酸钙、二氧化硅、纤维素、玻璃纤维等填料填充于聚合物中，使得聚丙烯材料耐热性提高、成本降低、刚性提高、成型收缩率降低等，但聚丙烯冲击强度、伸长率也会随之降低。玻璃纤维作为一种性能优异的无机非金属晶型材料，价格低、绝缘好、耐热强、抗腐好、机械强度高，应用比较普遍，经玻璃纤维填充改性的聚丙烯性能得到明显的改善，但是玻璃纤维添加量达到30%左右时，材料的力学性能才能有明显的提高；添加量过大时会导致部分玻璃纤维得不到充分浸渍，使聚合物基体与玻璃纤维界面的结合性能变差，导致复合材料的力学强度下降，并且随着玻璃纤维添加量的增加，复合材料的流动性能降低，导致聚丙烯成型加工困难。

② 共混改性。将聚丙烯与聚乙烯、工程塑料、热塑性弹性体或橡胶等共混，提升聚丙烯材料的性能。共混改性是在密炼机、开炼机、挤出机等加工设备中完成，工艺过程易调控、生产周期短、耗资少，可改进聚丙烯的着色性、加工性、抗静电性、耐冲击性等多种性能。聚合物共混可弥补各组分性能上的不足，共混改性聚丙烯综合性能明显提升，但耐低温性、耐老化性仍然不甚理想。共混改性时，剪切力可能导致一部分大分子链被切断形成自由基并形成接

枝或嵌段共聚物，这些新的共聚物也可以对聚丙烯起到有效的增容作用。

2.5.2 聚乙烯材料

与其他塑料相比，聚乙烯占所有塑料总产量的三分之一左右，而且生产聚乙烯时温室气体排放量相对较低。聚乙烯是产量最大的合成聚合物，年产量超过 1 亿吨。对于不同类型的聚乙烯采用不同生产过程，即催化插入或自由基链生长。其生产过程以及共聚单体的存在或不存在，造成其微观结构有所差异。聚乙烯的应用范围广泛，包括食品包装薄膜、洗涤剂或牛奶瓶、地膜、纺织品、高性能纤维等。同时，其使用寿命周期范围较宽。聚乙烯的机械强度源于其结晶顺序，这是由于烃链全反式构象中相邻段之间的范德瓦耳斯力的相互作用，如图 2-22 所示。

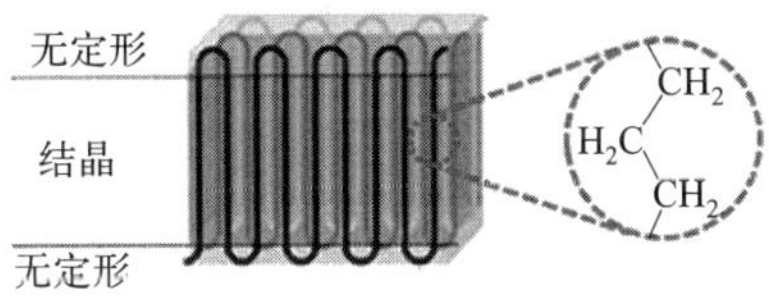

图 2-22　聚乙烯呈折叠链晶体

值得注意的是，聚乙烯的惰性性质及其疏水性、非极性和结晶性也阻碍了材料在环境中的降解。同时，聚合物设计的基本原则旨在对其进行结构改造以促进塑料垃圾的分解和防止积累。“聚乙烯型”聚合物是指以碳氢化合物为主链、具有一定结晶度的聚合物，这是各类传统聚乙烯的普遍特征，其晶体结构通常表现为正交晶系。

在乙烯 97～101kPa（或丙烯 102～105kPa）的催化共聚过程中，以 1,4 方式加入丁二烯单体可生成链内双键，链上的不饱和程度可由单体比例控制。丁二烯共聚的催化剂多种多样，最常见的是基于 Sc 或 Nd 的镧系催化剂。基于钛茂物、锆茂物或铪的Ⅳ族催化剂也是合适的。钴基过渡金属催化剂也有应用。但是大多数催化剂的活性受到丁二烯的阻碍，通常也会出现其他微观结构序列。其中，传统的催化剂大多产生交替共聚物或多嵌段共聚物，因此不适合掺入低密度的不饱和共聚物。

目前，聚乙烯隔膜被认为是用于锂离子电池和钠离子电池商业化极为成功的聚烯烃隔膜，其具有优异的力学性能、足够的孔隙率、可控的厚度、互连的微孔网络以及良好的电化学性能。然而，其具有差的热稳定性，可能在升高的温度下引起安全问题。这是因为它们的熔点低，在高温下不可避免地会发生热收缩，导致内部短路。聚乙烯隔膜的另一个主要缺点是其具有疏水表面，导致对极性液体电解质的润湿性差。因此，用于优化微孔聚乙烯隔膜性能和安全性最常用的无机材料是具有高熔融温度和对电解质具有优异亲和力的陶瓷氧化物，例如二氧化硅、氧化铝、二氧化钛和二氧化锆。将这些无机陶瓷纳米颗粒掺入聚乙烯膜中可以降低结晶度并促进离子迁移。它们具有高亲水性和表面积，可以有助于提升润湿性。基于聚乙烯膜的复合隔膜可以分为三种类型：无机颗粒涂覆的复合膜，无机颗粒接枝的复合膜，无机颗粒填充的复合膜。复合聚乙烯隔膜比传统的具有更多优点。综上所述，复合聚乙烯隔膜提供更好的热稳定性、电解质润湿性和离子电导率，从而提高了电池的性能和安全性。

2.5.3 隔膜改性技术

聚烯烃隔膜具有机械强度高、化学稳定性强、膜孔高温能自闭合的优点，但此种隔膜材料也存在明显的缺点，这些缺点可能会降低锂离子电池的综合性能，尤其是安全性能。第一，聚烯烃隔膜的亲液力差。聚烯烃隔膜是表面能低的高分子材料，电解液的极性高，造成两者相容性差，隔膜吸收的电解液不足以支撑锂离子在电池充放电过程的快速迁移，导致锂离子电池在高倍率下的充放电性能变差。第二，隔膜微孔结构的均一性不足。聚烯烃隔膜在拉伸过程中，微孔容易因为隔膜局部撕裂而贯通，出现较大尺寸孔洞，使得孔径不均匀，如图 2-23 所示。第三，热稳定性差。PE 膜的膜孔自闭合温度在 130～140℃范围内，PP 隔膜的膜孔自闭合温度约为 160℃，锂离子电池在充放电过程中可能存在散热不充分而使热大量积累，导致电池温度持续升高，过高的电池温度会导致隔膜受热收缩，引起电池正负极接触短路[16]。

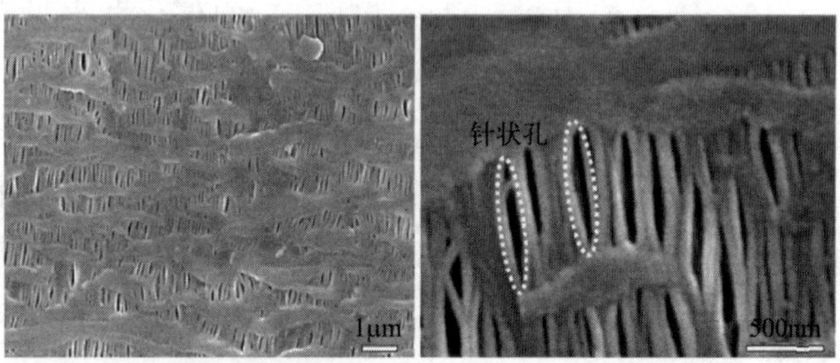

(a) 微观形貌　　(b) 针状孔洞

图 2-23　聚丙烯隔膜微观形貌和针状孔洞

目前，商用极为成功的电池隔膜包括单层聚丙烯隔膜、单层聚乙烯隔膜和三层 PP/PE/PP 复合隔膜。具有大孔、疏水表面和完全不导电特性的隔膜不适合长循环锂离子电池，其会造成电池性能劣化严重。对负极侧隔膜进行改性可以有效缓解上述问题，特别是穿梭效应，提高锂金属在负极侧的稳定性。隔膜的改性涂层或在阴极和隔膜之间插入的阻挡层具有以下优点：有效限制穿梭效应，降低阴极界面电阻，有效改善长循环性能。因此，其有助于改善阴极隔板界面，稳定金属锂负极的表面结构，实现高水平的循环稳定性，并抑制枝晶生长。

先进的制造和改性方法包括：PE 隔板的工程双向拉伸技术，叶片浇注，相转化，溶液浇注，静电纺丝，浸涂工艺等。见图 2-24。

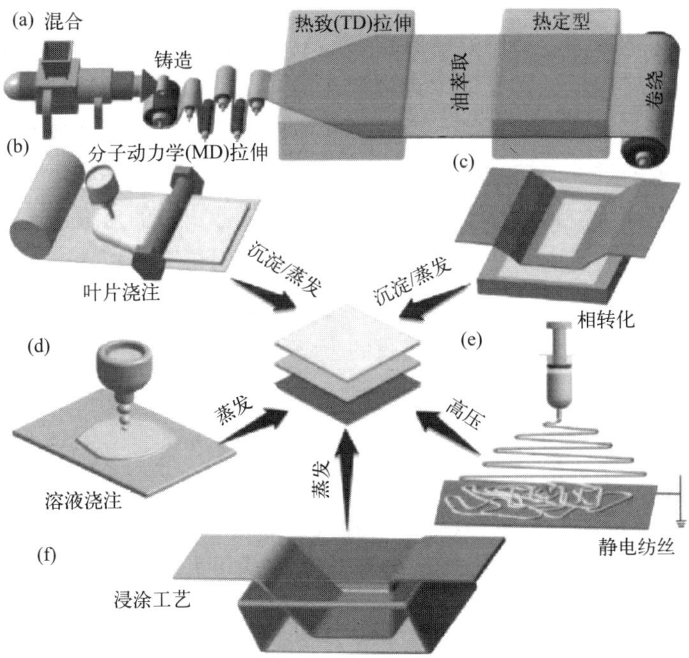

图 2-24　不同类型隔膜的工业化制造过程及改性技术

目前，隔膜的研究热点从形貌（尤其是孔径）的控制转向了隔膜的多功能化研究。其中，功能性隔膜分为三种主要类型，包括聚合物隔膜、复合隔膜和无机隔膜。锂离子电池隔膜的传统制备方法主要包括干法和湿法。干法包括单轴和双轴拉伸。单轴拉伸工艺制备的隔膜微观结构细长且相互连接，具有良好的导电性。在生产过程中不使用溶剂，使该过程对环境友好。隔板的纵向强度优于横向强度。采用双向拉伸工艺生产的隔膜在纵向和横向都具有一定的强度，微观结构尺寸分布均匀。湿法也称为相分离法或热诱导相分离法，涉及加热和熔化低分子量物质的混合物，之后冷却该混合物以引起相分离并形成微孔膜。湿法能更好地控制孔径和孔隙率，但需要使用溶剂，可能导致污染和成本增加。

（1）静电纺丝法　静电纺丝法是直接从聚合物溶液中生成直径从几十纳米到几千纳米的聚合物纤维。在电场力和表面张力的作用下，针尖上的液滴由球形变为泰勒锥状。在克服表面张力后，锥尖延伸形成纤维束。然后纤维束被连续拉伸，伴随着溶剂蒸发，最后形成具有多层纳米纤维堆叠在彼此顶部的网络膜。然而，与无纺布膜相比，静电纺丝法制备的薄膜存在力学性能差的问题。

(2) 溶液浇注法　首先将聚合物和添加剂溶解在溶剂中，然后将聚合物溶液浇注到基底上并在特定温度下干燥以生成微孔膜。隔膜的微观结构可以由溶液的溶解度、干燥温度和添加剂确定。采用溶液浇注法制备的隔膜孔隙率高，厚度可控。通常，该方法制备的隔膜的孔分布不均匀，并且力学性能较差。通过组分调整和结构设计，可以改善溶液浇注法制备的膜的力学性能。

(3) 湿法成网　湿法成网是指通过筛网或辊从纤维悬浮液或浆料中除去水以形成连续纸的过程。然后将所得的纸加工成表面光滑、厚度均匀的薄膜。膜的孔隙率和厚度可以通过黏度、流速和筛网的尺寸、辊的压力以及干燥温度来控制。湿法成网的优点是成本低，工艺简单，可用于大规模制备电池隔膜。此方法对纤维品种和直径要求低，制备的电池隔膜具有优异的电化学性能。湿法成网方法的缺点是所制备的电池隔膜的力学性能差，这是因为构成隔板的纤维通过静电力和范德瓦耳斯力黏结在一起，纤维间黏合强度低。例如，J. Long等人制备了具有热关闭功能的三层结构化聚烯烃合成纸浆@聚对苯二甲酸乙二醇酯@微纤化纤维素隔膜。在这项研究中，采用具有多分支原纤化结构的合成木浆（SWP），结合 PET 非织造织物和微纤化纤维素（MFC）纤维，通过造纸方法制造三层隔膜。此复合隔膜具有良好的电化学性能以及优异的热稳定性。

(4) 相转化法　此方法通常基于相分离的原理用于制备聚烯烃多孔膜。将高沸点小分子添加到聚合物中作为致孔剂。然后将混合物加热至熔融，随后冷却，产生相分离。这些小分子在聚合物内形成微孔，随后利用萃取和热处理方法去除，产生多孔膜。使用相转化法制备的电池隔膜的优点包括易于控制孔径和分布范围、孔径均匀、薄膜厚度相对较薄。此外，其工艺简单、成本低，适合大规模生产。同时也存在一些缺陷：首先，溶剂的使用会导致环境污染和安全问题。其次，此方法制备的隔膜孔隙率通常较低，影响电池的性能。最后，在横向加热过程中，隔膜可能会发生热收缩，影响电池的安全性和稳定性。例如，H. Wang 等介绍了一种蒸汽诱导相转化方法，以制备聚（间苯二甲酰胺）(PMIA) 改性聚乙烯隔膜[8]。此方法涉及在 PE 隔膜的两侧形成多孔 PMIA 层，从而得到厚度仅为 13μm 的改性隔膜。PE@PMIA 隔膜具有优异的电解质亲和性、较强的力学性能和优异的锂枝晶抗性，为电池提供了更高的安全性。M. C. Hersam 等开发了一种改进的相转化方法来制备 h-BN/PVDF 复合隔膜，实现了高度多孔的复合隔膜，其中六方硼化氮（h-BN）纳米片均匀地分散在聚合物基质中。此加工方法不含作为致孔剂的增塑剂，并且不需要额外加工阶段，能够直接获得干燥后即可使用的自支撑复合隔膜。

(5) 表面涂层　此方法将极性功能层涂覆到聚合物隔膜上，增强了隔膜的表面极性和润湿性，从而改善其对电解质的吸收。主要方法包括将极性聚合物材料溶解在有机溶剂中，然后使用相分离方法将其涂覆于聚合物隔膜上，其中广泛用于电极材料的黏结剂 PVDF 或 PVDF-HFP 是较为理想的选择。应用此种涂层隔膜的电池在室温下表现出优异的循环寿命稳定性和倍率性能。此改善主要归因于表面极性引起的电解质吸收增加，增强了离子电导率并降低了内阻。然而，涂层通常具有致密结构，阻碍液体电解质渗透到微孔膜的孔中。H. Zhang 等人使用基于羟乙基纤维素（HEC）的纤维素气凝胶通过冰分离诱导的自组装涂覆 PP 隔膜。HEC 具有独特的凝胶涂层，完全不使用有害溶剂。混合涂层的高孔隙率使其具备出色的电解质吸收能力。此外，液体电解质可以密封在凝胶层中。

(6) 表面改性　隔膜的表面改性包括物理和化学改性。物理改性通常使用等离子体或电子束来改性表面，从而提高其对电解质的亲和力。等离子体是通过提供足够的能量以从原子或分子释放电子而产生电离气体。用于改性隔膜的方法包括等离子体处理、等离子体聚合、等离子体诱导的接枝聚合和等离子体使能的沉积。高强度电子束可以在基质内快速且均匀地形成活性位点以引发接枝反应，从而允许反应温和地进行。化学处理通常通过特定的接枝反应将羟基或其他亲水性官能团引入隔膜表面上，从而增强电解质在隔膜上的润湿性。例如，W. Park 等人采用氧等离子体对 PE 隔膜的表面进行官能团改性，提高了 PE 隔膜的电解质润湿性。等离子体处理的 PE 隔膜的电池具有较低的界面电阻和稳定的循环性能。

(7) 复合隔膜　复合隔膜，是指含有其他聚合物或纳米颗粒填料的隔膜，而不是具有表面涂层的隔膜。单组分聚合物隔膜难以单独满足先进锂离子电池的需要，因此开发了一系列多组分复合隔膜，包括由多种聚合物共混物以及有机-无机复合材料制成的隔膜。除商用的 PE、PP、PP/PE/PP 隔膜外，PVDF 及其共聚物也因其优异的电化学性能而不断被开发。例如，H. Fan 等人通过平行静电纺丝技术制备了 PAN/PVDF-HFP Janus 纳米纤维基混合膜。在此基础上，通过邻苯二酚和四乙烯五胺（TEPA）在弱碱性溶液中的聚合反应，制备了仿贻贝黏附剂的多巴胺替代物改性 PAN/PVDF-HFP 杂化膜。改性后的隔膜不仅保留了电纺杂化膜固有的丰富的孔结构，而且还增强了电解质的渗透，具有高孔隙率和显著的电解质保留，机械强度也得到了显著提高。

以上详细介绍传统和创新隔膜的制备方法和改性技术，传统的干法和湿法生产工艺正逐渐向更先进的制备技术的方向发展，如静电纺丝技术等。新技术不仅提高了隔膜的生产产量和质量，而且降低了生产成本，为电池隔膜的广泛应用奠定了坚实的基础。从材料的角度来看，电池隔膜正在逐渐从传统的聚烯烃材料向有机/无机复合材料、涂层和纤维素基材料等创新替代品发展。不仅增强了隔膜的热稳定性、电解质润湿性和离子导电性，而且还增强了其机械强度和安全特性。例如，纳米纤维涂覆的隔膜通过在聚烯烃隔膜上引入疏水层显著增强了其热稳定性和离子传输能力。无机隔膜主要由无机材料组成，添加或不添加聚合物黏合剂。无机隔膜可以显著增强电池的耐高温能力，即使在1000℃以上的温度下也能保持隔膜的结构稳定性。此外，无机隔膜表现出优异的电解质亲和性，从而改善隔膜的离子电导率[17]。

在对先进锂离子电池隔膜的发展进行分析后，研究人员提出了未来开发高性能隔膜的几种潜在途径：

① 锂枝晶的成核和生长确实是锂金属电池面临的核心挑战，而这一过程深受锂离子和阴离子输运性质的影响。因此，设计具有有序纳米通道的隔膜是一个新的发展方向。其通过精细的纳米结构为锂离子提供均匀的传输路径，确保锂在电极上均匀沉积，从而避免锂枝晶的形成。这些膜被带负电荷的基团官能化时，对锂离子表现出高选择性，进一步降低了阴离子的迁移速率，增强了抑制锂枝晶的效果。

② 多功能膜被认为是实现无枝晶锂离子电池的关键材料。其不仅具有优异的离子选择性，还可能具有许多其他功能，例如热稳定性、机械强度和电化学稳定性。这些多功能特性的结合使膜能够增强电池相关性能，同时提高电池安全性。

③ 作为电池隔膜的另一个重要发展趋势，智能隔膜越来越受到关注。智能隔膜可以真实地实时监测电池的运行状态，包括锂离子的传输和电池中的温度变化。一旦检测到潜在的安全隐患，例如锂枝晶生长或电池过热，可以迅速做出反应，发出警告信号，甚至启动自我保护机制，防止电池安全事故。

④ 无机隔膜是电池隔膜下一步的重要研究方向。一维无机材料制备的隔膜具有极高的热稳定性和结构保持能力，其重点是如何提高无机隔膜的力学性能，使其更适合电池加工。目前，可用于制备无机隔膜的材料种类仍然相对较少，因此，有必要开发一维超长金属氧化物材料的制备方法。

思考题

1. 尽管锂离子电池具有能量密度高的特点，但相应不安全行为的危害也会增加。请根据本章内容总结引起电池起火风险的原因，并参考相关资料给出解决思路。

2. 经过几十年的发展，锂离子电池在稳定性、比容量和安全性等方面已经取得了一些进展。近年来，由于便携式电子设备及电动汽车的推广和普及，固态及准固态电解质越来越受到关注。请收集相关资料，梳理最近三年学术界固态电池的重大进展，并结合产业界现状思考锂离子电池未来发展方向。

3. 简述硅、锡基锂离子电池负极材料存在的问题以及常用的改性方法。

4. 简述碳纳米复合电极材料中碳包覆的意义。

5. 磷酸铁锂电极材料的理论比容量为 180mAh/g，但实际呈现为 150mAh/g 的原因是什么？

6. 简述三元正极材料中各元素所起到的作用以及近期三元材料的发展趋势。

7. 简述锂离子电池正极材料各自存在的问题、改性方法以及相应作用。

8. 隔膜改性的技术方法有哪些？各自起到的作用是什么？思考是否还有其他的改性技术？

参考文献

[1] Ding Y, Jiang Y, Zeng C, et al. Recent progress of advanced separators for Li-ion batteries. Journal of Materials Science, 2024, 59: 12154-12176.

[2] Huang Z, Chen Y, Han Q, et al. Vapor-induced phase inversion of poly (m-phenylene isophthalamide) modified polyethylene separator for high-performance lithium-ion batteries. Chemical Engineering Journal, 2022, 429: 132429.

[3] Guo M, Xiong J, Jin X, et al. Mussel stimulated modification of flexible Janus PAN/PVDF-HFP nanofiber hybrid membrane for advanced lithium-ion batteries separator. Journal of Membrane Science, 2023, 675: 121533.

[4] Tang Z, Guan D, Na Z, et al. Research on Safety Characteristics of High Power Lithium-Ion Batteries. Chemical Industry and Engineering Progress, 2005, 24 (10): 1098-1102.

[5] Lai Y, Yang K, Liu H, et al. Lithium-ion battery safety warning methods review. Energy Storage Science and Technology, 2020, 9 (6): 1926-1932.

[6] Hu Z, Hao J, Shen D, et al. Electro-spraying/spinning: A novel battery manufacturing technology. Green Energy & Environment, 2024, 9 (1): 81-88.

[7] Yuan M, Liu K. Rational design on separators and liquid electrolytes for safer lithium-ion batteries. Journal of Energy Chemistry, 2020, 43: 58-70.

[8] Babiker D M D, Usha Z R, Wan C, et al. Recent progress of composite polyethylene separators for lithium/sodium batteries. Journal of Power Sources, 2023, 564: 232853.

[9] Ely T O, Kamzabek D, Chakraborty D. Batteries Safety: Recent Progress and Current Challen-

ges. Frontiers in Energy Research，2019，7.

［10］ Chen D ，Zhao Q ，Zheng J Z Y. Recent Progress in Lithium-Ion Battery Safety Monitoring Based on Fiber Bragg Grating Sensors. Sensors，2023，23（12）：1317-1322.

［11］ Xu J ，Cai X ，Cai S ，et al. High-Energy Lithium-Ion Batteries：Recent Progress and a Promising Future in Applications. Energy & Environmental Materials，2023，6（5）：7-12.

［12］ Rahalkar A，Muthukumar M. Diffusion of Polyelectrolytes in Polyelectrolyte Gels. Macromolecules，2017，50（20）：8158-8168.

［13］ Zhang H，Zhen Q，Cui G S，et al. Research progress of lithium-ion battery separator. Insulation Material，2018，51：11.

［14］ Lee D W，Lee S H，Kim Y N，et al. Preparation of a high-purity ultrafine α-Al_2O_3 powder and characterization of an Al_2O_3-coated PE separator for lithium-ion batteries. Powder Technol，2017，320：125.

［15］ Bicy K ，Kalarikkal N ，Stephen A M ，et al. Facile fabrication of microporous polypropylene membrane separator for lithium-ion batteries. Materials Chemistry and Physics，2020，123473：255.

［16］ 陆雨希，沈欣懿，陈棋，等．聚丙烯材料改性及应用进展．化工管理，2023，15：67-69.

［17］ Xia M，Liu Q，Zhou Z，et al. A novel hierarchically structured and highly hydrophilic poly（vinyl alcohol-co-ethylene）/poly（ethylene terephthalate）nanoporous membrane for lithium-ion battery separator. Journal of Power Sources，2014，266：29-35.

第3章

其他二次电池材料

3.1 锂硫电池

3.1.1 概述

随着新能源汽车的快速发展，对高比能二次电池的需求变得更加紧迫。基于脱嵌原理的锂离子电池主要采用石墨为负极，钴酸锂、磷酸铁锂或者三元材料作为正极。然而，这些正负极材料的比容量已达理论极限，因此，传统锂离子电池很难满足目前对高能量密度二次电池的需求。因此，探索超越传统锂离子电池的新型电化学储能系统成为当务之急。在众多电化学二次电池体系中，锂硫电池由于采用具有极高理论比容量的硫正极和金属锂负极，理论比能量高达2600Wh/kg，是目前商用锂离子电池的3～5倍。此外，单质硫具有储量丰富、环保等优点，使其在未来的大规模储能市场中更具竞争力。因此，在过去的十多年中，锂硫电池引起了世界范围内电池科学家的广泛研究。

锂硫电池最早可追溯到20世纪60年代[1]。1962年，Herbert和Ulam在一项专利中，首次将硫作为正极材料，并研究了其电化学性能[2]。不幸的是，早期的锂硫电池存在实际充放电容量低、循环稳定性差等严重缺点，因而未能实现大规模商业化。到20世纪90年代，随着锂离子电池的成功商业化以及锂离子电池具有更好的循环稳定性和安全性，对锂硫电池的研究曾一度停滞。进入21世纪后，随着新能源汽车的快速发展和对高能量密度二次电池的需求，对锂硫电池的研究再度受到关注。2019年，加拿大滑铁卢大学Nazar团队取得突破性进展，他们将硫封装在一种高度有序介孔碳（CMK-3）的纳米级孔道中，显著提高了锂硫电池的容量和循环性能[3]。从那时起，锂硫电池得到了越来越多的关注，电化学性能也取得了巨大提升，开启了锂硫电池在全球的研究热潮。

3.1.2 锂硫电池的工作原理和挑战

如图 3-1(a) 所示，锂硫电池的工作原理是基于金属锂和 S_8 之间的可逆氧化还原反应。在放电过程中，负极一侧的金属锂被氧化失去电子变成锂离子，锂离子和电子分别通过电解液和外电路输运到正极，硫在正极被还原生成 Li_2S；在充电过程中，发生相应的逆反应，Li_2S 被氧化成硫，锂离子和电子分别通过电解液和外电路回到负极被还原成金属锂。具体充放电反应如下。

放电过程：

负极：$Li \longrightarrow Li^+ + e^-$

正极：$S_8 + 16Li^+ + 16e^- \longrightarrow 8Li_2S$

充电过程：

负极：$Li^+ + e^- \longrightarrow Li$

正极：$8Li_2S \longrightarrow S_8 + 16Li^+ + 16e^-$

尽管上述电化学反应看起来很简单，但锂硫电池的实际充放电过程是一个涉及多步骤、多相的复杂电化学反应。图 3-1(b) 显示了锂硫电池的充放电曲线，其通常包含两个电压平台。在放电过程中，S_8 首先被锂化形成 Li_2S_8，然后继续锂化形成 Li_2S_6 和 Li_2S_4，对应着放电曲线的第一个平台，贡献了理论比容量的 25%（约 418mAh/g）。随着放电的继续进行，液态的 Li_2S_4 继续被还原为固态的 Li_2S_2 和 Li_2S，对应着理论比容量的 75%（约 1254mAh/g）。充电过程是上述放电过程的逆过程，Li_2S 经历中间产物多硫化锂逐步被氧化成 S_8。这种独特多电子转移的氧化还原反应赋予锂硫电池高比容量(1675mAh/g)。然而，锂硫电池复杂的多步骤、多相反应也为锂硫电池带来了很多挑战。

在正极一侧，锂硫电池面临的挑战主要有三个方面：①单质硫和放电产物硫化锂低的导电性，这将降低正极活性材料的利用率；②中间产物多硫化锂的溶解和穿梭效应，这将导致低的库仑效率以及严重的容量衰减问题；③充放电过程中硫和硫化锂相互转换引起的反复体积变化容易导致活性材料从电极片剥落。

在负极一侧，锂硫电池面临的问题也主要来自三个方面：①锂金属较为活泼，容易与从正极穿梭而来的多硫化锂发生副反应；②不均匀的锂沉积会导致

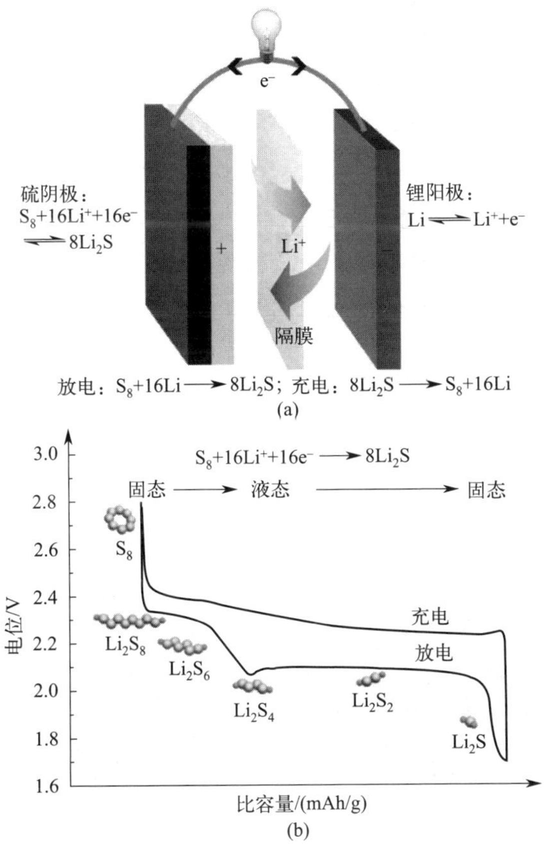

图 3-1　(a) 锂硫电池的电化学原理图[4]；(b) 锂硫电池充放电曲线图[5]

锂枝晶的生长，枝晶刺穿隔膜会引起安全隐患；③锂沉积和剥离会使负极发生巨大体积变化。

3.1.3　锂硫电池关键材料研究进展

为了解决锂硫电池面临的各种问题和挑战，并推动其商业化进程，研究者们提出了各种解决策略，这包括硫复合正极结构的设计、功能性隔膜修饰层/夹层的设计、电解液的优化设计以及锂负极的保护四个方面。

3.1.3.1　硫复合正极结构设计

提高锂硫电池电化学性能的一种典型策略是将硫分散在其他具有导电性的宿主材料中，提高电极的导电性，这种宿主材料还应在一定程度上对正极活性物质起到物理或者化学限域作用，避免活性物质在充放电过程中的流失。一个典型的例子是 Nazar 课题组在 2009 年报道的一种介孔碳（CMK-3）（如图 3-2 所示）[3]。该介孔碳由一系列直径为 6.5nm 的空心碳棒组成，每根纳米棒之间间隔 3nm 形成纳米级孔道。随后，将硫通过熔融扩散法渗入 CMK-3 的孔道结构中，硫与导电碳棒密切接触，同时，该结构也有效限制了充放电过程中中间产物多硫化物的扩散。采用该 CMK-3 作为硫的宿主材料，锂硫电池的比容量可达到 1005mAh/g，并可稳定循环 20 次。从此，锂硫电池的研究受到越来越多的关注，人们开发了各种新型纳米结构用作硫的宿主材料，如空心碳球、纳米管等，锂硫电池的容量和循环稳定性都得到大幅提升。近些年来，为了进一步增强对多硫化物的化学吸附作用，抑制多硫化物的穿梭效应，很多研究人员开发了各种金属化合物极性材料作为宿主材料。针对硫氧化还原动力学缓慢的问题，近些年研究人员也采用了具有催化活性的极性化合物来催化多硫化物的转化。

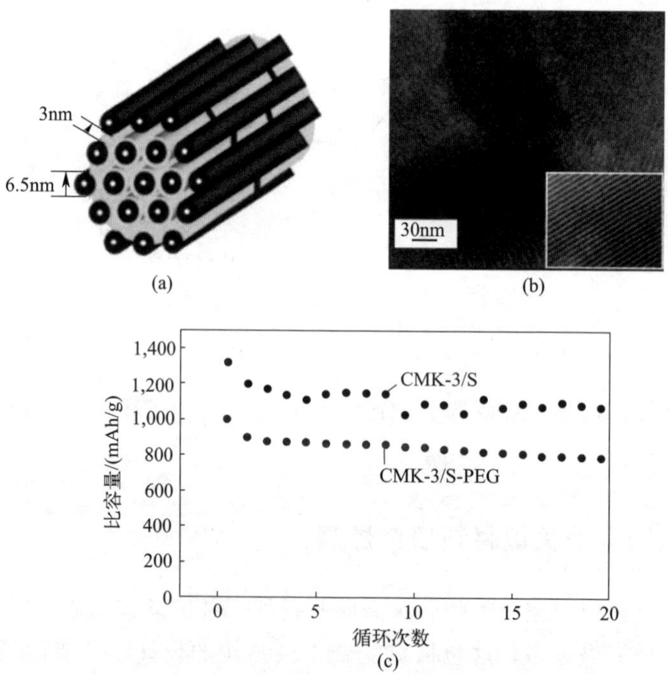

图 3-2 （a）硫限域于 CMK-3 孔道的结构示意图；
（b）S/CMK-3 的透射电镜图片，内嵌图表示相同倍率下载硫前的 CMK-3 电镜照片；
（c）CMK-3/S 和 CMK-3/S-PEG 在 168mA/g 电流密度下的循环曲线[3]

综上所述，构建具有良好的电导率和孔隙度，同时对多硫化物具有强的化学吸附和电催化活性的正极载体材料，能够在提高电极导电性、缓解硫体积变化的同时抑制多硫化物的穿梭效应。

3.1.3.2　功能性隔膜修饰层/夹层的设计

隔膜在液态电解液电池中必不可少，常用的商用电池隔膜主要是聚丙烯（PP）隔膜和聚乙烯（PE）隔膜等。隔膜的主要作用是避免正负极直接接触导致短路，同时提供锂离子传输路径。然而，这些隔膜的大孔隙率可同时允许可溶性多硫化物通过，引起穿梭效应的发生，严重影响锂硫电池的循环性能。大量研究表明，通过对隔膜进行修饰改性或者在正极和隔膜之间插入夹层可有效抑制多硫化物的穿梭效应，促进多硫化物的氧化还原反应，降低正极的界面阻抗，提高活性物质的利用率。同时，通过合理设计功能性隔膜，还能有效调节锂离子的传输行为，引导锂在负极的均匀沉积，抑制枝晶产生，实现对锂金属负极的保护。

2012 年，Manthiram 课题组首次在锂硫电池中引入了夹层，如图 3-3(a) 所示，他们在正极和隔膜之间插入了自支撑微孔碳作为夹层[6]。微孔碳表面的扫描电镜示意图见图 3-3(b)。这种微孔导电夹层可以将可溶性多硫化物有

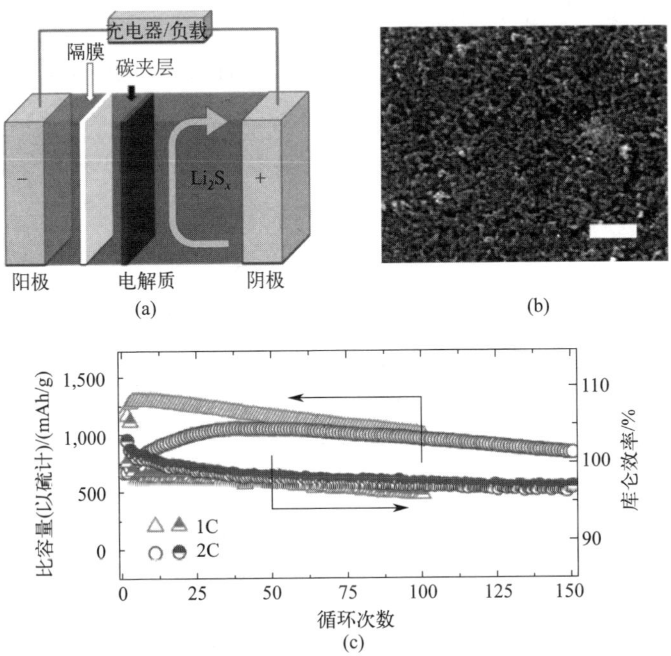

图 3-3　(a) 在硫正极与隔膜之间插入双功能微孔碳夹层的锂硫电池结构示意图；
(b) 微孔碳表面的扫描电镜示意图，标尺代表 500nm；
(c) 使用微孔碳作为夹层的锂硫电池的循环曲线[6]

效限制在正极一侧，抑制穿梭效应。另外，它还可以充当另一个集流体来促进硫的转化效率。当插入微孔碳作为夹层后，界面阻抗明显降低。在正极硫不使用宿主材料的情况下，电池依然表现出了高比容量以及长循环稳定性[图 3-3(c)]。在该研究报道之后，各种各样的材料被修饰到隔膜上用于提高锂硫电池的电化学性能。

3.1.3.3 电解液的优化设计

在锂硫电池中，电解液通常采用液态醚类。然而，多硫化物却极易溶解到该类电解液中，发生穿梭效应，引起电池容量的衰减。最近几年，固态电解质的发展，为解决锂硫电池的瓶颈带来了新的思路。固态电解质可从物理上阻断多硫化物向锂负极的迁移，彻底解决多硫化物在液态电解质中面临的穿梭问题。另外，固态电解质还能抑制负极锂枝晶的生长，提高锂硫电池的安全性能。然而，固态电池目前面临着固态电解质与电极之间界面阻抗过大以及固态电解质离子电导率偏低的问题。因此，提高固态电解质的离子电导性和降低界面阻抗对于固态锂硫电池的发展至关重要。

2018 年，美国马里兰大学胡良兵课题组开发了一种基于三层石榴石固态电解质的一体化全固态锂硫电池（图 3-4）[7]。这种一体化的结构设计有效缓解了传统固态电池界面阻抗大的难题。同时，该结构也从物理上阻断了多硫化物的穿梭效应和锂枝晶的生长。因此，该固态电池表现出了良好的电化学性能，拥有 1200mAh/g 的高比容量以及接近 100%的库仑效率。

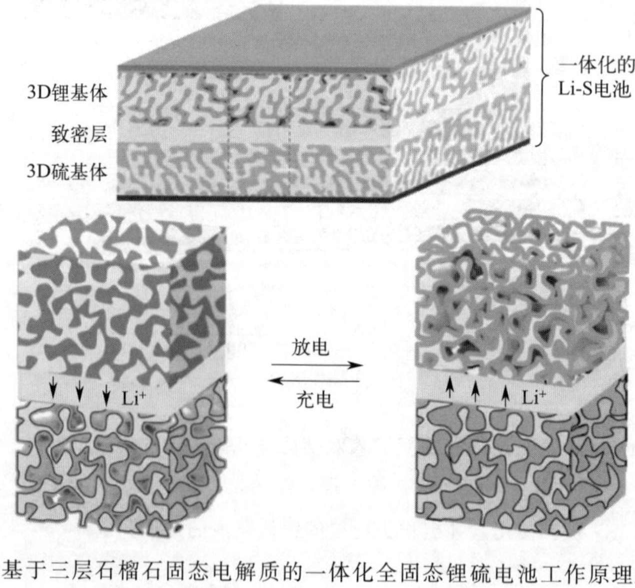

图 3-4 基于三层石榴石固态电解质的一体化全固态锂硫电池工作原理示意图[7]

3.1.3.4　锂负极的保护

金属锂由于具有较高的活泼性，容易与从正极穿梭而来的多硫化物发生副反应，造成金属锂的腐蚀。此外，金属锂在实际工作中还容易产生锂枝晶，引起严重的安全隐患。因此，推动锂硫电池的商业化进程，除了提高硫正极的性能之外，对金属锂负极的保护同等重要。人们主要通过在锂负极表面构建保护层或者设计负极结构的方式来对锂负极进行保护。

2018 年，Choi 等人采用溅射沉积的方法在金属锂表面沉积了 10nm 厚度的 MoS_2 以保护锂金属负极（图 3-5）[8]。MoS_2 表现出良好的亲锂性，能够有

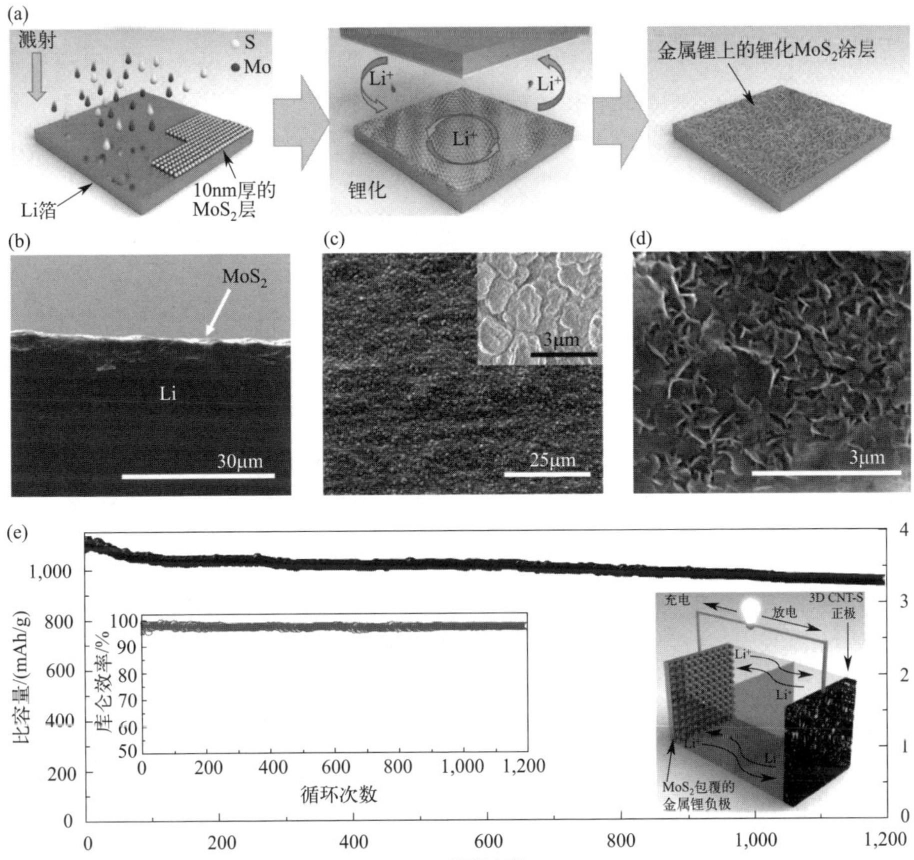

图 3-5　(a) 通过溅射和锂化过程制备 MoS_2 包覆金属锂负极的示意图；MoS_2 沉积在锂金属表面后的 (b) 截面和 (c) 表面 SEM 照片，(c) 中的内嵌图是放大后的图片；(d) 锂化后的 MoS_2 在金属锂表面的 SEM 照片；(e) 采用 MoS_2 包覆的金属锂作为负极和 CNT/S 正极组装的锂硫电池在 0.5C 下的循环性能[8]

效黏附在锂金属表面，引导锂的均匀沉积，抑制锂枝晶的生长，同时也阻隔了多硫化物对金属锂负极的腐蚀作用。当用 MoS_2 保护的金属锂作为负极与碳纳米管（CNT）/S 正极组装成全电池后，该电池表现出高比容量与高稳定性，在 0.5C 下循环 1200 次后仍能保持 940mAh/g 的高比容量。

3.1.4 未来展望

尽管锂硫电池在过去十几年中取得了较大进展，但锂硫电池距离大规模商业化仍然还有一段距离。为了推进锂硫电池的商业化，学术界和工业界应该加强合作并重视以下几个方面：①提高正极部分中硫的含量、提高硫的单位面积负载量、降低每单位质量活性物质所用电解液的量，通过这些方式来提升锂硫电池的实际能量密度；②发展全固态锂硫电池，从根本上解决锂硫电池的穿梭效应和锂枝晶生长的问题；③提升性能的同时尽量降低成本。相信通过学术界和工业界的共同努力，锂硫电池在未来将会取得更大突破和进步。

3.2 钠离子电池

3.2.1 概述

自 1991 年索尼首次将可充放电锂离子电池（LIB）商业化以来，其已在手机和笔记本电脑等便携式电子设备中无处不在。此外，由于其循环寿命长、能量密度高、维护成本低，LIB 被广泛应用于交通、飞机和固定能源存储领域。尽管研究者们取得了阶段性成功，但人们对 LIB 需求不断增长，导致其成本居高不下，人们对锂和钴资源稀缺性和地缘政治的担忧随之而来，这可能会阻碍其未来在储能系统（EES）中的大规模应用。在这种背景下，钠离子电池（SIB）作为一种新兴的电化学储能技术，因其独特的优势而备受关注。钠元素在地壳中的丰富储量和较低的开采成本，使得钠离子电池在大规模储能应用中具有显著的潜力。与锂离子电池相比，地壳中的钠储量（质量分数 2.36%）远高于锂（质量分数仅为 0.0017%），可在一定程度上缓解锂资源的稀缺带来的储能电池发展受限问题。如今，钠离子电池已应用于一些特定领域，如电网储能、低速电动车和家庭储能等。随着技术的不断进步和成本的降低，钠离子电池有望在未来的能源市场中占据一席之地。

3.2.2 正极材料

3.2.2.1 正极材料概述

钠离子电池正极材料的研究和发展具有悠久的历史，可以追溯到 20 世纪 70 年代。这一时期，Whittingham 首次报道了层状 TiS_2 与 Li 在 Li//TiS_2 电池中的可逆电化学嵌入反应，并发现钠和锂同样能够嵌入 TiS_2 以及其他过渡金属的二硫化物中。然而，由于 TiS_2 正极的低开路电压（约为 2.2V）以及金属锂负极导致的不稳定性，Li//TiS_2 电池无法开发成具有商业化前景的功能性电池。在 20 世纪 80 年代，Goodenough 等提出了使用层状金属氧化物作为电池正极。其化学成分对于锂离子电池是 $LiMO_2$，对于钠离子电池是 $NaMO_2$（M 代表 Co、Ni、Cr、Mn 和 Fe）[9]。$NaMO_2$ 化合物的发现归功于 Delmas 等在 20 世纪 80 年代初期的工作。这一发现在电池的电压方面具有突破意义，例如 $LiCoO_2$ 的开路电压为 4.0V，几乎是 TiS_2 的两倍。2010 年以来，钠离子电池正极材料研究取得了前所未有的进展。钠离子电池正极材料的三个主要类型是过渡金属氧化物、聚阴离子化合物和普鲁士蓝类化合物。选材的目标是制造廉价的钠离子电池，但需同时具有与锂离子电池相近的性能特征。随着技术的不断进步和产业化的深入，钠离子电池有望在储能、低速电动车等领域发挥更大的作用。

3.2.2.2 典型的过渡金属氧化物

过渡金属氧化物细分有两大类，一类是隧道型氧化物，另一类是层状氧化物，表达式为 Na_xMO_2（M 为 Co、Fe 等），见图 3-6。

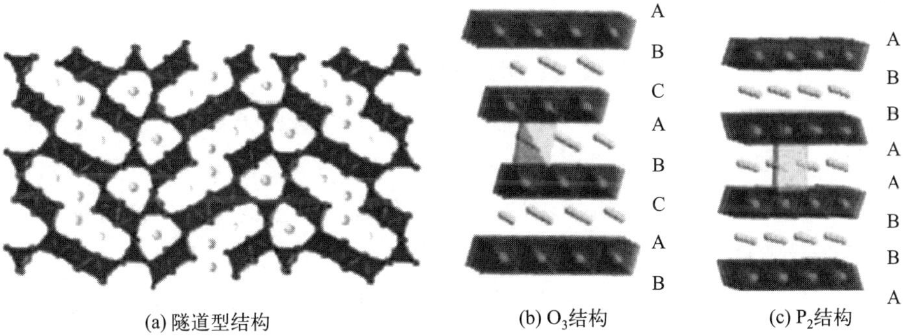

图 3-6　过渡金属氧化物的晶体结构[10]

（1）隧道型氧化物　具有隧道结构，也称为隧道状框架结构，是一种由过渡金属氧化物组成的三维开放框架结构，具有周期性的隧道状孔隙。隧道型氧化物的晶体结构属于正交晶系，这意味着其具有三个相互垂直的轴，通常标记为 a、b 和 c 轴，其中 c 轴通常是最长的，在这种结构中，过渡金属离子 M 以两种不同的氧化价态存在——M^{4+} 和部分 M^{3+}。这些离子占据八面体配位位点，即每个金属离子被六个氧离子包围形成八面体结构。另一部分 M^{3+} 则位于由五个氧离子构成的 MO_5 正方形锥体位置。这种锥体结构不同于八面体，顶部和底部各有两个氧离子，而锥体的侧面各有一个氧离子。MO_5 单元通过共边的方式连接，形成了连续的隧道结构。这些隧道是半填充的 S 型隧道和较小的全填充隧道，为钠离子的移动提供了空间。钠离子位于隧道中，它们沿着 c 轴方向移动，即沿着隧道的长轴方向进行嵌入和脱嵌，这为钠离子的快速扩散提供了通道。

（2）层状氧化物　通常具有层状的晶体结构，由过渡金属氧化物层和钠离子层交替堆叠而成。这种结构允许钠离子在充放电过程中嵌入和脱出，提供了储钠位点。层状氧化物可以进一步细分为 O_3 和 P_2 两种主要相。在 O_3 相中，每个过渡金属原子被六个氧原子包围，形成八面体配位，而钠离子位于这些八面体的间隙中。P_2 相则具有与其不同的钠离子和过渡金属层的排列方式，其中钠离子占据三棱柱位置。在充放电过程中，钠离子在层状结构中的嵌入和脱出会导致结构的变化。在 O_3 相中，钠离子的脱嵌会伴随着层间距的变化，而在 P_2 相中，钠离子的扩散路径较短，通常展现出更快的离子扩散速率。层状氧化物的电化学性能受其晶体结构的影响。O_3 相通常提供较高的工作电压，而 P_2 相则提供较高的可逆比容量。然而，P_2 相材料在充放电过程中可能会遇到结构不稳定的问题。

3.2.2.3　聚阴离子化合物

聚阴离子化合物通式为 $Na_xM_y(XO_b)_zNa_xM_y(XO_b)_z$，其中 M 是过渡金属如 V、Mn、Fe 等，$b$ 表示围绕中心原子 X 的氧原子数量。其以坚固的三维（3D）框架为特征，这是由于中心原子（X）与氧之间的强共价键所致，其中 X 可以是 P、S、As、Mo 等。聚阴离子化合物中强的 X—O 键有助于其卓越的离子导电性，这是钠离子在充放电过程中在正极材料内快速扩散的关键因素。这种框架为电池的长循环寿命和安全性提供了高度的结构和热稳定性。聚阴离子化合物种类包括磷酸盐、焦磷酸盐和硫酸盐[11]。

磷酸盐类化合物种类较多，主要包括橄榄石型磷酸盐、NASICON 型磷酸盐、磷酸盐固溶体、磷酸盐框架化合物等。磷酸盐类化合物的结构通常由

PO_4 四面体单元构建，这些单元通过共价键连接，形成三维网络。在这种网络中，钠离子通常占据特定的晶格位置，如八面体或三棱柱空隙。这种结构为钠离子的嵌入和脱出提供了稳定的通道。由于 PO_4^{3-} 的强电负性，磷酸盐类化合物能够提供较高的工作电压，有助于提高电池的能量密度。三维磷酸盐结构在充放电过程中表现出优异的结构稳定性，有助于维持电池的长期循环性能。NASICON 型磷酸盐的三维通道结构特别有利于钠离子的快速扩散，可以提高电池的充放电速率。磷酸盐类化合物通常使用较为环保的元素，减少了电池对环境的影响。

焦磷酸盐类化合物包括焦磷酸铁钠、焦磷酸锰钠、焦磷酸镍钠等。焦磷酸盐化合物的基本构建单元是 PO_4 四面体和 P_2O_7 焦磷酸根。在焦磷酸根中，两个 PO_4 四面体通过共享一个氧原子连接，形成一个由两个磷原子、七个氧原子组成的八面体结构。这些焦磷酸根单元可以通过顶点的氧原子与其他焦磷酸根单元连接，形成一维的链状结构。在这种链状结构中，过渡金属离子（如 Fe、Mn、Ni 等）通常位于链与链之间的空隙中，为钠离子的嵌入提供位点。在焦磷酸盐结构中，钠离子通常占据特定的晶格位置，这些位置可能是八面体或三棱柱空隙，而过渡金属离子则通常位于更小的八面体或扭曲的多面体配位环境中。焦磷酸盐化合物的结构通常具有一定的开放性和孔隙性，这为钠离子的迁移提供了必要的空间。这种开放性是通过磷酸根和焦磷酸根单元之间的连接方式实现的。其在充放电过程中表现出良好的结构稳定性，这主要得益于其坚固的 PO_4 和 P_2O_7 单元，这些单元能够抵抗在嵌入和脱出钠离子时产生的应力[12]。

硫酸盐化合物有硫酸钠基化合物、硫酸盐框架化合物、复合硫酸盐。硫酸盐化合物由 SO_4^{2-} 四面体构成，每个硫原子被四个氧原子所环绕，形成一种稳定的四面体结构。硫酸根单元通过共享氧原子与其他硫酸根或不同的金属氧化物单元连接，形成三维框架结构。这种结构为钠离子提供了多维的扩散通道。在某些硫酸盐化合物中，硫酸根单元可能排列成层状结构，其中过渡金属层与硫酸根层交替堆叠，钠离子在层间占据特定的位置。过渡金属离子（如 Fe、Co、Ni）通常位于硫酸根单元构建的多面体中心，这些多面体可以是四面体、八面体或更复杂的几何形状。钠离子在硫酸盐化合物中的传输通道可以是一维的管道、二维的层间空间或三维的交叉通道，具体取决于硫酸盐的结构类型。硫酸盐化合物在嵌入和脱出钠离子的过程中，其三维框架或层状结构能够保持稳定，这有助于维持电池在充放电循环中的性能。硫酸盐化合物的工作电压通常由过渡金属离子的氧化还原电位决定。不同的过渡金属离子（如 Fe、Co、Ni）会形成不同的氧化还原对，从而影响电池的工作电压。例如，Na_2FeSO_4

和 Na_2CoSO_4 可能展现出不同的电压平台。硫酸盐化合物通常具有良好的热稳定性，这有助于提高电池的安全性能。在高温条件下，材料的热稳定性可以减少热失控的风险。在充放电过程中，硫酸盐化合物可能会经历相变，这可能会影响其电化学性能。通过优化材料的组成和结构，可以减少相变带来的负面影响[13]。

3.2.2.4 普鲁士蓝类化合物

普鲁士蓝类化合物通常是面心立方结构，通式为 $A_xM_A[M_B(CN)_6]_y \cdot zH_2O(0 \leqslant x \leqslant 2)$，A 代表 Na^+，M_A、M_B 代表过渡金属不同价态的离子，z 代表水分子数。

PBAs 为面心立方结构，空间群为 Fm3m，在其晶格中，M_A 和 M_B 位于顶点位置，由位于棱上的氰基（—C≡N—）按 M_B—C≡N—M_A 的形式线性连接，高自旋态的 M_A 与 N 配位，低自旋态的 M_B 与 C 配位，形成 M_AN_6 和 M_BC_6 金属八面体，M_A、M_B 均位于络合物中心，交替连接形成面心立方结构，拥有开放的三维骨架；就空位而言，以 $NaFe[Fe(CN)_6]$ 和 $Fe_4[Fe(CN)_6]_3$ 为例，前者含有可溶性 Na^+，后者不含可溶性 Na^+，故为保持结构中的阴阳离子电荷平衡，含有高达 25% 的晶体缺陷，形式为 $Fe(CN)_6$ 空位；水分子的形式有两种，一种是位于空位、与 M_A 配位的配位水，另一种称为沸石水或间隙水，完全或部分占据整个晶胞的 8 个可能的 8c（1/4，1/4，1/4）位点，水含量随着合成方案的变化而变化，由于共沉淀反应属于快速反应动力学过程，在合成状态下完全脱水通常很困难，但在充放电过程中水分子可以起到保持结构稳定的作用。普鲁士蓝类化合物的形貌和电化学性质主要与迁移离子、过渡金属、空位和结晶水有关[14]。

3.2.3 负极材料

3.2.3.1 负极材料概述

钠离子电池（SIBs）的研究最早可以追溯到 20 世纪 70 年代末，与锂离子电池几乎同时起步。然而，钠离子电池的研究相对缓慢。早期的研究主要集中在碳基材料上，但由于钠离子的半径大于锂离子，导致钠离子在石墨中的嵌入困难，限制了其在负极材料的应用。对于钠离子电池，寻找具有合适电压窗口、高可逆比容量和稳定循环性能等高性能的合适负极材料是一项巨大的挑战。

近年来，非石墨碳、合金和过渡金属化合物得到了开发，并成为 SIBs 有前途的负极材料。图 3-7 绘制了 SIBs 中现有负极材料的比容量和电压关系。根据反应机理，SIBs 负极材料可分为三类：插入型材料、合金型材料、转化型材料。其中，碳基材料以其成本低、合成简单和低工作电位等优点在电池负极材料中占有一席之地，尽管比容量较低，而金属材料虽然具有更高的比容量和安全性，但面临 Na^+ 脱嵌过程中的相变和低电导率问题，因此，研发工作正集中在通过结构优化和材料复合来提高碳基材料的比容量和改善金属材料的循环稳定性及电导率。

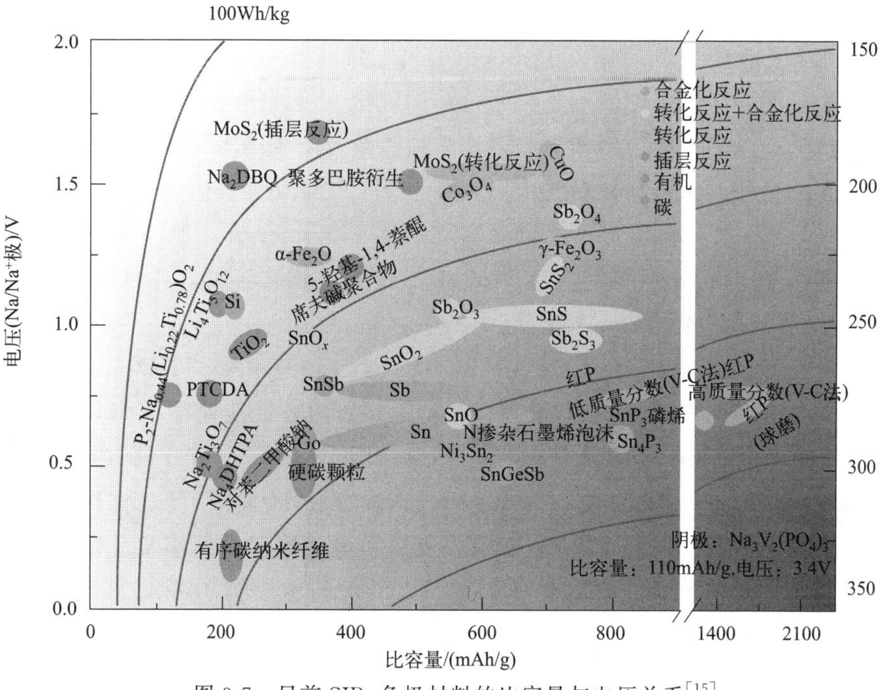

图 3-7 目前 SIBs 负极材料的比容量与电压关系[15]

3.2.3.2 嵌入型负极材料

在钠离子电池（SIBs）的研究与发展中，插层材料扮演着至关重要的角色，其中碳基材料和钛基化合物因其独特的化学和物理属性而成为主要候选材料。这些材料能够在充放电周期中有效地容纳 Na^+ 的脱嵌。碳基材料，尤其是石墨，因其丰富的自然资源和可再生性，在锂离子电池（LIBs）领域已被广泛研究和应用，因此在 SIBs 负极材料的研究中也备受青睐。然而，在 SIBs 中，石墨的电化学性能并未达到预期，这主要是因为其层间间距较窄，与钠离子的较大半径不相适宜，导致钠离子在石墨层间的扩散和储存效率受限。常见的改性方法有：①通过向碳基材料中掺杂其他元素（如氮、硫、磷等），可以改变其电子结构和化学性质，从而提高钠离子的吸附能力和材料的电导率；②通过氧化、还原或涂层技术，可以改善碳基材料的表面性质，增强其与电解液的兼容性，减少副反应，提高其循环稳定性；③通过制备多孔碳材料，可以增加材料的比表面积，提供更多的活性位点，从而提高钠离子的存储容量和材料的电化学性能；④利用纳米技术制备碳纳米管、碳纳米纤维等纳米结构，可以显著提高材料的电导率和钠离子的扩散速率，增强其充放电性能；⑤选择合适的电解液成分和添加剂，可以改善碳基材料的电化学稳定性，减少副反应，延长电池的循环寿命。

工业上，硬碳虽然具有 200～300mAh/g 的较高比容量，但由于硬碳的石墨化程度较低，高倍率性能不足，通过结构优化，例如构建纳米结构，可以提高碳基材料的储钠性能。例如空心聚苯胺衍生的空心碳纳米线，来源于生物质前体的碳纳米片，源自葡萄糖的中空碳纳米球，被证明是提高碳基材料储钠性能的有效方法。Wang 等人通过简单的改进的 Hummer 方法制备了还原的氧化石墨烯，在 40mA/g 下提供了 217.2mAh/g 的可逆比容量，并且在 1000 次循环中比容量保持为 141mAh/g。

目前，各类钛基化合物，包括 TiO_2、$Na_2Ti_3O_7$、$Na_4Ti_5O_{12}$、$NaTiOPO_4$ 等，由于具有低成本、低工作电压和优异的循环性能而被探索作为有希望的插入基主体。Meng 报道了一种新型空心 $Na_2Ti_3O_7$ 微球（H-NTO），它具有独特的化学键合 NTO/C（N）界面，该界面使 H-NTO 负极在传统酯类电解质中稳定运行 80000 次。Kang 等人通过导电碳涂层和缩小尺寸工艺提高了 $Na_5Ti_3F_{14}$ 的电荷电导率和反应动力学，在电流密度为 10mA/g 的充放电过程中，$Na_5Ti_3F_{14}$ 提供了 425mAh/g 的比容量[16]。

3.2.3.3 转换型负极材料

转换型负极材料在钠离子电池中因其独特的反应机制和高理论比容量而备受关注。钠离子电池作为一种新兴的储能技术，其负极材料的选择对其性能有着至关重要的影响。转换型负极材料包括金属氧化物（MO_x）、金属硫化物（MS_x）和金属磷化物（MP_x）。

转换型负极材料通常具有较高的理论比容量和良好的循环稳定性。其在钠离子的嵌入和脱出过程中会发生相变，从而实现能量的存储和释放。但是本身电导率和离子扩散率相对较低，在相变反应中会发生不可逆现象，在循环过程中可能会产生较大的体积膨胀，这可能会影响其倍率性能和循环寿命。常用的改性方法有：①纳米结构设计。通过将金属氧化物材料制备成纳米颗粒、纳米线或纳米片，可以显著增加材料的比表面积，提高其与电解液的接触面积，从而增强其电化学反应的活性。②碳包覆。在金属氧化物表面包覆一层碳层，可以提高材料的电导率，改善其电子传输性能。还可以作为缓冲层，减少材料在充放电过程中的体积膨胀，提高其循环稳定性。③多孔结构设计。通过制备多孔金属氧化物材料，可以增加材料的孔隙率，提高其与电解液的接触面积，从而提高其电化学反应的速率。还可以作为缓冲层，减少材料在充放电过程中的体积变化，提高其循环稳定性。④元素掺杂。通过在金属氧化物中掺杂其他金属或非金属元素，可以改变材料的电子结构和化学性质，提高其电化学反应的活性。Xu 等制备了碳包覆 Co_3O_4 纳米颗粒空心球，Co_3O_4 纳米颗粒均匀嵌入无定形碳基质中，有效提高了反应活性，缩短了离子扩散距离，增强了导电性和结构稳定性。该电极表现出了优异的倍率性能，在 5A/g 的高电流密度下仍保持 223mA/g 的可逆容量。Zhang 等人利用特殊的碳原子的键合限域效应，合成了 Fe_7S_8 颗粒嵌入在极性碳硫键掺杂的中空碳质纤维的特殊结构（NH-CFs-S-Fe_7S_8）。金属六方相 Fe_7S_8 具有更高的导电性、循环反应的可逆性和 Na^+ 扩散优势。此外，具有极性碳硫键限域的中空碳纤维具有牢固锚定溶解的硫化物转换中间产物的强大功能，从而保护活性六方相 Fe_7S_8 重复快充循环时颗粒未被破坏，保证了快充的稳定性能。Zhao 等人通过碳量子点（CQD）的空间限制作用将 FeP 纳米点嵌入致密碳微片骨架中（FeP@CMS）。这样的结构提供了超高的比容量（在 0.05A/g 下为 778mAh/g）和超长循环稳定性（在 20A/g 电流密度下 10000 次循环后容量保持率为 87.6%）。

3.2.3.4　合金型负极材料

相比于嵌入型和转换型负极材料，合金型负极材料具有较高的理论比容量，如 Sb（660mAh/g）等。合金型负极材料通常由地壳中丰富的元素构成，具有低成本和环境友好的特点。一些合金型负极材料，如锡和硅，本身电子导电性较差并且在充放电过程中会发生显著的体积膨胀，导致材料结构破裂，影响循环稳定性和充放电倍率性能。同时，合金型负极材料涉及复杂的电化学反应机制，包括多步的合金化和去合金化过程。

近年来的研究表明，合金与碳基材料复合能够提高储钠性能。如 Yang 等人报道一种通过氮掺杂碳层对锡纳米棒进行表面工程处理的方法，以及一种改善锡纳米棒电化学性能的界面工程策略，该材料阳极在 5A/g 的电流密度下，提供超过 10000 次循环的超长循环稳定性。Yan 等人通过简便的电化学置换策略以及原位聚多巴胺（PDA）涂层和退火工艺，成功获得了 Bi@C-NSA。交联的 Bi@C 纳米片垂直生长在铜基底上，为嵌钠体积膨胀和电解质渗透提供了相当大的空隙空间。作为无黏结剂的 SIBs 负极，Bi@C-NSA 在 1A/g 的条件下循环 1500 次后比容量可达到 315.72mAh/g，在 2A/g 的条件下可达到 289.08mAh/g。

3.3 水系锌离子电池

3.3.1 概述

在种类繁富的二次电池中，锂离子电池（LIB）凭借其质轻高容量的特点得到各种电子化产品的青睐，并渗透到生活中的方方面面。但是 LIBs 存在的一些问题引起人类的担忧，锂金属地壳含量低、经济成本高、危害环境、使用有机电解液易燃、有毒等问题促使人们去寻找下一代新型储能材料。因此水系锌离子电池具有的对环境友好、低成本、高安全性等特点，让其在新型储能设备中具有很大的竞争力。

金属锌作为电池系统的阳极可以追溯到 1799 年。自此，锌阳极被广泛应用于各种一次电池和二次电池中，尤其是碱性锌/二氧化锰电池。由于锌金属的天然优点，包括增强的水相容性（与标准氢电极相比为－0.76V），高理论比容量（820mAh/g 和 5855mAh/cm^3）、高天然丰度、低毒性、易于材料加工和成熟的可回收性。然而，由于枝晶生长和不可逆副产物的形成，早期的可充电水性 Zn/MnO_2 电池在碱性电解质中的可循环性较差。在 20 世纪 80 年代，研究者们提出引入硫酸锌电解质提高锌/二氧化锰水溶液电池的可循环性。后来提出一种双电子反应机制，包括从 MnO_2 到 MnOOH 的化学转化，然后将 Mn^{3+} 还原为 Mn^{2+}，并形成副产物氢氧化锌硫酸盐（ZHS）。为了进一步提高可循环性和容量保持性，在电解质中加入了 Mn^{2+} 添加剂。2012 年，水系锌离子电池这一概念被提出，通过在含水 $ZnSO_4$ 电解质中 MnO_2 阴极的 Zn^{2+} 插入/脱嵌化学反应来实现电荷存储，从而使可充电锌基电池的研究重新兴起。科学家们在高性能正极材料的开发、电解液的优化、锌阳极的改性等方面进行了大量的研究。迄今为止，已经探索了使用温和酸性电解质的水系锌离子电池（AZIBs）的阴极候选材料，如锰氧化物、钒氧化物、普鲁士蓝类化合物、有机物、聚阴离子和层状硫化物。

3.3.2 储能机制与电池结构

3.3.2.1 储能机制

与目前工艺比较成熟的锂电池、钠电池相比，水系锌离子电池的储能机制复杂且有很大的争议，目前水系锌离子电池的储存机制包括 Zn^{2+} 的嵌入/脱嵌机理、化学转化反应、H^+/Zn^{2+} 共嵌入/共嵌出、混合插/转化反应、配位反应和溶解/沉积反应。然而，潜在的电化学反应机制仍然不清楚和有争议。目前还没有普遍接受的机制。本节主要对上述前三种机制进行了回顾和讨论。

（1）Zn^{2+} 的嵌入/脱嵌机理　Zn^{2+} 的离子半径只有 0.075nm，水合 Zn^{2+} 的离子半径也在 0.412～0.43nm 的范围内，和水合 Li^+ 的离子半径（0.34～0.382nm）差距不大，因而 Zn^{2+} 的嵌入/脱嵌过程非常容易实现。Zn^{2+} 的嵌入/脱嵌机制存在于大多数的二维层状结构或隧道结构的过渡金属氧化物电极材料中，Zn^{2+} 通过嵌入/脱嵌层间或晶格来实现能量的存储和释放，同时这一过程中会伴随有过渡金属化合价态的变化。Zn^{2+} 的嵌入/脱嵌反应以 MnO_2 为例描述如下。

阴极反应：$Zn^{2+}+2e^-+2MnO_2 \rightleftharpoons ZnMn_2O_4$

阳极反应：$Zn \rightleftharpoons Zn^{2+}+2e^-$

随后，同一研究组发现 Zn^{2+} 嵌入/脱嵌到 α、β、γ 和 δ 型 MnO_2 的隧道中，证明 MnO_2 的放电能力与晶体形态密切相关而不是表面积。其中，较大的隧道尺寸有利于 Zn^{2+} 的容纳，导致初始放电容量的趋势为 δ-MnO_2＞α-MnO_2＞γ-MnO_2＞β-MnO_2。

（2）化学转化反应　与传统的 Zn^{2+} 插层机制相比，Lee 等人提出了一种转化反应机制，他们以 α-MnO_2 为 AZIBs 正极材料时发现 Mn 还原-歧化-溶解和 ZHS 的形成是 α-MnO_2 阴极电化学电荷存储的原因。MnO_2 最初被电化学还原为 Mn^{3+}。随后，不稳定的 Mn^{3+} 发生歧化反应，导致锰以 Mn^{2+} 的形式溶解到电解质中，其相关的反应可以描述为：

$$3MnO_2+3Zn+5Zn^{2+}+2SO_4^{2-}+16H_2O \rightleftharpoons 3Mn^{2+}+2Zn_4(OH)_6(SO_4)\cdot 5H_2O$$

（3）H^+/Zn^{2+} 共嵌入/共嵌出机制　水系锌离子电池体系中使用的电解质溶液多呈弱酸性，里面含有来自于水电离的 H^+，相比 Zn^{2+}，H^+ 尺寸小，由于 Zn^{2+} 的双电荷效应，Zn^{2+} 在电极骨架之间扩散缓慢，相反，具有更小离子半径和更高扩散速率的 H^+ 更容易嵌入正极材料中去。因此，H^+/Zn^{2+} 共嵌入可以更好地利用正极材料内部的活性位点，来提高 AZIBs 的电化学性能。值得注意的是，SunWei 等人通过原位电沉积法制备了纳米晶体 MnO_2 正极，并且结合X射线衍射（XRD）、扫描电子显微镜（SEM）和透射电子显微镜（TEM）等技术，首次成功证明了 Zn/MnO_2 电池化学过程中 H^+/Zn^{2+} 的共嵌入/共嵌出机制。在该体系中的AZIBs反应过程会伴随新物质的产生。在放电过程中，H^+ 会嵌入正极材料中，导致电解液 OH^- 浓度上升，正极表面会形成ZHS，充电时，伴随着 H^+ 的释放，ZHS也会溶解：$4Zn^{2+}+6OH^-+SO_4^{2-}+xH_2O \longrightarrow [Zn(OH)_2]_3ZnSO_4 \cdot xH_2O$。

除了以上几种储能方式，也还存在别的类型的储能方式，如溶解-沉积、电活性基团的质子化等机制。总体来说，水系锌离子电池的储能机制靠的是电极材料与电解液的电化学反应，而要整体、系统地了解锌离子电池的反应机制，还需要研究人员花费大量时间去完善这个体系。

3.3.2.2 电池结构

水系锌离子电池的结构与锂离子电池相似，由 Zn^{2+} 宿主材料、中性或弱酸性电解液、玻璃纤维隔膜和Zn金属负极组成。目前 Zn^{2+} 宿主材料主要有锰基氧化物、钒基氧化物、普鲁士蓝类化合物、有机材料和过渡金属硫化物等；常用的电解液包括 $ZnSO_4$、$ZnCl_2$、$Zn(NO_3)_2$、$Zn(CF_3SO_3)_2$、ZnF_2 等；而锌箔则可以直接用作负极。水系锌离子电池有着摇椅式电池之称，它有着跟锂离子电池相似的工作原理，即在电池循环过程中，Zn^{2+} 在正负极之间来回往返迁移实现电荷的存储和释放。如图3-8所示，当电池放电时，锌负极失电子，形成 Zn^{2+} 溶解在水系电解液中；宿主正极得电子发生还原反应并伴

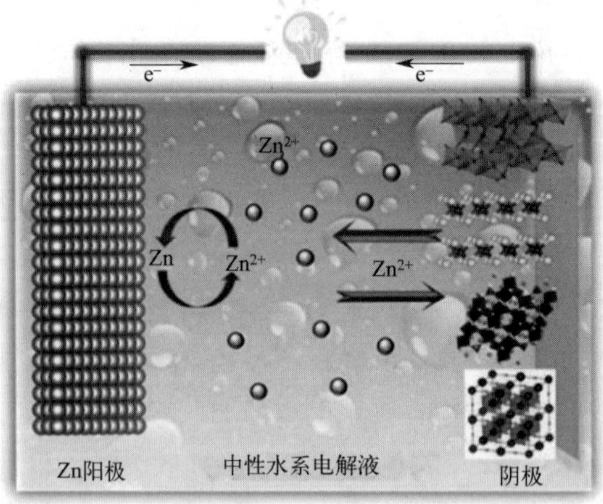

图3-8 水系锌离子电池反应机制[17]

随电解液中的 Zn^{2+} 插层。当电池充电时，宿主正极失电子，插层的 Zn^{2+} 从宿主中释放并进入水系电解液中；电子经外部电路转移至负极发生氧化反应，同时电解液中的 Zn^{2+} 重新沉积到负极表面。

3.3.3　正极材料

3.3.3.1　锰基正极材料

锰作为过渡金属元素在地壳中含量丰富，具有多种价态（Mn^0、Mn^{2+}、Mn^{3+}、Mn^{4+}、Mn^{7+}），形成了种类丰富且具有不同微观结构的锰氧化物材料，因具有环境友好、廉价易得等优点被广泛地应用在药物载体、光/电催化剂、生物传感、吸附净化和储能等领域。更重要的是，因为具有丰富的晶体构型、高氧化还原电位[1.3V(相对于 Zn^{2+}/Zn 电极)]及突出的理论比容量［基于一个电子（Mn^{4+}/Mn^{3+}）转移的理论比容量为 308mAh/g］等优势，锰基正极材料在 AZIBs 中大放异彩。锰基正极材料最基本组成单元是 MnO_6 八面体，通过基本单元之间角及边的相互结合形成不同的晶体结构，主要有隧道结构、尖晶石结构和层状结构（如图 3-9）。

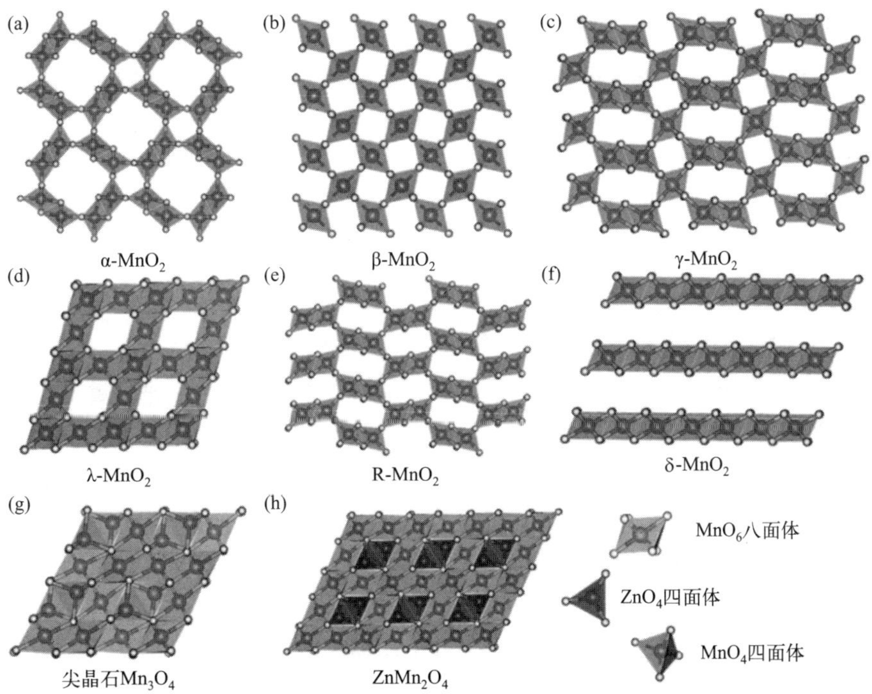

图 3-9　锰基正极材料结构[18]

(1) 隧道结构锰氧化物　如图 3-9 所示，具有隧道结构的锰氧化物主要有 α、β、γ 和 R 等晶型的 MnO_2，例如 α-MnO_2 具有 2×2 隧道，β-MnO_2 具有 1×1 隧道。隧道结构的存在可以为 Zn^{2+} 的传输提供大量的活性位点，并且物理驱使 Zn^{2+} 均匀扩散，有利于加快 Zn^{2+} 在正极材料中的迁移速率。多种 MnO_2 的晶型已被报道用作 AZIBs 的阴极，其中具有 2×2 隧道结构的 α-MnO_2 受到特别关注。α-MnO_2 具有较大的隧道尺寸（4.6Å×4.6Å），适合 Zn^{2+} 的嵌入/脱嵌，导致较高的理论比容量。Kang 团队的开创性工作启发了后来对温和水溶液中 Zn/MnO_2 电化学的研究，所报道的 α-MnO_2 阴极在 0.5C 时的初始比容量为 210mAh/g，在 6C 下循环 100 次后的比容量保持在 100mAh/g。而 β-MnO_2 由于其 1×1 隧道尺寸小于 α-MnO_2 和 γ-MnO_2，因此之前被认为不利于 Zn^{2+} 的嵌入。Islam 等人报道了 β-MnO_2 纳米棒在 100mA/g 时具有 270mAh/g 的高放电比容量。Zhang 等人报道，在水溶液中使用 3mol/L $Zn(CF_3SO_3)_2$ ＋0.1mol/L $Mn(CF_3SO_3)_2$ 电解质时，β-MnO_2 具有 225mAh/g 的高比容量和出色的可循环性，在 2000 次循环后保持 94% 的容量。从晶体结构来看，大的隧道结构可以为离子的转移提供更多的空间，在提高离子迁移数率方面具有很大的优势。这种隧道结构的材料虽然在储锌方面表现优秀，但随着 Zn^{2+} 的嵌入，通常会经历从隧道结构到尖晶石结构的相变，并且这种电化学反应过程中的相转变并不是完全可逆的，最后导致隧道结构粉碎和电池容量损失。

(2) 层状结构锰氧化物　相对于隧道结构的正极材料，Zn^{2+} 的嵌入/脱嵌机理更适用于层状结构的正极材料，该晶体结构的锰氧化物更适合作为 AZIBs 的正极材料。由于 δ-MnO_2 的层间距高达约 7.0Å，可以让 Zn^{2+} 传输更加畅通无阻，使 Zn^{2+} 的嵌入/脱嵌更加迅速，从而实现电池电化学动力学和储锌性能的优化。研究表明，无论其原始晶体相（α、β 或 γ）如何，MnO_2 在 Zn^{2+} 插入后通常会经历从隧道结构到层状结构的相变，导致结构粉碎和容量损失。因此，δ-MnO_2 被认为是一种有利的阴极候选者，可以最大限度地减少初始循环寿命期间由相变引起的“牺牲容量”。然而，由于严重的结构问题，δ-MnO_2 阴极在 $ZnSO_4$ 基电解质中尚未达到预期的优异电化学性能，在 Zn^{2+} 的反复进出过程中发生塌陷和体积变化等降解，导致长期循环后容量迅速衰减。为了加强 δ-MnO_2 晶体结构的稳定性，Zhi 等开发了一种 Na^+ 预插层的 δ-MnO_2 材料（δ-NMOH），其展现出超长的循环寿命和卓越的倍率性能，δ-NMOH 正极充放电 10000 次后的容量依然可以达到初始状态下的 98%，更重要的是，XRD 结果表明 δ-NMOH 在循环过程中可以保持结构稳定，没有 $ZnMn_2O_4$ 杂相的生成。这说明，通过合理的结构设计，δ-MnO_2 材料的电化学储锌性能可以得到有效改善。

（3）尖晶石结构锰氧化物　尖晶石结构锰氧化物具有快速离子扩散动力学，可作为动力电池的潜在正极材料。Yuan 从 $LiMn_2O_4$ 中酸浸 Li 合成了 λ-MnO_2，在水溶液中对 Mg^{2+} 和 Zn^{2+} 具有很高的嵌入/脱嵌能力。Yan 等人在含有两种电化学活性阳离子（Li^+ 和 Zn^{2+}）的水电解质中，将 $LiMn_2O_4$ 阴极的 Li^+ 嵌入/脱嵌与锌阳极的 Zn^{2+} 沉积/溶解相结合，开发了一种可充电的混合型水电池。尽管尖晶石结构 $ZnMn_2O_4$ 被认为是 AZIBs 极有前途的阴极候选材料，但理想的尖晶石结构 $ZnMn_2O_4$ 并不是 Zn^{2+} 存储的合适宿主，因为两个 Zn^{2+} 在不同位置之间存在强烈的静电斥力，阻碍了离子的扩散。缺乏阳离子的尖晶石结构 $ZnMn_2O_4$ 中存在丰富的阳离子空位，使得静电势垒非常低，有利于 Zn^{2+} 扩散，从而赋予 AZIBs 正极优异的电化学性能。

3.3.3.2 钒基正极材料

钒基正极材料结构见图 3-10。钒基氧化物与锰氧化物类似，由于其多电子氧化还原反应伴随着可达的 V 氧化态（即 V^{2+}，V^{3+}，V^{4+} 和 V^{5+}），高比容量（>300mAh/g）和大离子转移通道而成为 AZIBs 极具潜力的正极材料。相对于 Zn^{2+}/Zn，其工作电压一般在 0.8V 左右，这在一定程度上限制了能量密度。与锰氧化物中的 MnO_6 八面体单元不同，V—O 多面体的形式多种多样，从 VO_4 四面体、VO_5 四方锥和三方晶系双椎体到常规和畸变的 VO_6 八面体。这些多面体连接形成链、层或 3D 框架，进一步组装成不同相的钒氧化物。它们大多含有层间阳离子（如 NH^{4+}、Li^+、Na^+、K^+、Zn^{2+}、Mg^{2+}、Ca^{2+} 等）和/或水分子，以稳定晶体结构。为了更好地认识钒基材料，将它们的分子式总结如下：V_2O_5、$M_xV_2O_5$、$M_xV_3O_7$、$M_xV_3O_8$、$M_xV_2O_7$、M_xVO_2 和 M_xVO_4 等（M 代表金属离子或 NH^{4+} 等无机盐离子）。除上述材料外，还有 $Na_3V_2(PO_4)_3$ 和 VS_2 等钒基材料被用作 AZIBs 的正极材料。钒基材料用于 AZIBs 正极时，表现出高质量比容量，同时具有循环寿命长、倍率性能好等优点，但低放电平台所导致的低能量密度以及高毒性严重削弱了它们的竞争力。

（1）普鲁士蓝类化合物　普鲁士蓝类化合物（PBAs）（图 3-11）的具体介绍在钠离子电池正极材料中已提及。AZIBs 的正极材料包括 ZnHCFs、CuHCFs、FeHCFs、NiHCFs、CoHCF 等多种 PBAs。例如，一种二氧化锰纳米片包覆的六氰基铁酸锌（ZnHCF@MnO_2）复合材料展现出 1.7V 的高工作电

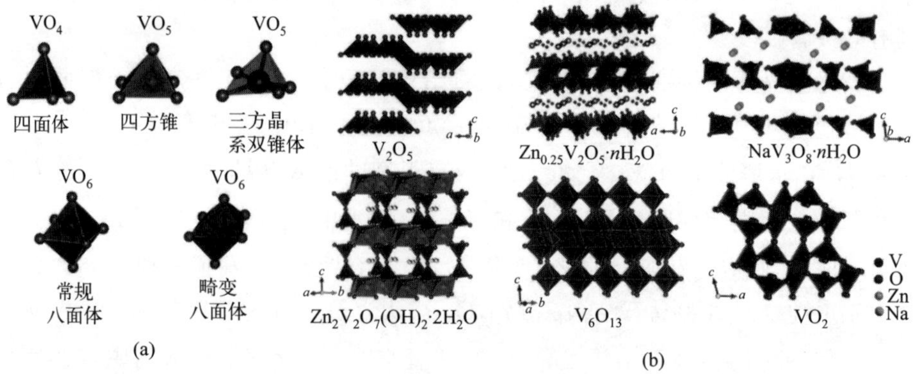

图 3-10 钒基正极材料结构[19]

压，并且可以稳定循环 1000 次。PBAs 正极虽然在 AZIBs 中的放电平台较高，但由于导电性差，其内部的活性位点无法被完全激活利用，导致它们的容量及高倍率充放电能力一直无法令人满意。

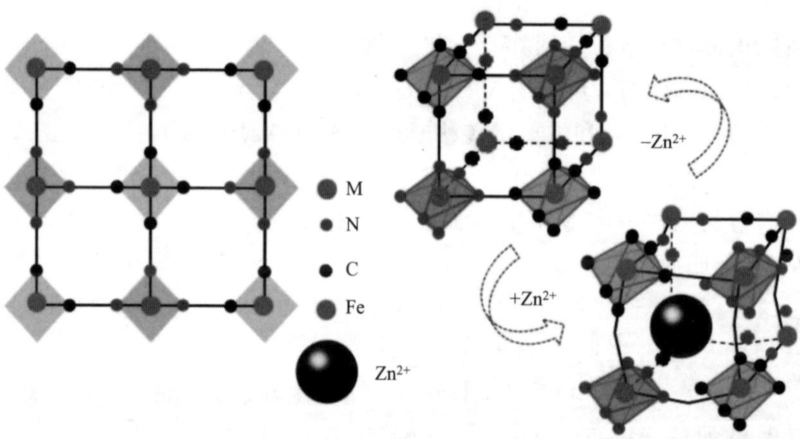

图 3-11 普鲁士蓝类化合物结构[20]

（2）有机材料 有机材料因其可持续性、环境友好性、结构多样性、高理论容量和成本效益而成为水性 AZIBs 极具前景的正极材料。有机材料具有通过弱分子间范德瓦耳斯力构建的柔软分子结构，具有促进阳离子扩散的能力，非常适合储存二价阳离子。各种有机阴极材料已被报道用于水性 AZIBs，包括羰基化合物、亚胺化合物、导电聚合物、硝基氮氧化物和有机硫聚合物。由于具有不同的分子结构，这些有机阴极表现出不同的电化学行为和性能。比如，杯［4］醌（C4Q）正极是以羰基为活性中心与 Zn^{2+} 发生配位，而聚苯胺（PANI）正极则利用带负电的 $C—N^{-}$ 基团来储存 Zn^{2+}，这种“配位机制”使多数有机正极都具有快速的反应动力学，因而具有优秀的倍率性能和循环稳定性。有机正极材料除了上述优点之外，还具有不凡的柔韧性，如芘-4,5,9,10-四酮（PTO）和 PANI 正极都被成功地组装成柔性 AZIBs，并展现出非凡的机械稳定性和电化学性能，因此，有机正极更易于在柔性器件中发挥作用。但是，有机正极材料还处在初始研发阶段，在改进它们的导电性以及容量等方面还面临巨大挑战。

3.3.4　负极材料

除阴极外，目前对 AZIBs 的研究开始转向锌阳极。目前大多数研究都是直接使用锌箔作为阳极。过去的假设是，在近中性或轻度酸性的水溶液电解质中，锌阳极不会引起在强碱性介质中通常出现的严重副反应。然而，近年来人们认识到，锌金属阳极在温和的水溶液中仍然存在可靠性问题，阻碍了其商业化。因此，实现出色的水性 ZIBs 需要高性能的阴极和稳定的阳极。

阴极根据所使用的活性材料的类型进行复杂的电荷存储反应，而锌阳极在电池充电/放电过程中遵循可逆的 Zn^{2+} 电镀/剥离过程。然而，实际应用表明，由于枝晶生长和阳极/水电解质界面严重的自发副反应，包括腐蚀、析氢和钝化，锌金属阳极会迅速恶化。锌阳极的可逆性目前受到三个主要因素的挑战：①反复循环后枝晶生长；②竞争性析氢反应引起的电解液持续消耗和自放电；③表面钝化生成不可逆副产物。见图 3-12。与这三个问题有关的反应如下。

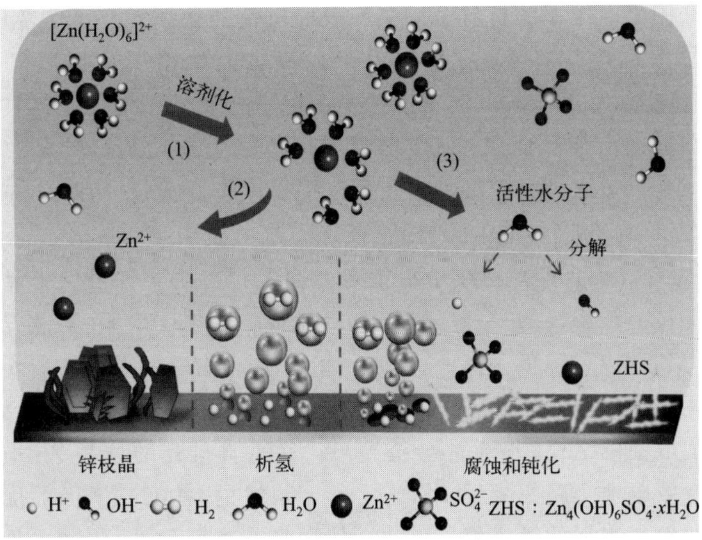

图 3-12　锌负极表面副反应[21]

锌沉积：$Zn(H_2O)_6^{2+}+2e^- \longrightarrow Zn+6H_2O$

析氢腐蚀：$2H_2O+2e^- \longrightarrow 2OH^-+H_2$

副反应（$ZnSO_4$ 电解液）：$xZn^{2+}+ySO_4^{2-}+(2x-2y)OH^-+nH_2O \longrightarrow Zn_x(SO_4)_y(OH)_{2x-2y}\cdot nH_2O\downarrow$

锌枝晶的产生源于 Zn^{2+} 在电池锌负极的表面不均匀沉积，Zn^{2+} 浓度较高的地方有着较大的成核率，随着初始锌晶核的形成，Zn^{2+} 会以已经成核的晶核为基地进一步生长。锌枝晶一般都为针状，故其在电池反应中充当电荷中心，使更多的 Zn^{2+} 在其附近沉积，最后导致电池的比容量降低，甚至短路。Zn^{2+} 的不断沉积，导致锌枝晶脱落或断裂等现象，这种金属锌将无法再被利用，于是就形成了“电化学死区”，俗称“死锌”，这种不再参与电池反应的产物会降低电池的循环效率和库仑效率。对于 AZIBs 中常用的弱酸性电解质（如 $ZnSO_4$），Zn^{2+}/Zn 的标准还原电位低于 H^+/H_2，反映了析氢反应（HER）的高热力学倾向。因此，HER 自发地发生在锌阳极表面。

针对副反应有以下策略。

① 调控锌的配位环境，加快转移动力学，避免与水分子相关的副反应的发生。一般情况下，锌离子与六个偶极水分子配位，在温和水溶液中以溶剂鞘 $[Zn(OH_2)_6]^{2+}$ 结构存在。在电解质中，Zn^{2+} 的溶剂化结构与锌阳离子、阴离子和溶剂之间的相互作用密切相关。因此，控制锌的配位环境可以有效防止水分子被带到锌负极表面。

② 均匀界面电场，减少表面电荷积聚，使锌负极表面附近锌离子浓度分布均匀。采用高电导率的材料可以实现表面电荷的快速转移，避免电荷积累，提供均匀的表面电场。Wang 等提出了在锌表面涂覆层状还原氧化石墨烯（rGO）的策略，基于局部电流密度的显著降低，实现了均匀、无枝晶的镀锌过程。多孔电极代替平面 Zn 阳极被证明可以极大地均匀电荷分布和界面电场。电解质和电极之间的大接触面积可以平衡锌离子通量。因此，通过利用各种 3D 阳极可以实现高性能的无枝晶 AZIBs。

③ 诱导锌沉积，调控锌离子沿指定晶面沉积。诱导锌沿优先晶体取向生长是制备无枝晶锌阳极的一种巧妙方法。由于其六边形密排的晶格结构，锌沉积后可以得到六边形锌板，其中（100）和（002）晶面对最终的锌沉积形貌起着关键作用。根据晶格匹配原理，Zn 在生长初期倾向于沿其原始晶格生长。（100）平面取向的 Zn 生长通常会诱导与衬底垂直排列的枝晶 Zn 板，可能刺穿隔膜并导致电池短路。相反，沿着平行于衬底的（002）平面的优先结晶生长可以形成致密光滑的锌沉积。因此，使用具有表面优选（002）晶体平面的锌金属作为阳极主体是实现锌阳极长期循环的有希望的途径。例如，Zhou 等

人报道了通过使用具有更多暴露（002）基面的锌阳极实现稳定的锌沉积。锌衬底的暴露（002）平面可以引导锌晶体沿水平方向生长。

3.3.5 隔膜

隔膜作为电池体系中的重要一环，一般来说不参与电池中的化学反应，只起着隔绝电极和传导活性离子的作用。常见的电池隔膜有聚合物隔膜、纤维素隔膜和玻璃纤维隔膜等。利用隔膜具有的电化学惰性，对其进行表面功能化和涂层改性处理是获得高性能储能系统的可行途径。隔膜改性作为一种很有前途的改性策略，已在锂离子电池和水系锌离子电池等储能系统中得到广泛应用。对隔膜进行改性能增强原始隔膜的离子亲和力，还能通过限域作用调节离子传输，实现快速且稳定的电镀/剥离过程，确保形成均匀沉积层，有效抑制枝晶及副反应。同时，隔膜改性还可以提高隔膜的机械强度，有利于获得更高安全性的储能系统。总的来说，实用性强的隔膜需要具有以下特点：

① 从电池的内阻角度考虑，隔膜需要尽量薄，孔隙率尽量高。

② 从电池的安全角度考虑，隔膜需要适当的厚度，较小的孔隙率。

③ 从电池的循环寿命考虑，隔膜需要有电化学稳定性，高机械强度。

3.4 钠硫电池

3.4.1 高温钠硫电池

当今社会的能源需求仍在持续增长，尽管我们正在推动使用太阳能、风能和潮汐能等可持续能源，但是由于这些能源存在间歇性问题，需要同时部署一个储能生态系统来不间断地供应能源，这刺激了新系统和可持续材料的发展。钠硫电池（sodium-sulfur battery）是可以同时满足高性能和低成本的一种有前途和可行的电池系统。它不仅受益于金属-硫电池结构的高性能，同时还利用钠（Na）和硫（S）低成本元素作为原材料，其中 Na 丰度高（Na：23，600mg/kg；Li：20mg/kg），其价格仅为 Li 的 1/25。钠硫电池的理论能量密度高达 1274Wh/kg，约为锂离子电池（420Wh/kg）的三倍。这些优点为钠硫电池系统开辟了新的可能性和机遇。自 1962 年，Herbet 和 Ulam 首次将硫作为正极材料应用于电池体系，科研工作者开始尝试对钠硫电池进行研究。1967 年 Kummer 课题组首次发现了钠离子（Na^+）在高钠离子电导率的材料（β-$NaAl_{11}O_{17}$）中的快速传导现象，并且它可以作为高温固态钠离子导体。这一研究发现迅速推动了固态钠离子电池和钠硫电池研究方向的发展。紧接着第二年，美国福特公司宣布发明了钠硫电池，该电池使用单质硫作为正极，金属钠作为负极，并采用 Na-β-Al_2O_3 作为固体电解质，由于只有温度在 300℃以上时 Na-β-Al_2O_3 才具有良好的导电性，电池实际工作温度高达 300～350℃，因此该电池也称为高温钠硫电池。在商业应用方面，1983 年日本 NGK 公司和东京电力公司合作对储能高温钠硫电池进行研制，经过长达二十年的研究，直到 2003 年日本 NGK 公司成功实现了高温钠硫电池的商业化，成为当时世界上唯一能够提供商业化钠硫电池产品的企业。其研制的高温钠硫电池具有的能量密度远远高于铅酸电池，可以广泛应用于应急电源和瞬间补偿电源等领域。继日本成功商业化后，全球已有多个国家和地区与日本合作，部署了 300 多个高温钠硫电池储能站。

3.4.1.1 工作原理

高温钠硫电池，主要组成部分包括负极（熔融状态的钠）、正极（硫）和固体电解质（通常是 β-Al_2O_3），见图 3-13。硫一般是填充在导电的多孔的炭或石墨毡里，使其具有足够的电子传导性以进行电化学反应，固体电解质（兼隔膜）使用能够传导钠离子的陶瓷材料，外壳则一般用不锈钢等金属材料。电池运行时需要维持 300～350℃的高温环境，以确保钠和硫处于熔融状态，从而使钠离子通过固体电解质进行有效传输。

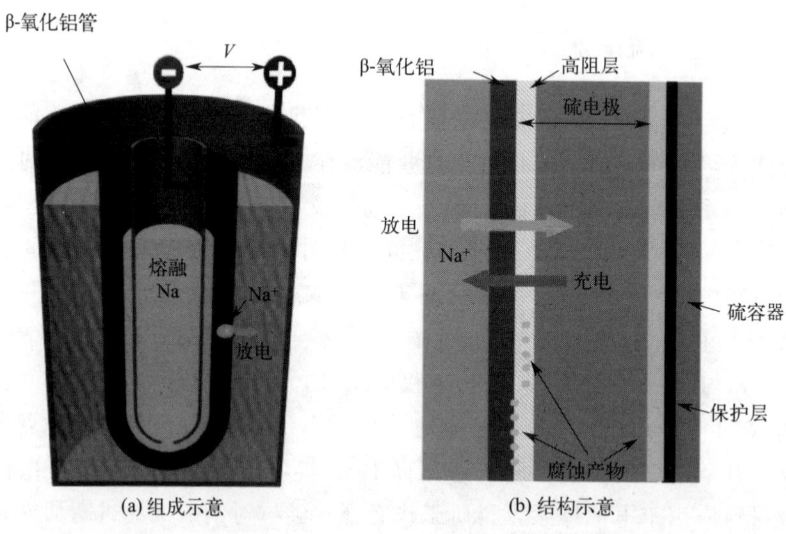

图 3-13 高温钠硫电池结构示意图[22]

钠硫电池工作基于正极和负极之间的离子交换，在放电过程中，电池负极一端的熔融钠变成 Na^+，经过固体电解质（β-Al_2O_3）的传输向正极靠近，并在正极侧与单质硫反应形成 Na_2S_X，同时释放出的电子通过外电路由负极流向正极，外部电路产生电流。上述化学反应在充放电过程中是可逆的，总体反应如下。

负极反应：

$$Na \rightleftharpoons Na^+ + e^- \tag{3-1}$$

正极反应：

$$S + 2Na^+ + 2e^- \rightleftharpoons Na_2S \tag{3-2}$$

电池总反应：

$$2Na + S \rightleftharpoons Na_2S \tag{3-3}$$

3.4.1.2　商业化应用前景

高温钠硫电池作为一种新兴的储能技术，2021 年在全球范围内占据了新型储能装机总量的 2.1%，累计装机容量大约为 510MW，显示出其在能源存储领域的扩张态势和市场接受度提升。但是随着 2022 年其他类型钠基电池（钠系电池）产品在市场上的应用增加，高温钠硫电池在储能市场中的份额遭遇了冲击，导致其 2022 年的装机规模未能维持在 500MW 以上，这种市场变动反映出储能技术快速迭代和市场竞争激烈现状。虽然目前高温钠硫电池已成功实现了商业化，但是该电池也面临众多的挑战。一方面，它要在较高的工作温度下才能正常运行。高工作温度无疑给高温钠硫电池带来了爆炸和腐蚀等安全隐患，此外还需要额外增加加热设备以保障电池的正常运行，这无疑会消耗大量的热量，给整个电池系统带来能量损失。另一方面，该电池体系对保温材料的要求较高，增加额外的制造成本，这也成为了技术屏障。并且随着电池的运行，固体电解质会逐渐变脆并最终破裂，而熔融多硫化物也被证明对电极集流体具有腐蚀性，这可能会导致熔融态的钠渗透入电池而导致电池短路，引起火灾甚至爆炸的风险。因此，这些高的运行成本和安全隐患阻碍其在电动汽车中的进一步发展和应用。出于这些原因，科研工作者将目光聚焦在室温钠硫电池系统，并开展了深入的研究。

3.4.2　室温钠硫电池

3.4.2.1　室温钠硫电池概述

Hyo-Jun Ahn 课题组于 2006 年首次在室温下使用凝胶聚合物电解质制备

了固态钠硫电池，验证了室温钠硫电池（room temperature sodium-sulfur battery）的可行性[23]。室温钠硫（RT Na-S）电池依旧以硫作为正极，以充放电过程中硫的双电子反应获得电池容量，使得室温钠硫电池的理论比容量（1675mAh/g）与锂硫电池相当。与高温钠硫电池相比，室温钠硫电池在能量密度、安全性和成本方面具有更好的应用潜力。近年来，随着研究手段和解决方案的多样化发展，室温钠硫电池逐渐引起了人们的广泛关注，它们被认为是固定电网存储和运输应用具有前途的替代品。

室温钠硫电池与锂硫电池具有很高的相似性，可以说 Na-S 电池的战略灵感部分来自 Li-S 电池。Li 和 Na 都是碱金属，具有体心立方晶体结构，这使得 Na 金属具有与 Li 金属相似的物理化学性质，Na 或 Li 金属阳极与 S 阴极组装金属硫电池在实际应用中必须克服以下几个挑战：Li 或 Na 枝晶生长不可控、阳极表面固体电解质界面（SEI）层不稳定、S 活性物质与多硫化物中间体转化动力学缓慢、溶解和穿梭效应等问题。但是室温钠硫电池相较于锂硫电池不仅仅是将金属锂替换为金属钠，由于锂元素和钠元素的物理和化学性质的一些差异，室温钠硫电池和锂硫电池表现出不同的电化学特性。例如，钠离子的离子半径相较于锂离子来说更大，这使得在充放电过程中钠离子的嵌入/脱出阻力很大，不可逆容量损失明显；Na 原子更强的还原性使得 Na 金属阳极对水和氧比 Li 更敏感；Na 的原子量更高、原子体积更大导致钠硫电池理论能量密度比类似的锂硫电池约小 50%，并且形成的多硫化物中间体的体积膨胀（157%）接近锂硫电池的两倍；Li_2S 是 Li-S 体系中唯一热力学稳定的二元化合物，其他锂多硫化物均处于热力学不稳定状态，而在钠硫电池中 Na_2S、Na_2S_2、Na_2S_4 和 Na_2S_5 均是 Na-S 体系在室温下的热力学的稳定相。这些区别意味着钠硫电池比锂硫电池的研究更具挑战性（如图 3-14），想要完美解决这些问题需要耗费研究者更多的时间和精力。

虽然在金属硫电池中使用钠作为锂替代品并不能实现能量密度和长期耐用性的实质性改善，但从技术经济角度来看，开发室温 Na-S 电池更有助于解决长期能源瓶颈。此外，与 Li 对铝具有较高的反应活性不同，Na 阳极不与铝发生反应，因此在袋状电池中可以使用轻质廉价的铝箔作为集流体替代价格高昂的铜箔，这可以大大节约成本，提高电池能量密度。

3.4.2.2 储能机理

室温钠硫电池由正极、负极、电解液和隔膜四个部分构成，其结构示意图如图 3-15(a) 所示。正极一般是由单质硫或者由含硫的化合物组成，负极则通常为金属钠，在两电极之间充满有机电解液，同时采用多孔玻璃纤维膜阻断正

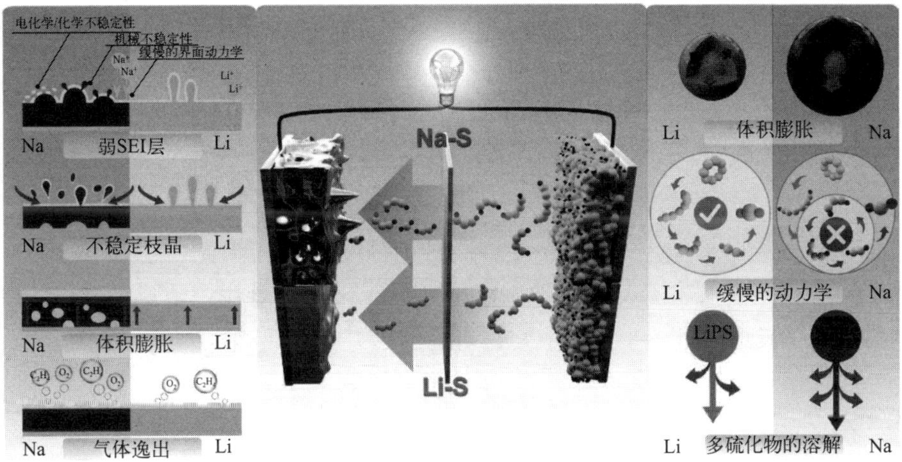

图 3-14　RT Na-S 电池、Li-S 电池挑战对比图[24]

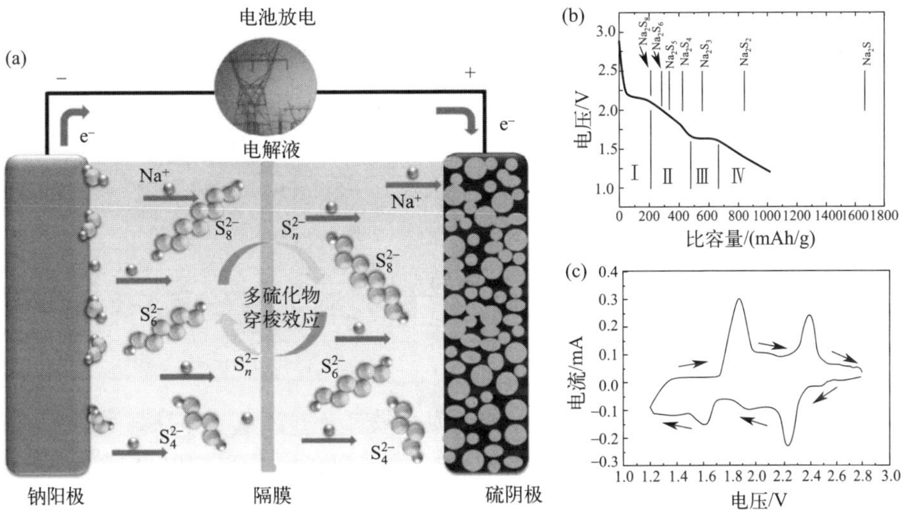

图 3-15　(a) RT Na-S 电池结构图[25]；(b) RT Na-S 电池放电曲线[26]；(c) RT Na-S 电池循环伏安（CV）曲线[27]

负极之间的电子传导。室温钠硫电池通过 S—S 键的断裂与再生，伴随一系列硫与钠之间的氧化还原反应来实现化学能与电能间的相互转换，因而具有高的理论比容量。放电时，金属钠产生 Na^+ 和电子。Na^+ 随着电解质通过隔膜移动到硫阴极，阴极的单质硫被还原并与 Na^+ 结合形成多硫化钠。当外电路施加一定电压时，将发生多硫化钠分解为金属钠和硫的反应。图 3-15(b) 为典型的室温钠硫电池放电曲线，放电时具有 2.20V 和 1.65V 两个电位平台，在

1.65～2.20V 和 1.20～1.60V 电位范围内有两个电位斜坡放电区域，与图 3-15(c) 中，2.20V 和 1.65V 的两个还原峰相对应。根据电池在充放电过程中不同硫元素价态、相变以及电压曲线的变化，室温钠硫电池放电反应过程可以大致分为以下四个区间。

区间Ⅰ：在高于 2.20V 的电压区域，对应于单质硫还原为可溶性 Na_2S_8 的固-液转换。

$$S_8+2Na^++2e^-\longrightarrow Na_2S_8 \quad (3\text{-}4)$$

区间Ⅱ：在 1.65～2.20V 范围的斜坡电压区域，对应于溶解的 Na_2S_8 继续与钠离子反应，进一步还原成短链可溶的 Na_2S_4 的液-液反应。

$$Na_2S_8+2Na^++2e^-\longrightarrow 2Na_2S_4 \quad (3\text{-}5)$$

在这一过程中，可分多步进行，包含以下副反应：

$$Na_2S_8+2/3Na^++2/3e^-\longrightarrow 4/3Na_2S_6 \quad (3\text{-}6)$$

$$Na_2S_6+2/5Na^++2/5e^-\longrightarrow 6/5Na_2S_5 \quad (3\text{-}7)$$

$$Na_2S_5+1/2Na^++1/2e^-\longrightarrow 5/4Na_2S_4 \quad (3\text{-}8)$$

区间Ⅲ：在 1.65V 的低电压平台区，对应于从 Na_2S_4 到不溶的 Na_2S_3、Na_2S_2 及 Na_2S 的液-固转换。伴随着以下一系列反应：

$$Na_2S_4+2/3Na^++2/3e^-\longrightarrow 4/3Na_2S_3 \quad (3\text{-}9)$$

$$Na_2S_4+2Na^++2e^-\longrightarrow 2Na_2S_2 \quad (3\text{-}10)$$

$$Na_2S_4+6Na^++6e^-\longrightarrow 4Na_2S \quad (3\text{-}11)$$

区间Ⅳ：在 1.20～1.65V 范围下的第二个斜坡区间，对应于不溶解的 Na_2S_2 和 Na_2S 间的固-固反应。

$$Na_2S_2+2Na^++2e^-\longrightarrow 2Na_2S \quad (3\text{-}12)$$

在这四个反应区间中，区间Ⅱ被认为是最复杂的区域，并且其受溶液中各种类型的多硫化物间的化学平衡影响。区间Ⅲ的比容量和放电电压取决于式(3-9)、式(3-10) 和式(3-11) 之间的竞争。由于 Na_2S_2 和 Na_2S 的不导电性质，区间Ⅳ的反应动力学最缓慢，并且可能受到严重的极化。充电过程则与以上过程恰好相反，放电产物 Na_2S 和 Na_2S_2 逐步从固相转变为液相的长链多硫化钠 Na_2S_x（$4\leqslant x\leqslant 8$），最后进一步转变成单质硫和金属钠。

室温钠硫电池虽然在能量密度和成本等方面具有很大优势，然而，就目前的发展来看，仍存在一些关键性问题制约着实际的应用，主要涉及以下几个方面。

(1) 硫正极

① 硫以及最终放电产物（Na_2S_2/Na_2S）的电导率低，从而导致金属钠与

固态硫之间的反应活性低。

② 在充放电过程持续发生的氧化还原反应会导致正极发生结构变化（体积膨胀），这使得硫电极结构容易坍塌。

③ 随着循环的进行，一部分绝缘产物在正极表面沉积，电极发生钝化导致电池阻抗增加，电池循环性能变差。

（2）中间产物多硫化钠（NaPSs）：在放电时，硫会被还原生成长链多硫化物溶解于有机电解液中，这些多硫化物会进一步脱离正极载体随着电解液到达钠负极，并且在钠表面被还原生成短链多硫化物。一部分短链多硫化物会重新迁移回到正极被氧化再次生成长链多硫离子。但是，还有一部分多硫化物被还原成 Na_2S_2/Na_2S 沉积在负极表面，很难再重新参与氧化还原反应成为多硫化物，该现象即“穿梭效应”。“穿梭效应”沉积的 Na_2S_2 和 Na_2S 会导致活性物质不断损失，从而使得电池表现出容量的持续衰减。除此以外，多硫化物的溶解还导致 RT Na-S 电池出现严重的自放电现象。

（3）钠负极　在充电过程中由于 Na^+ 的不均匀沉积，钠负极表面会形成针状金属钠晶体，随着循环的进行，钠枝晶会持续生长，该晶体达到一定长度会刺穿隔膜，导致电池内部短路从而带来严重的安全隐患。

自 2006 年首次验证 RT Na-S 电池以来，已经取得了令人瞩目的进展，包括阴极材料的合理设计和合成、阳极保护以及新的电解质系统等以实现最佳电池性能。同时，也有大量的研究致力于阐明潜在的电化学反应机制。针对现有室温钠硫电池实际应用中存在的问题，科研工作者将研究精力集中在硫正极、负极、电解液以及隔膜等方面的改性研究，以此来构建稳定的室温钠硫电池。

3.4.2.3　正极材料

硫的绝缘性、钠化时体积膨胀大、多硫化物溶解严重、循环时来回穿梭等特点，使得硫几乎不可能单独用作活性物质。一般来说，宿主材料是硫提供物理约束、增强电导率和电活性以及抑制穿梭效应所必需的。因此，大多数研究人员倾向于为 RT-Na/S 电池定制阴极宿主，多孔宿主材料可以作为导电基质，缓解循环过程中硫的体积变化。此外，可以在宿主材料上设计各种催化化合物来加速硫的转化。理想的宿主材料催化剂应能缓解体积膨胀，并具有对各种 NaPSs 的高吸附选择性和对形成 Na_2S 的高电催化活性。碳基复合材料由于其高导电性、低材料质量和易于调节的多孔结构而被广泛研究作为 S 阴极的宿主材料。目前已经报道了多种用于 S 阴极的多孔宿主材料，包括碳材料（C）、共价 S/C 复合材料、金属单原子修饰 C（MSA/C）、金属纳米晶修饰 C（M/C）、金属氧化物修饰 C（M_xO_y/C）、金属硫化物修饰 C（M_xS_y/C）、MXene

和其他非碳质材料。

例如，Wu等[28] 设计了独特的连续碳质孔隙，可以作为多功能通道封装高活性S，并为钠离子提供快速传输的通道[图3-16(a)]，从而稳定S阴极在充放电过程中的氧化还原动力学。这种碳载体的结构使硫阴极具有优异的循环性能，在0.5A/g的电流密度下循环500次后的容量保持率高达90%。

Zhang等[29] 通过设计制备了一种Mo_2N-W_2N异质结嵌入球形碳超结构(Mo_2N-W_2N@PC)作为硫载体，有效地抑制了多硫化钠的穿梭，并为多硫化钠的快速转化提供了高的催化活性，见图3-16(b)。一方面分级多孔球形碳超结构可以提供优异的电子导电性和丰富的微孔结构，从而加快反应动力学并缓解充放电过程中硫电极的体积膨胀；另一方面，Mo_2N-W_2N异质结构不仅可以提供强吸附作用来抑制多硫化物的穿梭效应，同时能催化多硫化钠的转化过程，从而极大提高了硫的利用率。结果表明，S/Mo_2N-W_2N@PC正极在0.2A/g下循环100次后仍能提供799mAh/g的可逆比容量，在1A/g的电流密度下循环400次后为517mAh/g。

与大多数在宿主材料上设计纳米颗粒作为S阴极催化剂的研究相比，将催化剂的尺寸减小到原子尺度可以实现催化剂的均匀分布，并显著提高催化活性。

Jiang等[30] 基于密度泛函理论(DFT)的模拟评估一系列单原子对Na_2S_4的锚定能力，设计并制备了单原子钒锚定在三维氮掺杂层叠多孔碳基体(3D-PNCV)上，以提高硫的反应活性，优化对多硫化钠的吸附和催化转化性能。见图3-16(c)和(d)。3D-PNCV宿主具有丰富的活性V位点、分层多孔结构、高导电性和强V—N键，可以固定和活化多硫化物，促进多硫化物向Na_2S的可逆催化转化。由此制备的RT Na-S电池可以实现高可逆比容量(5A/g下，800次循环445mAh/g)和出色的倍率容量(10A/g下224mAh/g)。Yao等[31] 构建了一种嵌入单原子Zn-N_2片段的柔性碳膜(Zn-N_2/CF)作为高效的S宿主材料，有效地提高了氧化还原动力学和导电性。见图3-16(e)和(f)。与Zn-N_4中心相比，电子分布不对称的不饱和Zn-N_2中心在锚定和活化多硫化钠方面具有显著的优势，加速了S_8向Na_2S的转化，降低了Na_2S分解的反应能垒。在0.1A/g下，Zn-N_2/CF/S在100次循环后仍能保持838.5mAh/g的可逆比容量，高于Zn-N_4/CF/S(688.0mAh/g)。此外，Zn-N_2/CF/S还保持了优异的高倍率长循环性能，在10A/g条件下，循环4000次每次的容量衰减率为0.006%。这些研究为研制高稳定性RT Na-S电池提供了新的思路。

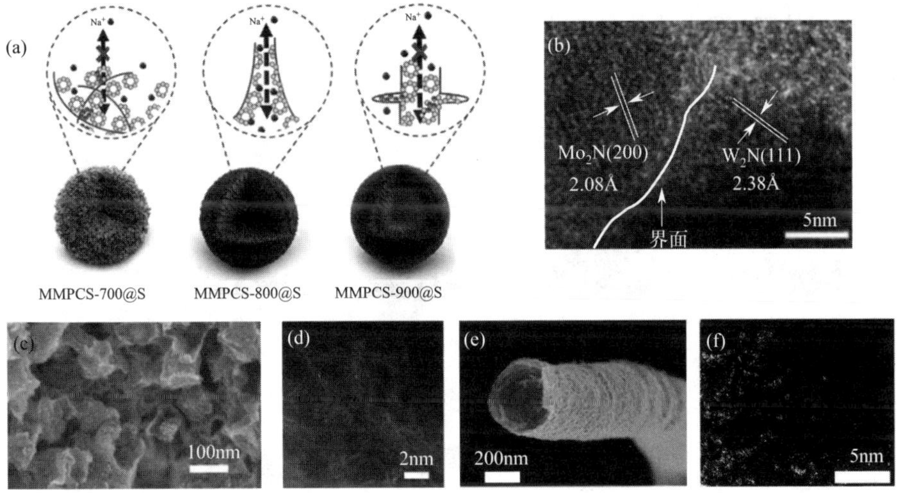

图 3-16　(a) 连续碳质孔隙内部结构 Na^+ 传输示意图[28]；(b) Mo_2N-W_2N 异质结晶面结构[29]；(c) 3D-PNCV 宿主微观形貌[30]；(d) 3D-PNCV 宿主的高角度环形暗场（HAADF）-STEM 图像（圆圈突出显示单原子 V 中心）[30]；(e) Zn-N_2/CF 柔性碳膜微观形貌[31]；(f) Zn-N_2/CF 柔性碳膜 HAADF-STEM 图像[31]

3.4.2.4　负极材料

金属钠作为负极材料可以提供高达 1166mAh/g 的理论比容量和－2.714V 的氧化还原电位，是一种有前途的负极材料。然而，在可逆的电化学反应过程中负极一端会生长出钠枝晶，导致低的库仑效率和严重的安全问题，这限制了钠金属负极的实际应用。此外，由于多硫化物穿梭效应的存在，多硫化物会扩散穿过固体表面界面（SEI）膜腐蚀钠金属，导致不可逆的容量损失。为了解决上述问题，目前科研工作者对钠负极进行了改性，一方面是构建三维集流体承载金属钠；另一方面是在钠金属表面构建 SEI 膜来对钠进行保护。

其中宿主材料设计是可行的解决方案之一。在基体中加入一种多孔导电的宿主材料来容纳 Na 金属，可以有效地抑制体积变化，防止 SEI 层坍塌。亲钠性宿主材料具有较高的离子/电子导电性，可调节均匀的 Na 离子通量，实现 Na 的均匀成核和生长。通过功能材料修饰宿主材料，增强其亲钠性或改善其 SEI 稳定性，进一步提高复合 Na 金属阳极的稳定性。Wang 等[32] 通过简单氧化、硫化方法处理 Cu 泡沫，得到以氧化铜、硫化铜为壳，铜为核的圆柱形核壳骨架。然后将熔融的 Na 注入表面处理过的 Cu 泡沫中，形成 Na 复合阳极。见图 3-17。Na 与核壳骨架的泡沫铜之间发生强烈的化学相互作用，有利于 Na 金属轻松浸渍和均匀分布到基体中。处理后的泡沫铜具有独特的基质表面特性，使 Na 沉积从骨架向孔隙内的 Na 储层转移，抑制了体积变化和 Na 枝晶的生长。在没有任何添加剂的碳酸盐电解质于高达 $2mA/cm^2$ 和 $3mA/cm^2$ 的电流密度下循环稳定。

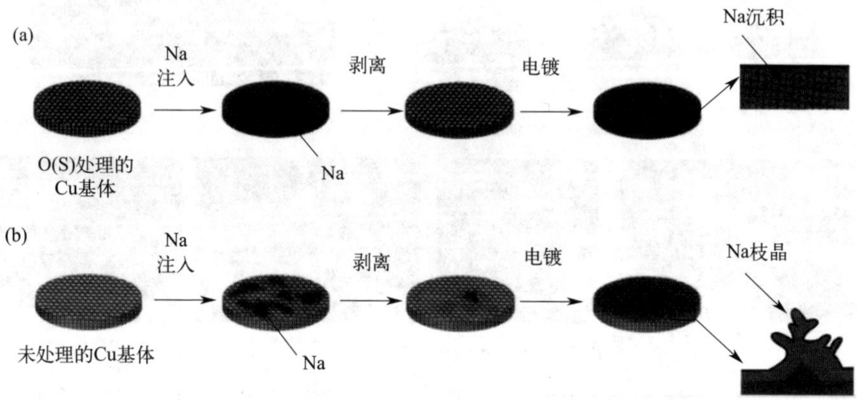

图 3-17　核壳骨架的泡沫铜 Na 阳极制备过程[32]

除了设计功能宿主材料外，可以直接在 Na 金属表面构建人工涂层（人工 SEI 膜）来保护 Na 金属阳极。镀层需要具有较高的反应活性，可与金属 Na 基体发生反应，原位生成多功能保护层。与传统液体电解质中自然形成的 SEI 层相比，完整稳定的人工保护层能够经受住 Na 金属的反复电镀和剥离。Shi 等[33] 通过在 Na（K）金属表面反复磨削红磷粉，在 Na 金属表面形成 Na_3P 层，为 Na（K）金属阳极设计了具有高离子电导率和优异机械强度的非原位人工 SEI。Na_3P 可以提供 11.0kJ/mol 的低扩散能垒、约 0.12mS/cm 的高离子电导率和 8.6GPa 的高杨氏模量。这可以有效地促进 Na^+ 在电极界面的运输，从而产生更均匀的离子通量并抑制副反应。Na_3P 层提供了高的力学模量和表面能，可有效抑制枝晶生长。人造 Na_3P SEI 层具有降低电池阻抗和提高电池循环能力的特点。与原始的 Na 金属对称电池相比，Na_3P@Na||Na_3P@Na 在 $1.0mA/cm^2$ 和 $1.0mAh/cm^2$ 下的循环寿命从 120h 增加到 780h。

3.4.2.5　隔膜

隔膜是钠硫电池的关键部件。它不仅可以防止阳极和阴极之间的物理接触以避免短路，还可以作为储层或捕获多硫化物中间体材料。因此，有效的隔膜对于提高电池的循环稳定性、倍率能力和安全性起着重要的作用。目前，室温钠硫电池常用的隔膜主要是聚丙烯隔膜和玻璃纤维（GF）隔膜。这些隔膜中的多孔结构不仅能够传输离子，而且也为阻止多硫化钠的扩散提供了研究方向。合理设计隔膜的组成和结构也是阻止多硫化物的穿梭和改善整体电化学性能的有效策略。

隔膜上功能层的厚度、质量和孔隙率也需要考虑，它们直接影响电子和钠离子的传输速率以及液体电解质的浸润情况。还必须考虑隔膜是面向阳极还是面向阴极。面向阴极一侧的隔膜的主要作用是吸附 NaPSs 以抑制穿梭效应，提高催化活性以促进硫基氧化还原反应，作为物理或化学屏障以减少多硫化物从阴极向阳极的迁移。例如碳质材料、氧化物、硫化物、碳化物、金属有机框架、MXene、生物质衍生木质素和纤维素等。与面向阴极的隔膜相比，面向阳极的隔膜除了具有抑制穿梭效应的功能外，还应具有一定的亲钠性，以与钠金属具有较高的相容性。这可以控制隔膜对 Na^+ 的传输通量，促进 Na^+ 均匀沉积进而有效地抑制 Na 枝晶的生长。另外还可以在阳极侧设计功能中间层来防止枝晶生长。这种夹层可以作为第二屏障层，隔离任何从阴极侧泄漏的多硫化物，并防止枝晶对隔膜的物理穿刺。此外，功能夹层隔膜可以通过引入钠相容材料来降低金属钠阳极的界面电阻，面向阳极的功能隔膜也可以作为钠离子的支架，以抑制锂枝晶的生长。

思考题

1. 目前锂硫电池在实际应用方面还面临哪些瓶颈?

2. 钠离子电池正负极匹配度还有待研究，其具体的机理是怎样的?

3. 水系锌离子电池相对于其他离子电池具有哪些优势?

4. 水系锌离子电池中锌负极在循环过程中会发生哪些副反应，这些副反应之间是否有联系?

5. 室温钠硫电池与锂硫电池具有很高的相似度，是否可直接将锂硫电池的电池材料拿来使用? 会发生什么隐患?

参考文献

[1] Chen Y, Wang T, Tian H, et al. Advances in lithium-sulfur batteries: from academic research to commercial viability. Advanced Materials , 2021, 33 (29): 2003666. 1-2003666. 67.

[2] Danuta H, Juliusz U, Herbert D, et al. Electricdry cells and storage batteries: US3043896. 1962.

[3] Ji X, Lee KT, Nazar LF. A highly ordered nanostructured carbon-sulphur cathode for lithium-sulphur batteries. Nature Materials, 2009, 8 (6): 500-506.

[4] Seh Z W, Sun Y, Zhang Q, et al. Designing high-energy lithium-sulfur batteries. Chemical Society Reviews, 2016, 45 (20): 5605-5634.

[5] Fang R, Zhao S, Sun Z, et al. More reliable lithium-sulfur batteries: status, solutions and prospects. Advanced Materials, 2017, 29 (48): 1606823.

[6] Su Y S , Manthiram A. Lithium-sulphur batteries with a microporous carbon paper as a bifunctional interlayer. Nature Communications, 2012, 3 (1): 1166.

[7] Shaomao X , Mcowen D W , Lei Z , et al. All-in-one lithium-sulfur battery enabled by a porous-dense-porous garnet architecture. Energy Storage Materials, 2018, 15: 458-464.

[8] Cha E, Patel M D, Park J, et al. 2D MoS_2 as an efficient protective layer for lithium metal anodes in high-performance Li-S batteries. Nature Nanotechnology, 2018, 13 (4): 337-344.

[9] Manthiram A. John Goodenough's 100th Birthday Celebration: His Impact on Science and Humanity. ACS Energy Letters, 2022, 7 (7): 2404-2406.

[10] Fang Y J , Chen Z X , Ai X P, et al. Recent developments in cathode materials for Na ion batteries. Acta Physico-Chimica Sinica , 2017, 33 (1): 211-241.

[11] Barpanda P, Lander L, Nishimura S, et al. Polyanionic insertion materials for sodium-ion batteries. Advanced Energy Materials 2018, 8 (17): 1703055.

[12] Yuan Y, Wei Q, Yang S, et al. Towards high-performance phosphate-based polyanion-type materials for sodium-ion batteries. Energy Storage Materials, 2022, 50: 760-782.

[13] Gao Y, Zhang H, Liu X H, et al. Low-cost polyanion-type sulfate cathode for sodium-ion battery. Advanced Energy Materials, 2021, 11 (42): 2101751.

[14] Qian J, Wu C, Cao Y, et al. Prussian blue cathode materials for sodium-ion batteries and other ion batteries. Advanced Energy Materials, 2018, 8 (17): 1702619.

[15] Meng W, Dang Z, Li D, et al. Long-cycle-life sodium-ion battery fabrication via a unique chemical bonding interface mechanism. Advanced Materials, 2023, 35 (30): 2301376.

[16] Kang J, Ahn J, Lee Y, et al. A novel sodium titanium fluoride anode for low-cost and high-performance Na-ion batteries. Energy Storage Materials , 2023, 63: 103048.

[17] Zeng X, Hao J, Wang Z, et al. Recent progress and perspectives on aqueous Zn-based rechargeable batteries with mild aqueous electrolytes. Energy Storage Mater, 2019, 20: 410-437.

[18] Xiong T, Zhang Y, Lee W S V, et al. Defect engineering in manganese-based oxides for aqueous rechargeable zinc-ion batteries: a review. Advanced Energy Materials, 2020, 10 (34): 2001769.

[19] Zhang N, Chen X, Yu M, et al. Materials chemistry for rechargeable zinc-ion batteries. Chemical Society Reviews , 2020, 49 (13): 4203-4219.

[20] Song M, Tan H, Chao D, et al. Recent advances in Zn-ion batteries. Advanced Functional Materials , 2018, 28 (41): 1802564.

[21] Gong Y, Wang B, Ren H, et al. Recent advances in structural optimization and surface modification on current collectors for high-performance zinc anode: principles, strategies, and challenges. Nano-Micro Letters, 2023, 15 (11): 317-348.

[22] Yang Z, Zhang J, Kintner-Meyer M C, et al. Electrochemical energy storage for green grid. Chemical Reviews, 2011, 111 (5): 3577-3613.

[23] Park C-W, Ahn J-H, Ryu H-S, et al. Room-temperature solid-state sodium/ sulfur battery. Electrochemical and Solid-state Letters , 2006, 9 (3): A123.

[24] Lin L, Zhang C, Huang Y, et al. Challenge and strategies in room temperature sodium-sulfur

batteries: A comparison with lithium-sulfur batteries. Small, 2022, 18 (43): 2107368.

[25] Eng A Y S, Kumar V, Zhang Y, et al. Room-temperature sodium-sulfur batteries and beyond: realizing practical high energy systems through anode, cathode, and electrolyte engineering. Advanced Energy Materials, 2021, 11 (14): 2003493.

[26] Yu X, ManthiramA. Capacity Enhancement and Discharge Mechanisms of Room-Temperature Sodium-Sulfur Batteries. ChemElectroChem 2014, 1 (8): 1275-1280.

[27] Liu Y, Bettels F, Lin Z, et al. Recent Advances in Transition-Metal-Based Catalytic Material for Room-Temperature Sodium-Sulfur Batteries. Advanced Functional Materials, 2024, 34 (5): 2302626.

[28] Wu C, Lei Y, Simonelli L, et al. Continuous carbon channels enable full Na-ion accessibility for superior room-temperature Na-S batteries. Advanced Materials, 2022, 34 (8): 2108363.

[29] Zhang S, Yao Y, Jiao X, et al. Mo_2N-W_2N heterostructures embedded in spherical carbon superstructure as highly efficient polysulfide electrocatalysts for stable room-temperature Na-S batteries. Advanced Materials, 2021, 33 (43): 2103846.

[30] Jiang Y, Yu Z, Zhou X, et al. Single-Atom Vanadium Catalyst Boosting Reaction Kinetics of Polysulfides in Na-S Batteries. Advanced Materials, 2023, 35 (8): 2208873.

[31] Yao G, Li Z, Zhang Y, et al. Highly Flexible Carbon Film Implanted with Single-Atomic Zn- N2 Moiety for Long-Life Sodium-Sulfur Batteries. Advanced Functional Materials, 2024, 34 (5): 2214353.

[32] Wang C, Wang H, Luo J, et al. Chemically-Engineered Host Materials Enabling Safe Sodium Metal Anodes. ECS Meeting Abstracts 2019, 235: 604.

[33] Shi P, Zhang S, Lu G, et al. Red phosphorous-derived protective layers with high ionic conductivity and mechanical strength on dendrite-free sodium and potassium metal anodes. Advanced Energy Materials, 2021, 11 (5): 2003381.

第4章

氢能和燃料电池材料

4.1 氢能及燃料电池概述

4.1.1 氢能与氢能经济

氢能作为一种清洁的能源载体，近年来受到各国政府、科研机构、企业及环境组织的高度关注。氢能不仅能够作为能源转型的重要组成部分，帮助减少温室气体的排放，而且还能推动全球的可持续发展和绿色经济发展。因此，许多国家制定了促进氢能技术发展和应用的政策，并通过经济和政策措施，加速氢能的产业化进程。本节综合论述全球主要国家的氢能现状、政策和经济，并对未来趋势进行展望。

(1) 欧洲　目前，欧洲的氢气生产主要依赖化石能源，尤其是天然气的重整（灰氢），这类氢气的生产过程会产生大量的二氧化碳。因此，推动绿色氢气（通过可再生能源进行电解水制氢）成为未来的核心方向。绿色氢气被认为是减少温室气体排放的关键之一。

一些欧洲国家和地区正在建设世界领先的绿色氢气生产设施。

德国：德国有多个绿色氢气项目，如“氢气联合计划”（hydrogen alliance），该计划旨在将可再生能源发电与氢气生产结合起来。德国的“氢气战略”中提到，到2030年，德国计划将其氢气产量增加到5万吨，其中大部分将是绿色氢气。

荷兰：荷兰正在建设欧洲最大的绿色氢气项目之一，目标是通过风力发电生产氢气，并将其用作重工业和交通运输的能源。

西班牙和法国等国家也在大力发展绿色氢能，特别是在太阳能和风能资源丰富的地区。

欧盟先后制定了《2005 欧洲氢能研发与示范战略》《2020 气候和能源一揽子计划》《2030 气候和能源框架》《2050 低碳经济战略》等氢能相关战略。2019 年 1 月，第二代欧盟燃料电池和氢能联合组织（FCH-JU）主导发布《欧洲氢能路线图：欧洲能源转型的可持续发展路径》。2020 年 3 月欧盟委员会发布了《欧洲工业战略》，部署氢燃料电池卡车；7 月发布了《欧盟氢能战略》和《欧盟能源系统整合策略》，希望借此为欧盟设置新的清洁能源投资议程，以在 2050 年实现碳中和的目标，同时在氢相关领域创造就业。

（2）美国　在美国，氢能的应用和发展主要集中在清洁能源技术和交通领域。美国政府对氢能的政策支持相对较为分散，主要由联邦政府、各州政府以及私人企业推动。美国能源部（DOE）自 20 世纪 90 年代起便投入大量资金支持氢能研发，近年来随着绿色能源的崛起，氢能成为能源政策中的重要组成部分。2021 年，美国政府发布了《美国就业计划》，其中提到了投资氢能基础设施以及推动氢能产业化的计划。特别是对于氢燃料电池汽车的研发和推广，美国在政策和资金方面给予了支持。此外，美国在氢气的生产领域也有较多投入，特别是在通过天然气改革制氢（灰氢）向绿色氢气转型的过程中，尤其在与可再生能源结合的制氢技术方面取得了显著进展。在经济层面，氢能作为美国清洁能源战略的一部分，吸引了大量的私人资本进入。特斯拉、谷歌、微软等企业也开始在氢能领域进行投资。

（3）日本　日本是全球最早开始研究和推广氢能的国家之一。其氢能政策在政府的强力支持下，得到了显著的发展。自从 2017 年发布《氢能战略大纲》以来，日本政府明确了氢能在能源转型中的重要地位，并提出到 2030 年氢气消费量达到 300 万吨。2020 年，日本政府又发布了《绿色增长战略》，强调氢能的产业化和社会应用，并计划到 2050 年实现碳中和目标。

日本的氢能产业重点集中在氢气生产、存储和运输技术上。目前，日本已建立了一些全球领先的氢能基础设施，例如氢燃料电池汽车（FCEVs）和氢燃料电池发电厂。此外，丰田、本田和日产等日本汽车公司也在推动氢能技术的商业化，推出了各种氢燃料电池汽车。

经济方面，日本政府不仅在研发上投入大量资金，还出台了多项财政补贴政策，支持氢能项目的投资和市场化。例如，日本政府为氢燃料电池汽车购买提供补贴，并为氢气加注站的建设提供财政支持。根据《氢能战略大纲》，日本计划通过创新技术降低氢气生产成本，推动氢气在国内外的贸易。

（4）中国　我国的氢能产业基本上是从新中国成立之后逐渐发展起来的，

在几十年的发展历程中，走完了西方200多年所走过的技术、产业路径，并且后来居上，到2002年生产消费量已经超过1000万吨，超过美国成为全球第一。进入21世纪，我国经历了煤制氢向天然气制氢再向工业尾气制氢再向电解水制氢的产业变革。同时，氢也从工业领域逐步进入能源交通领域。2022年以来，我国多个氢能项目无论从规模上，还是科技上，都在不断刷新着世界纪录。

中国的氢能产业政策近年来得到了显著的关注和支持，逐渐成为推动能源转型和实现碳中和目标的重要组成部分。中国政府通过一系列政策措施和规划，推动氢能产业的发展，并努力实现从技术研发到产业化应用的全链条发展。

首先，中国政府在能源转型和环境保护的战略框架下，提出了加快氢能产业发展的目标。例如，在《中华人民共和国国民经济和社会发展第十四个五年规划和2035年远景目标纲要》中，氢能被明确列为重要的新兴产业，提出要推动氢能产业的规模化、产业化发展，增强氢能产业的核心竞争力，推动氢能与可再生能源的深度融合。其次，国家能源局等相关部门陆续发布了氢能产业发展的指导性政策文件。如《氢能产业发展中长期规划（2021—2035年）》明确提出，到2035年，中国将建成全球领先的氢能产业，氢能的生产、储存、运输和应用体系将基本完善。该规划重点支持氢能的绿色生产、燃料电池技术、氢能基础设施建设等方面，推动形成以氢能为核心的新型能源产业体系。同时，各地方政府也在积极出台氢能相关政策，以推动区域氢能产业的布局和发展。许多省市已明确氢能作为重要的战略性新兴产业，并出台了相关支持措施，如资金补贴、税收优惠、基础设施建设支持等。例如，北京、上海、广东等地已开始建设氢能产业园区，并大力支持氢能汽车、氢燃料电池研发与应用示范，推动氢能产业的地方性应用。在产业支持方面，中国还加大了对氢能技术研发的投入，推动氢气生产、储存、运输等核心技术的突破。尤其在氢燃料电池汽车领域，中国的政策支持相对强劲，实施了大量的示范项目，并提供购车补贴、免征车购税等政策激励。

氢能作为一种清洁、可持续的能源形式，在全球能源转型中扮演着越来越重要的角色。各国政府相继出台了一系列支持氢能发展的政策，并通过加强技术创新、加大财政支持等手段，推动氢能产业的快速发展。未来，随着氢能技术的不断进步、基础设施的不断完善以及政策支持的加强，氢能将在全球能源结构中占据更加重要的位置。

然而，氢能产业仍面临技术和经济等多方面的挑战。如何解决氢能的高成本问题、提升氢能的经济性，以及推动氢能基础设施的建设，将是未来氢能产业持续发展的关键。

4.1.2　燃料电池的原理与特点

燃料电池是一种把燃料所具有的化学能直接转换成电能的化学装置，又称电化学发电器，它是继水力发电、热能发电和原子能发电之后的第四种发电技术。由于燃料电池是通过电化学反应把燃料的化学能中的吉布斯自由能部分转换成电能，不受卡诺循环效应的限制，因此效率高。另外，燃料电池用燃料和氧气作为原料，同时没有机械传动部件，故排放出的有害气体极少，使用寿命长。因此，从节约能源和保护生态环境的角度来看，燃料电池是最有发展前途的发电技术。燃料电池由于具有高效、洁净、安静、可靠性以及比功率高等优点，越来越受到各国政府的重视，被认为是未来清洁能源中的一个重要成员[1]。

燃料电池是一种通过氢气或含氢化合物作为燃料，在阳极发生氧化反应产生电子，电子通过外部电路产生电流，然后在阴极与氧气反应释放出电子和水的电化学装置。以氢-氧燃料电池为例来说明燃料电池的反应原理，氢-氧燃料电池的反应是电解水的逆过程，见图 4-1。

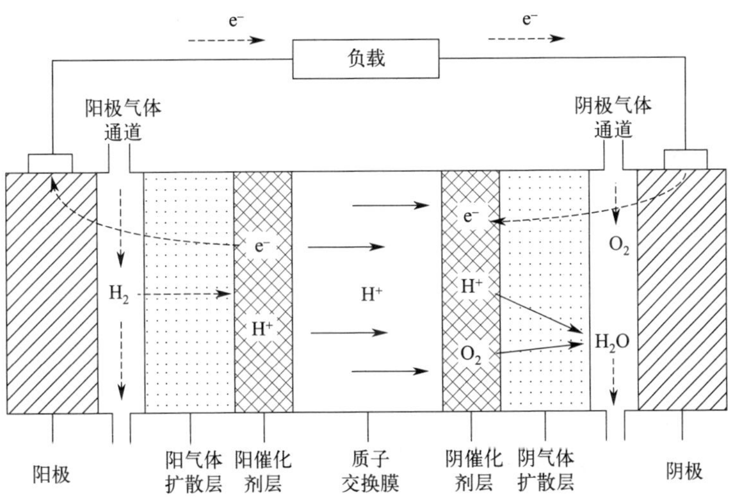

图 4-1　燃料电池反应示意图

负极：$$H_2+2OH^- \longrightarrow 2H_2O+2e^-$$

正极：$$\frac{1}{2}O_2+H_2O+2e^- \longrightarrow 2OH^-$$

电池反应：$$H_2+\frac{1}{2}O_2 = H_2O$$

燃料电池主要由以下几个核心部分组成。

阳极（anode）：阳极是燃料电池的一部分，通常由导电材料（如铂或碳）制成，负责接收燃料（如氢气）。氢气在阳极处与催化剂作用，分解成质子（H^+）和电子（e^-）。

阴极（cathode）：阴极同样由导电材料构成，用于接收氧气（或空气中的氧气）。氧气在阴极与通过外部电路流动的电子结合，并与通过质子交换膜迁移的质子结合，最终形成水和热量。

电解质（electrolyte）：电解质是一种导电材料，通常是固体聚合物电解质或液体酸性溶液。它隔开阳极和阴极，并允许质子（H^+）从阳极通过电解质向阴极移动。电解质不允许电子直接通过，从而迫使电子通过外部电路流动，产生电流。

催化剂（catalyst）：催化剂通常用于阳极和阴极上，帮助加速氢气和氧气的反应过程。在氢燃料电池中，通常使用铂作为催化剂，使氢气分解为质子和电子，提高反应效率。

外部电路：电子通过外部电路从阳极流向阴极，产生电流。电流可以用于驱动电动机、照明灯泡或其他电子设备。

气体供应系统：燃料电池需要供应燃料（氢气）和氧化剂（通常是空气中的氧气）。这些气体通过气体供应系统被输送到阳极和阴极。

冷却系统：燃料电池在工作时会释放一定的热量，冷却系统有助于维持适宜的工作温度，以确保燃料电池的高效运行。

（1）固体氧化物燃料电池（SOFC）　固体氧化物燃料电池（SOFC）是一种直接将燃料气和氧化气中的化学能转换成电能的全固态能量转换装置，具有一般燃料电池的结构。固体氧化物燃料电池以致密的固体氧化物作电解质，在高温 800～1000℃下操作，反应气体不直接接触，因此可以使用较高的压力以缩小反应器的体积而没有燃烧或爆炸的危险。

SOFC 由以下几个主要部分组成。

阳极（负极）：通常由多孔材料制成，常见材料为镍-氧化锆（Ni-YSZ），用于提供燃料并进行氧化反应。

阴极（正极）：通常由钙钛矿型氧化物（如 $La_xSr_{1-x}MnO_3$，LSM）制成，用于提供氧气并进行还原反应。

固体电解质：SOFC 使用固体氧化物作为电解质，最常见的是氧化锆（YSZ）。它能够在高温下导电，但只能允许氧离子（O^{2-}）通过。

外部负载：通常为连接电池两端的电路，负责输出电流。

SOFC 的主要应用包括：①分布式发电。利用 SOFC 的高效特性，广泛用于家庭、商业和工业的分布式能源系统。②备用电源。在一些高价值设备（如医院、数据中心等）中，SOFC可作为高效的备用电源。③汽车和船舶动力。SOFC可作为交通工具的替代动力源。

（2）直接甲醇燃料电池（DMFC） 直接以甲醇为燃料的质子交换膜燃料电池通常称为直接甲醇燃料电池（DMFC）。膜电极主要由甲醇阳极、氧气阴极和质子交换膜（PEM）构成。阳极和阴极分别由不锈钢板、塑料薄膜、铜质电流收集板、石墨、气体扩散层和多孔结构的催化层组成。其中，气体扩散层起支撑催化层、收集电流及传导反应物的作用，由具有导电功能的碳纸或碳布组成；催化层是电化学反应的场所，常用的阳极和阴极电极催化剂分别为PtRu/C和Pt/C。

直接甲醇燃料电池主要应用领域如下。①便携设备：由于其较小的体积和较高的能量密度，DMFC适用于手机、笔记本电脑等便携式电子设备的电源。②电动汽车：作为替代能源，DMFC也在电动汽车中有所应用，提供高效、持久的电力支持。③备用电源：用于一些紧急备用电源的应用，提供高效、环保的能源解决方案。

（3）碱性燃料电池（AFC） 碱性燃料电池是一种利用氢气和氧气之间的化学反应产生电能的装置。其核心原理是通过电解质（通常是碱性溶液，如氢氧化钾溶液）中离子的迁移，驱动电流产生电能。与其他类型的燃料电池相比，碱性燃料电池通常使用碱性而非酸性电解质。

碱性燃料电池的电池结构由阳极、阴极和电解质组成。

阳极（燃料极）：氢气（H_2）在催化剂（如Pt/Ni）作用下与电解质中的OH^-反应，释放电子

$$H_2+2OH^- \longrightarrow 2H_2O+2e^-$$

阴极（氧化极）：氧气（O_2）与水和电子反应，生成OH^-

$$\frac{1}{2}O_2+H_2O+2e^- \longrightarrow 2OH^-$$

电解质：电解质通常是氢氧化钾（KOH）溶液，提供OH^-作为电荷载体，完成离子传导。总反应为：

$$H_2+\frac{1}{2}O_2 \longrightarrow H_2O$$

碱性燃料电池主要应用于以下几个领域。①航天：美国国家航空和航天局（NASA）在航天器中广泛使用碱性燃料电池为航天器提供电力。②交通工具：也用于一些交通工具，尤其是在对环境友好的要求日益增加的背景下，如氢燃料电池汽车。③备用电源：适用于需要稳定电源的场景，如通信设施的备用电

源等。

4.2 制氢材料

4.2.1 电解水制氢催化剂材料

随着社会快速发展，人类对能源的需求不断增加，然而不可再生的化石能源的过度消耗造成了严重的环境污染和能源危机。因此对新型清洁能源的开发利用具有重要的研究价值与现实意义。氢气作为清洁能源载体，具有热值高、绿色环保等独特优势，具有巨大的应用潜力，因此国内外对氢能的研究热度持续走高，制氢技术更是此类研究的最热门领域之一。目前，通过天然气、煤炭和石油等化石燃料的重整产生氢气的制氢技术已非常成熟，以此技术生产的氢气约占其生产总量的 96%以上，然而此类制氢方法依然是以化石能源为基础，存在污染严重、能源消耗巨大等诸多问题。电解水制氢因其在成本、纯度和环保等方面的优势，近些年来得到了广泛的关注与发展。我国的可再生能源资源丰富、潜力巨大，可再生能源间接制氢技术，即可再生能源先发电然后电解水制氢，将是我国绿色氢气制备的重要技术。

当前较为主流的电解水制氢方法有 3 种，分别为碱性水电解制氢、质子交换膜水电解制氢和固体氧化物电解制氢。水分解反应可分为析氧反应（oxygen evolution reaction，OER）和析氢反应（hydrogen evolution reaction，HER）2 个半反应。阴极 HER 通常需相对较高的起始电势，H_2 生产速率较低，制氢过程需要巨大的电能。催化剂能够有效实现能量转换和降低生产成本。提高电解水制氢效率、降低制氢能耗的核心是使用性能优异的电催化剂来获得低的过电位和高的电流密度。在电解水制氢的过程中，以上 3 种主流方法反应均发生于电极表面，电催化剂需在强酸或强碱条件及一定电压下催化电解水，因此容易发生催化剂结构转变进而失活。因此，合理设计电解水催化剂使之具有稳定、高效、高选择性的催化活性是研究电解水制氢方法的重中之重。

目前，电解水制氢的催化剂主要分为贵金属及其氧化物、过渡金属及其化合物和非金属 3 类。贵金属铂（Pt）族元素具有优异的电催化活性，是电催化制氢活性最高的金属，相对于其他金属，其在各酸碱度环境下均可在过电位和稳定性上表现出极强优势，因此是 HER 反应催化剂的最理想选择。目前商业化电催化水制氢的催化剂主要为碳材料负载纳米 Pt 催化剂，其氢超电势低，但是贵金属价格昂贵，使得其难以规模化应用。单原子催化剂（single atom catalysts，SACs）因可以减少贵金属的负载量，提高贵金属的原子利用率而受到广泛关注，近些年在这一领域有许多颇具影响力的文章得以发表。

(1) 阳极材料　阳极析氧反应所用催化剂分为贵金属与非贵金属催化剂。非贵金属 OER 电催化剂在过去的几十年里引起了人们极大的关注，并取得了巨大的科学进步。在本节中，将重点介绍非贵金属（主要是 Mn，Fe，Co 和 Ni）OER 电催化剂的最新进展，其中包括金属/合金、氧化物、氢氧化物、硫化物、磷化物、磷酸盐/硼酸盐和其他地球含量丰富的金属化合物。纯金属态的非贵金属电催化剂由于其强烈的腐蚀作用，往往不能直接在酸性和碱性等苛刻的电解质中“生存”。因此，无论是单金属还是合金状态，它们通常嵌入或修饰在相对稳定的主体（如碳材料）中。Xu 等人通过对金属有机框架（MOF）材料进行退火，用封装在 N 掺杂石墨烯中的 Ni 纳米颗粒（NP）制造了高效的 OER 电催化剂。金属合金通常通过利用金属之间的协同效应而表现出对于反应的增强的催化活性，并且还制备了具有不同晶相结构的 NiFe 合金 NP，其包覆有 N 掺杂的碳壳[2]。具有六方密堆积（hcp）相的 NiFe 合金催化剂显示出 226mV 的超低过电位，以驱动用于 OER 的 $10mA/cm^2$ 的电流密度。除了对小的富含稀土的金属纳米颗粒的研究外，为了最大限度地提高原子效率和提高电催化剂的催化活性，科学家们一直致力于探索纳米团簇和单原子催化剂的应用潜力。最近，Zhang 等人重点介绍了一种在 N 掺杂的中空碳基体上具有原子分布的 Ni 位点的高效 OER 电催化剂（HCM@Ni-N）。其合成过程采用硬模板法，之后经过热解和酸蚀刻产生最终产品[3]。

非贵金属基氧化物由于其价格低廉、可逆性好、结构可调、性质稳定等优点，在电催化领域的应用受到了广泛的关注。控制氧化物的形貌和组成、掺杂金属来调节氧化物的电子结构，以及将杂化结构集成到复合材料中，这些策略被证实是制备高效氧化物基 OER 电催化剂的有效方法。单一非贵金属氧化物电催化剂的 OER 活性取决于金属类型、金属氧化态、形貌和载体。此外，较差的导电性极大地阻碍了它们在 OER 中的应用。两种策略被开发以解决差的导电性问题，包括：①通过掺杂杂原子、引入氧空位和形成多金属氧化物来操纵氧化物的结构和组成；②并入导电基底（碳材料或金属基底）。大量的 Co—N—C 桥键和大量的氧空位作为活性中心，表现出很强的协同效应，提高了电子转移效率。因此，对于 OER，CoO_x NP/BNG（一种新型强耦合杂化材料，由氧空位富集的 CoO_x 纳米颗粒生长于 B、N 修饰的石墨烯上构成）电催化剂在 $10mA/cm^2$ 下显示出 295mV 的低过电位。Liao 等人通过形成 Ni—N 键桥接导电性差的金属氧化物和半导体碳质材料，制造了氧化镍（NiO）和氮化碳的杂化纳米复合材料。其有效促进了催化过程中的电荷传输，提高了 OER 的电催化性能（$10mA/cm^2$ 时的过电位为 261mV）。除了 Ni 和 Co 氧化物之外，

Cu 氧化物也对 OER 显示出突出的催化性能。尖晶石氧化物家族作为 OER 催化剂由于其显著的催化性能、高电荷转移效率以及在苛刻碱性介质和高阳极电势下的高稳定性而吸引了大量的研究关注。尖晶石型氧化物的通式可以描述为 AB_2O_4，其中阳离子 A^{2+} 占据四面体单元的中心，B^{3+} 位于八面体位置[4]。作为 OER 催化剂，研究最多的尖晶石氧化物为 MCo_2O_4 和 MFe_2O_4（M 代表其他非贵金属），其通常表现出比单一金属氧化物催化剂更好的 OER 电化学性能。在 OER 电催化剂中引入氧空位是提高其催化性能的有效途径。Peng 等人制造了具有多壳中空结构的化学还原态 $NiCo_2O_4$（R-NCO）尖晶石氧化物电催化剂。该还原态 $NiCo_2O_4$ 尖晶石氧化物催化剂表现出在 $10mA/cm^2$ 下 240mV 的超低过电位和 50mV/dec 的低塔费尔斜率[5]。

非贵金属硫族化合物（主要是硫化物和硒化物）在光电转换器中的应用引起了人们的广泛关注。迄今为止报道的制造金属硫化物和硒化物结构的最常用方法是溶剂热和热化学处理。对于溶剂热法，常用的硫源是硫脲、硫代乙酰胺等，而通常使用的硒源是硒脲、硒化钠、硒氢化钠等。用于热化学处理的广泛使用的硫和硒源是硫和硒粉。Xuan 等人报道了通过对 NiFe 基 PBAs 前体进行水热硫化反应和随后的后退火处理而得到的分级双金属 NiFeS 电催化剂。海胆状 NiFeS 催化剂凭借其超高导电性、复杂的价态、高效的传质和丰富的活性中心的暴露，在 $10mA/cm^2$ 下表现出 200mV 的超低过电位[6]。

非贵金属（主要是 Fe、Co 和 Ni）磷化物具有不同的形貌和组成，由于其优异的光电转换性能，近年来得到了广泛的研究。Yu 等人依据 Ni—N PBAs 纳米片，通过不同的处理方法，如磷化反应、热退火和化学蚀刻，制备了 NiP、NiO 和 $Ni(OH)_2$ 纳米片[7]。

除上述非贵金属基催化材料外，其他富含稀土的金属基化合物，如硼化物、氮化物、氰化物和氯化物也被证明是 OER 的有效电催化剂。

(2) 阴极材料　水分解中的一个关键过程是阴极中的 HER。为了高效地驱动制氢反应，需要高效且稳定的 HER 电催化剂以大大降低过电位。Pt 基贵金属催化剂是目前的基准电催化剂，能够在接近于零的过电位下以显著的速率加速 HER，使其接近热力学速率。然而，这些催化剂非常昂贵，而且全球储量有限，无法用于大规模商业用途。因此，非常需要寻找由地球上丰富的元素组成的新的廉价催化剂，其性能要与贵金属（Pt）一样好甚至更好。沿着这一方向，近年来已经探索和开发了许多有效驱动 HER 的有前景的替代方案。在这里，将重点介绍最近发展的强大和稳定的 HER 电催化剂，包括众所周知的二硫化钼和 WS_2；过渡金属磷化物，氧化物和硒化物；新出现的过渡金属磷硫化物。

MoS_2 催化剂的发现可以追溯到 20 世纪 70 年代。然而，由于层状 MoS_2 催化剂的本体形式和差的导电性，层状 MoS_2 作为 HER 催化剂几十年来没有得到很好的开发。直到 2005 年，通过比较 MoS_2Moedge（MoS_2 分子中钼原子终止的边缘）与作为加氢脱硫（HDS）催化剂的固氮酶或氢化酶的活性位点之间的结构相似性，Hinnemann 等人才从理论计算中提出了开创性的预测，即层状 MoS_2 的活性催化位点可能停留在其边缘，他们在石墨上制造了具有更多活性边缘位点的纳米颗粒 MoS_2 催化剂，以进一步解决这个问题。这是第一次预测层状 MoS_2 的边缘是真实的活性位点。

过渡金属氧化物在大多数工业催化剂中的使用非常普遍。然而，由于它们的低电导率和低电化学稳定性（特别是在酸中），很少将它们用于有效的 HER 电催化剂中。然而，有几个成功的案例证明，一些过渡金属氧化物在 HER 催化方面极具潜力。三氧化钨，一种对 HER 具有催化活性的重要氧化物，在酸中高度稳定，但由于其不理想的氢吸附自由能 ΔG_{H^*}，它催化性能较差。值得注意的是，ΔG_{H^*} 可以通过调整其几何和电子结构而进一步优化。近期有研究尝试在 500℃氢气气氛中将三氧化钨还原为 $WO_{2.9}$ 化合物，其催化性能显著增强，能以 70mV 的超电势递送 10mA/cm^2。

正如 HDS 催化中所揭示的，硫对过渡金属磷化物如 Ni_2P、MoP 等的催化活性具有深远的影响，其主要活性位点可能来自催化剂表面形成的过渡金属磷硫化物。考虑到大多数 HER 电催化剂都是从 HDS 催化中使用的催化剂推断出来的，预计这类化合物也可能在水电解中发挥重要作用。非贵金属过渡金属磷化物已经得到了彻底的研究和开发，目前，它们被认为最有希望成为驱动酸中析氢的最耐用的电催化剂，并且是替代 Pt 催化剂的理想候选物。此外，几个研究小组对这些用于水分解的过渡金属磷化物的发展进行了分析总结。研究人员提出，P 原子在磷化物的总体催化活性、导电性和稳定性中发挥着重要作用。也就是说，增加 P 含量可提升电负性以从金属原子中汲取电子，金属原子进一步充当捕获带正电的质子的碱并因此提高了催化 HER 活性。此外，高的 P 含量有助于 H_2 的解离，并提高了耐腐蚀性，从而获得良好的稳定性。然而，增加 P 含量可能会减少金属活性位点，反而降低其作为 HER 电催化剂的效能。

4.2.2　光电解水制氢催化剂材料

自 20 世纪 70 年代初发现本多-藤岛（Honda-Fujishima）效应以来，半导体材料上的光电化学（PEC）水分解已被广泛研究，该效应证明了通过带隙激发，可在 n 型 TiO_2 单晶电极上实现光辅助电化学水分解，自此，光电化学 (PEC) 水分解作为一种有前途的大规模太阳能储存方法，在过去的几十年中得到了广泛的研究。典型的光电催化电池包括沉积有半导体材料的导电基底光电阳极、浸入电解质中的阴极、恒电位仪和光源。与光催化类似，反应在照射时开始，导电电极同时供应恒定电流密度，一旦电子被提升到半导体工作电极的导带，则在具有强氧化能力的价带中产生空穴。空穴与水或羟基阴离子反应以产生能够氧化顽固有机污染物的 HO 自由基。与传统的光催化中常见的快速电子-空穴（e^-/h^+）对复合不同，光电催化通过施加的偏压提取电子并将它们集中在阴极上以防止复合[8]。具体而言，空穴主要通过产生强氧化性物质来保持降解有机污染物的活性，电子通过外部电流被驱动到阴极，引发传统的阴极还原，将 H_2O 还原为 H_2，或与电子受体（如溶解的 O_2）反应，生成 O_2^- 自由基[9]。在实践中，氧化和还原反应发生在两个界面处：①光活性半导体和导电材料；②半导体光催化剂和电解质。在这两种情况下，同时发生两种降解途径，称为直接和间接氧化。直接氧化中表面束缚活性氧，空穴引发污染物直接氧化；在间接氧化中，电生成的氧化剂从表面迁移到废水并降解污染物[10]。如图 4-2 所示，光电催化电池在光照下发生阴极降解和阳极析氢。其机理遵循以下顺序：①光吸收，②电荷载流子的激发和复合，③电子转移，④超氧化物的形成，⑤过氧化氢的形成，⑥羟基自由基的形成，⑦氧化还原反应，⑧质子还原成氢，⑨电子转移，⑩水氧化，⑪析氧[11]。

如能带理论所述，当价带中的电子吸收足够的能量以在外部电场的影响下在导带中被激发时，半导体中的导电性提高。讨论在电极/电解质界面的电荷载流子动力学是必要的。光电极与电解质直接接触，因此，在照射时，在界面处形成结，这引起光电电极和电解质的费米能级的变化。为了平衡不相等的费米能级，并且由于电子的重新分布，会发生能带弯曲，能带弯曲会使界面的每一侧上形成称为空间电荷层或耗尽层的区域[12]。以光电阴极为例，光电阴极一般是与金属阳极配合使用 p 型半导体，当半导体材料尚未接触电解液时，半导体与电解液的平衡电势如图 4-3(a) 所示[13]，p 型半导体的费米能级（E_F）一般来说低于电解液的 E_F，当半导体材料接触电解液时，电子会从电势高的地方向电势低的地方迁移，即从电解液向半导体传输，进而改变两者的电势，使得半导体的 E_F 与电解液的 E_F 达到平衡，如图 4-3(b) 所示。同时由于接触后半导体表面聚集了大量来自电解液的电子，此时该区域的半导体能带会向下弯曲。此外，因为电势差的存在，在该区域会形成具有一定宽度的内建电场。该内建电场的存在有利于光生载流子在半导体内部的分离迁移。此外，所施加的外部偏压可以控制费米能级和电荷载流子的耗尽，因此有助于改善电荷

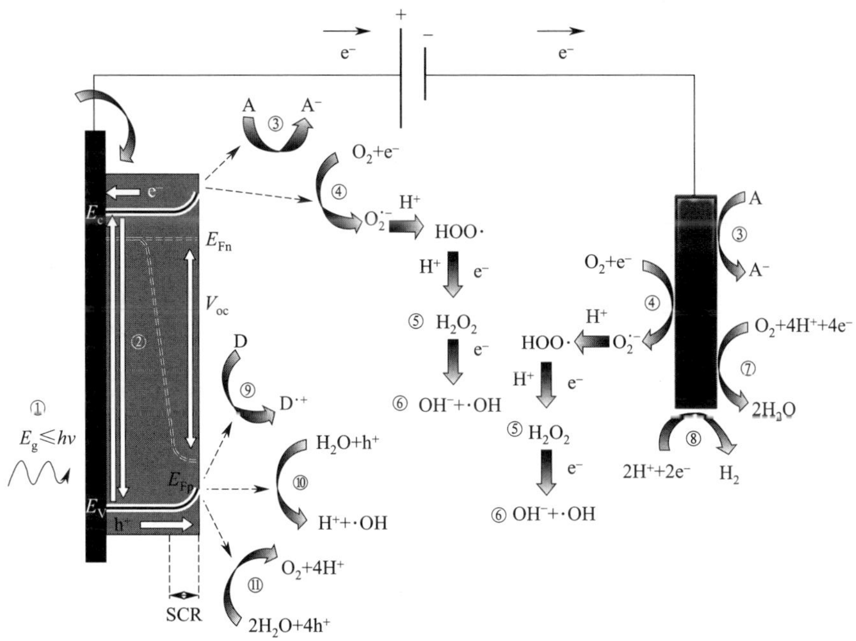

图 4-2　光电催化电池在光照下发生阴极降解和阳极析氢

E_V—价带顶；E_C—导带底；E_g—禁带宽度；E_{Fn}—电子的电化学电势；

E_{Fp}—空穴的电化学电势；V_{oc}—光电压；SCR—空间电荷区

分离并促进半导体表面上的反应[14]。

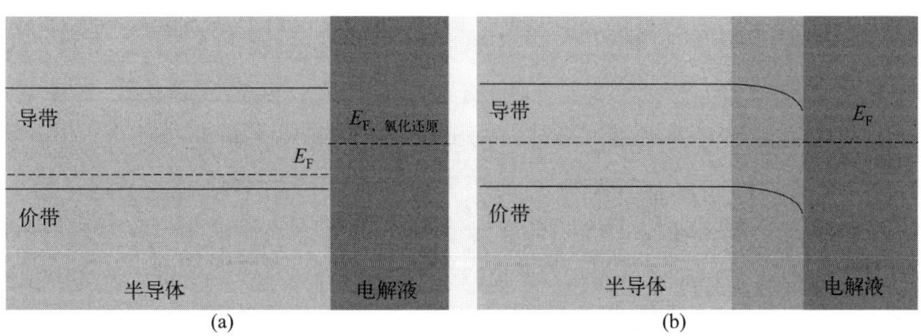

图 4-3　半导体与电解液的平衡电势

对于光电催化分解水产氢来说，理想电极的选择应当满足以下条件：①半导体电极在辐照时必须产生足够的电压以分解水；②半导体带隙必须足够小以吸收很大一部分太阳光谱；③半导体表面的带边电势必须跨越氢和氧的氧化还原电势以保证电子和空穴能够在水中氧化还原产生氢气和氧气；④系统必须表现出对水性电解质抗腐蚀的长期稳定性；⑤从半导体表面到溶液的电荷转移必须容易，以最大限度地减少由于动力学过电位、选择性析氢反应（HER）和析氧反应（OER）引起的能量损失[15]。但是人们至今还没发现满足以上全部要求的理想半导体材料。

（1）阳极材料　自 1972 年 PEC 水分解制氢的概念被首次示范以来，二氧化钛（TiO_2）就一直备受关注。TiO_2 是构造光阳极的较好选择，二氧化钛具有良好的电荷传输性能，优于其他流行的氧化物半导体，且作为氧化物在水性溶液中有着不错的稳定性，但是二氧化钛带隙较大，约为 3.0eV，对太阳光的吸收区域为紫外光区，对太阳光的利用率低，同时存在普遍的电子-空穴对复合问题[16]。人们一直在努力合成一维纳米结构（纳米棒、纳米管、纳米线等）形式的介孔二氧化钛以解决电子-空穴对的高复合问题，低维度纳米结构可以增加光催化剂的比表面积以提供更多反应活性位点促进产氢[17]。例如二氧化钛纳米管（TNT）经常被用于水分解过程相关研究，其优点在于 TNT 形成于金属衬底上，可以直接用作电极。因此，在采用膜电极组件的水分解（WS）装置的最新版本中，通过电化学阳极化在用作光阳极的微纤维的 Ti 网上形成 TNT[18]。其阳极电极和阴极电极间距极短，仅由质子交换膜分开，膜起分隔物和电解质的作用。由于电极之间的短距离，内阻减小，因此电流密度和电池效率增加。

WO_3 是最常用的金属氧化物半导体光催化剂之一。它作为紫外光吸收光催化剂二氧化钛的替代品已经被研究了几十年。WO_3 是一种 n 型间接半导体，它相对容易合成和附着在电极上，具有中等的空穴扩散长度（≈150nm），表现出抗光腐蚀性，并且在相对低的 pH 值下表现出令人满意的化学稳定性，因此 WO_3 被研究用作光电化学水裂解应用的光电阳极材料[19]。WO_3 具有 2.5～2.8eV 的带隙，因此，它吸收高达 500nm 的可见光。相比于二氧化钛，它有着更高的太阳光利用率。WO_3 光阳极的预期理论太阳能-氢气转化效率约为 4.8%（二氧化钛相应值仅为 2.2%），然而其实际效率却远低于理论值[20]。即使有着相对二氧化钛而言较小的带隙，但是对太阳光中共占百分之九十的可见光和红外光利用率依旧不高，更重要的是它也存在普遍的高电子-空穴对复合问题。

$BiVO_4$ 是一种中等带隙半导体，作为水分解应用的可见光响应光催化剂引起了人们的关注。$BiVO_4$ 的最常见和唯一的活性多晶型物具有单斜的白钨矿状晶体结构，带隙为 2.4eV[20]。单斜 $BiVO_4$ 最早由 Kudo 等人开发，作为水分解光催化剂，并且从此成为最流行的可见光响应光催化剂之一。单斜 $BiVO_4$ 的最大理论太阳能-氢气（STH）转换效率为 9.1%，因此，原则上它是一种非常有前途的光催化剂。然而，用纯 $BiVO_4$ 获得的实际效率低得多，原因是低电荷迁移率和广泛的电子-空穴对复合[21]。之后，为了改善用于水裂解应用的 $BiVO_4$ 光阳极的光电催化数据，经常在金属掺杂剂的存在下研究 $BiVO_4$。预期金属掺杂剂会改变材料的能带结构和电子性质，并导致光电流增加。例如，通过引入 Mo，$BiVO_4$ 中的载流子扩散长度从 47nm 变为 183nm，换句话说，金属掺杂剂显著改善了铋的电子性质[22]。

赤铁矿（α-Fe_2O_3）是另一种流行的光催化剂。其受欢迎程度源于其优异的可见光吸收性能、相对良好的效率，并且合成和在电极上的应用过程较为简便。赤铁矿在很宽的 pH 范围内是稳定的，无毒，同时它是非常便宜的，因为铁是地壳中最丰富的元素之一。带隙约为 2.0eV，它可以吸收超过 600nm 的光，因此，其理论太阳能-氢转换效率大于 15%，而预期的电流密度可以达到 $14mA/cm^2$，这些优点使赤铁矿成为一种非常有前途的材料[23]。然而，其实际效率比理论值要低得多，这是因为赤铁矿电荷载流子的有效质量较大，导致电导率低、载流子复合速度快，且电子迁移率很低，其激发态寿命很短[24]。出于这个原因，有必要将赤铁矿以薄膜的形式施加在电极上，以便允许电荷载流子到达电极。赤铁矿薄膜已经由多种合成方法制备在电极上，其中，化学气相沉积法、水热法、电沉积法使用最广泛。Warren[25] 等人使用化学气相沉积制备了纳米级 α-Fe_2O_3 薄膜，得到了创纪录的光电流密度。

（2）阴极材料　p 型光催化剂的选择比 n 型光催化剂更受限制。最重要的原因是 p 型半导体在与电解质接触时非常不稳定。因此，必须在不丧失其功能的情况下保证其稳定性。Cu_2O 作为被广泛研究的 p 型光催化剂之一，易于合成，带隙为 2.0eV，其最大预期光电流密度为 $14.7mA/cm^2$，太阳能-氢转换效率为 18%。对于导带（CB）和价带（VB），其能级分别位于 −0.7eV 和 1.3eV（相对于 SHE），其 CB 适合于水还原，但对于水氧化，需要适当的偏压[26]。Cu_2O 存在自光还原的可能，其方式与一些 n 型半导体的自光氧化是相同的。已经采用了几种方法来为 Cu_2O 提供保护。例如，通过原子层沉积（ALD）法沉积二氧化钛和 ZnO 的薄层，光电流增加了两倍，并且光阴极的寿命显著增长[26]。

另一类 p 型光催化剂，铜基硫族化物半导体，已被广泛用作光电阴极。Cu（In,Ga）Se_2（CIGS）和 Cu_2ZnSnS_4（CZTS），已经成功地用于光伏及水分解（WS）应用的光阴极。CIGS 光电阴极提供了在 1.0～1.7eV 之间调谐带隙的可能性，且具有 10^5cm^{-1} 量级的大吸收系数。CIGS 的 CB 的位置约为 −1.0V（相对于 SHE），但 VB 非常浅（远小于 +1.23V），因此需要施加较高偏压才能强偏置运行[27]。和所有 p 型材料一样，CIGS 需要涂覆保护性覆盖层并添加析氢催化剂，以应对电极和电解质之间的强过电势。CIGS 和其他黄铜矿半导体含有 In 和 Ga，稀有且昂贵。出于这个原因，研究转向了 Cu_2ZnSnS_4（CZTS）型铜硫属化物（锌黄锡矿光电阴极），其由含量更丰富的材料组成，也不含有毒的 Se。一般而言，对 CZTS 的研究遵循与 CIGS 相同的趋势。因此，通过沉积 n 型半导体覆盖层加上贵金属助催化剂，CZTS 光电阴极获得 PEC 性能的增加。Jiang[28] 等人还提出了 CZTS 光电阴极和 $BiVO_4$ 光电阳极在无外加偏压的电极配置中运行的组合。换句话说，可以通过将光电阴极与光电阳极组合来构建在没有外部偏压的情况下运行的 WS 装置。

光电催化因为可以在不同电极上产生氢气和氧气，免去后续气体分离问题，且可以在室温下进行反应，不需要大型太阳能聚光系统的辅助而受到广泛关注。然而目前所研究的众多光催化剂在光电催化分解水产氢和污染物降解方面的效率始终远低于理论值，除了各种材料自身的独特缺点外，所有的用于光电阴极和阳极的半导体都存在共同的问题——载流子在半导体体相和表面的高复合。在光催化剂和保护层之间插入缓冲层以构建异质结以及在表面负载助催化剂是缓解载流子在半导体体相和表面复合的有效方案。同时，元素掺杂和缺陷工程也是提升光电催化性能和稳定性的有效手段。

4.3 燃料电池材料

4.3.1 燃料电池发展概述

1800 年，意大利物理学家伏打（Alessandro Volta）根据金属间接触会产生电荷这一现象发明了世界上第一个化学电源——伏打电池（Volta pile），并且创建了电势差理论，即电流从电势高的地方向电势低的地方流动。三年后戴维指出制造燃料电池的可能。

1838 年，瑞士科学家尚班（Christian Friedrich Schönbein）发现了燃料电池工作的理论基础。当时出现了主要的“接触”理论和“化学”理论，尚班在写给英国学者法拉第（Faraday）的信中提到电流是溶解在水中的氢气和氧气化合引起的，而不是接触产生的，并将其解释为极化效应，即氢气与铂电极上的氧气或氯气化合后会产生电流。

19 世纪 30 年代，英国化学家格罗夫（William Robert Grove）设计了一系列电解水的实验：将封有铂黑电极的玻璃管浸在稀硫酸中，连接外部负载，随着电流的通过水可以被分解为氢气和氧气；移除外部电源后接入负载和电流计，释放出氢气和氧气的电极发生极化，两电极之间有一定的电势差。格罗夫设计的气体伏打电池验证了燃料电池是电解水的逆反应，这也被认为是第一个燃料电池的原型，如图 4-4 所示。但由于当时制作铂金材料的加工技术并不成熟，且装置能产生的电压很小（0.5～0.6V），燃料电池的发展与应用受到了极大的限制。

1889 年，蒙德（Ludwig Mond）和兰格（Carl Langer）将铂沉积在铂片表面以增大电极的比表面积，将硫酸填充至多孔陶瓷材料中作为固体电解质以平衡电极、电解质和气体三者的界面作用。在此基础上，他们发明了第一个可以实际应用的燃料电池并首次提出了“燃料电池”这个术语，该电池在 0.73V 电压下能输出 2～3A 的电流（电极表面积为 $700m^2$）。

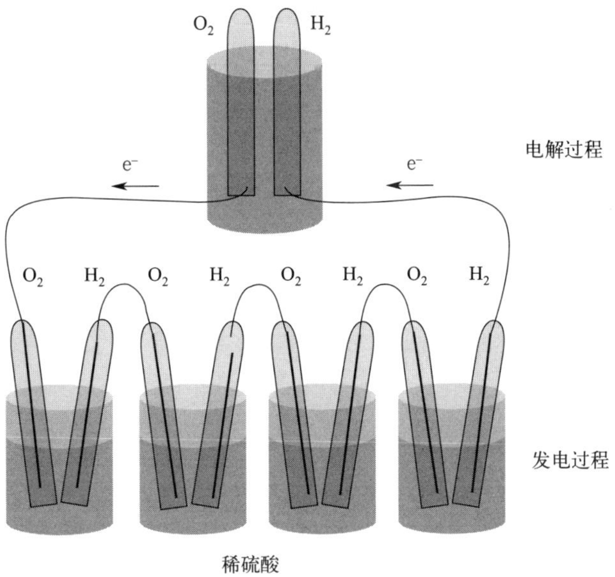

图 4-4　格罗夫设计的气体伏打电池

20 世纪初，诺贝尔化学奖获得者奥斯特瓦尔德（Wilhelm Ostwald）提出了燃料电池的工作原理，他提出内燃机能量转换效率受卡诺循环效率的限制，而燃料电池通过电化学反应直接产生电能，能量转换效率更高且无污染。

现代燃料电池技术的奠基者是英国剑桥大学教授培根（Francis Thomas Bacon）。1932 年培根系统地应用工程原理设计建造了多级燃料电池（Bacon cell），他用镍网取代了昂贵的铂电极、碱性的氢氧化钾电解质取代了强腐蚀性的硫酸溶液，并且在传统的气体扩散电极的基础上开发出了双层多孔电极，改善了气体运输的特性。20 世纪 50 年代，培根开发出多孔镍电极，并成功制造出一个输出功率达 5kW 的燃料电池电堆，寿命长达 1000h。这是第一个实用型碱性燃料电池，对燃料电池由实验到实际使用具有里程碑意义。

20 世纪 60 年代，培根的研究成果被美国飞机制造厂商惠普公司（Pratt

& Whitney）应用，成功研发出阿波罗（Apollo）登月飞船上作为主要电源的燃料电池系统。

1955 年，格拉布（Grubb）开发出了磺化聚苯乙烯离子交换膜作为燃料电池的电解质。与其同公司的工程师尼德拉克（Leonard Niedrach）成功将铂均匀分散在该离子交换膜表面。1960 年，美国通用电气公司开发出了极具商业前景的质子交换膜燃料电池 PEMFC，并成功应用在美国太空计划的双子星 5 号飞船（Gemini Ⅴ）上。至此，燃料电池的发展向前迈了一大步。

1972 年，美国杜邦公司开发出了燃料电池专用的全氟磺酸质子交换膜 Nafion，这对燃料电池应用于中小型独立电源的发展产生了巨大的影响，这种聚合物质子交换膜能显著提升小型燃料电池的性能和使用寿命。

1973 年，石油危机使得各国都加大了对燃料电池商业化的研究，以减少对化石能源的依赖。磷酸燃料电池发电系统因其运行稳定、使用寿命较长等优点率先得到应用，全世界范围内已建有多座 PC25（250kW）的磷酸燃料电池发电站。

20 世纪末，燃料电池被广泛应用于交通运输、便携式电子设备，还作为应急电源用于各种公共场所。

(1) 燃料电池的诸多优点

① 燃料电池在低温操作即可实现较高的发电效率。

② 燃料电池不受发电规模的限制。传统热发电无法避免发电过程中的热损失，因此必须要提高发电规模才能得到较高的发电效率。不同于传统热发电，燃料电池发电系统总体采用模块化结构，可以通过单电池堆叠串联构成电池模块（叠层电池），如图 4-5 所示。

③ 相比于传统化石燃料的火力发电，燃料电池发电时能量转换不受卡诺循环效率的限制，总的热效率能从 40%提升至 80%。与此同时，为了避免叠层电池温度上升，使用冷却水进行降温还可以获得温度、压力较高的优良质量的水蒸气，即能做到热电并给，大幅提高了能量的利用效率[29]。

④ 燃料电池作为汽车动力源或者备用电源使用时更有利，在低于额定输出功率时也能保持较高的发电效率，而且有较快的对负载变动响应速度。

(2) 燃料电池的结构组成　燃料电池主要由电极、电解质隔膜、双极板以及外壳几个部分组成。

① 电极（electrode）。燃料电池的阳极（负极）和阴极（正极）是发生电化学氧化反应和还原反应的场所，发挥着催化转换的作用。电极的性能受诸多因素影响，如电极材料种类、催化剂性能、电解质性能等。

② 电解质隔膜（electrolyte membrane）。燃料电池中电解质隔膜是电化

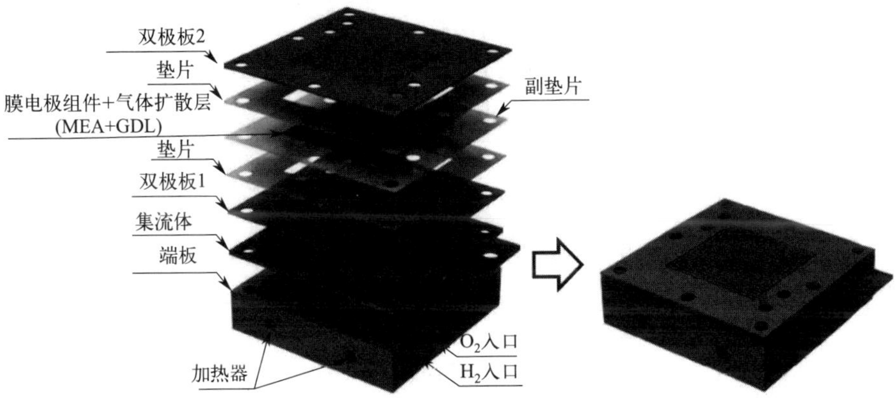

图 4-5　燃料电池的单电池结构[30]

学反应的场所，起着分隔阴极和阳极、实现离子传导的作用。电解质隔膜主要分为两类：一类是多孔隔膜，由熔融 Li-K 碳酸盐、氢氧化钾与磷酸等电解质附着在碳化硅膜（SiC）、石棉膜及铝酸锂膜（$LiAlO_2$）等材料上制成；另一类是常规隔膜，如质子交换膜燃料电池（PEMFC）中的全氟磺酸树脂膜、固体氧化物燃料电池（SOFC）中的钇稳定氧化锆（YSZ）。

③ 双极板（bipolar plate）。双极板主要用于收集电流，同时也是燃料供给的重要通道，引导氧化剂和还原剂在电池内部的流动、分隔开氧化剂和还原剂。

4.3.2　电极催化剂材料

4.3.2.1　燃料电池电极

燃料电池的电极分为阳极和阴极两个部分，位于电解质和燃料电池基板之间。电极通常是一种负载催化剂的薄层结构，为电化学反应提供重要场所。作为燃料气体和氧气发生氧化还原反应的重要场所，燃料电池的电极应具有大的比表面积来提供相当的电流密度，因此大多燃料电池电极采用具有多孔结构的材料。

燃料电池反应的催化作用发生在被电解质润湿的催化剂表面，因此电化学催化作用也是一种特殊类型的多相催化。为了保证电极能在气、固、液三相界面上高效稳定地工作，对电极有如下要求[31]：

① 具有良好的导电能力以提供更高的电子传导率，降低电阻。燃料气体扩散到电极表面发生氧化还原反应，产生的电子经外电路运输。因此燃料电池的电极需是良好的电子运输通道。

② 具有高活性的反应催化剂负载，提升电化学反应的速率，得到更高的交换电流密度，而且催化剂要有相当的稳定性。

③ 具有适当的孔隙率，合适的孔道分布能增大电极的比表面积，提供更多的反应物接触位点，从而提高电催化反应的效率。

④ 具有良好的化学稳定性及较高的机械强度，以保证燃料电池能长期稳定工作。

⑤ 应与燃料电池中电解质、催化剂材料等有良好的相容性，提高燃料电池各个组成部分的兼容性也能提升燃料电池的整体稳定性。

⑥ 制备工艺简单、价格低廉。

为了满足多种不同类型燃料电池的需求，如今已研发出了以下几种多孔气体扩散电极[32-33]。

(1) 聚四氟乙烯复合型电极　燃料气和氧气的传输、燃料气在催化剂活性位点上发生反应、离子和电子的转移等过程是燃料电池反应的几个重要环节，这要求电极要提供良好的气体扩散通道，电子、离子传输通道，产物水的排出通道。将具有强疏水性能的聚四氟乙烯（PTFE）与电催化剂复合得到聚四氟乙烯复合型电极，不仅有利于阴极和阳极的气体扩散过程，还能改善多孔结构被电解液浸润后的堵塞问题。聚四氟乙烯构成的疏水部分是反应气体的优良传输通道；而电催化剂应具有良好电子传导能力及亲水性，催化剂组分被电解质充分浸润后构成亲水部分，成为电子、离子和水的优良传输通道。

这种复合型电极与微孔膜或质子交换膜组合，广泛地应用在碱性燃料电池、质子交换膜燃料电池中。

(2) 双孔结构电极　双孔结构电极又叫培根电极，通常采用拉尼镍（Raney Nickel）合金制备，即由活泼的镍金属和一种不活泼的金属 Al 烧结而成，见图 4-6。这类电极由细孔层和粗孔层两种不同的孔道结构组成：细孔孔径小于 16μm，细孔层面向液体，用于电解液的填充，为离子的传输提供通道；粗孔孔径大于 30μm，粗孔层面向气室，通过控制通入气体的压力，可以改变反应气体和电解液浸润薄层之间的平衡状态。另外，粗孔层还负载了高活性反应催化剂，细孔层的电解液会一定程度地浸润粗孔层，从而形成气体、液体和催化层构成的三相界面并发生电化学反应。液体浸润层越薄，越有利于气体从电解液至催化活性层的扩散。电化学反应活性区域面积越大，就越有利于燃料电池的电催化反应。

这种双孔结构电极常见于碱性燃料电池（AFC）中。

(3) 亲水型电极　亲水型电极由具有催化剂微粒的薄层电极片和极薄的微孔隔膜层（石棉膜）组成，电极表面能被电解质完全浸润。隔膜的内部微孔比

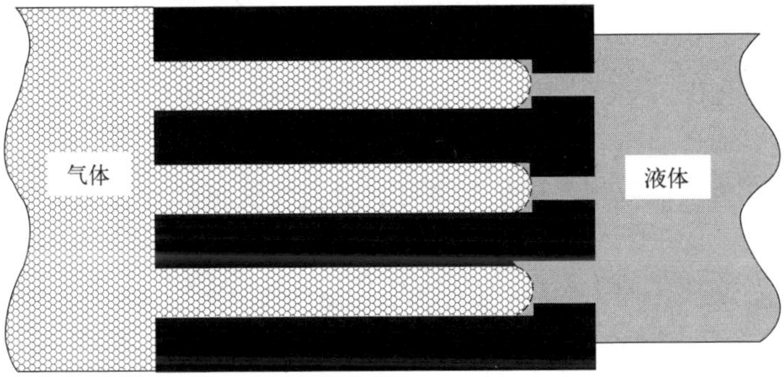

图 4-6　双孔结构电极示意图

电极催化层的孔径还要小，这使得电解液先被隔膜吸收，电极整体处于半干半湿的状态之间。这种结构有利于气体在水性电解液或全氟磺酸树脂膜中溶解扩散，不需要疏水剂来提供气体扩散通道。

这种薄层亲水型电极常见于质子交换膜燃料电池（PEMFC）中。

4.3.2.2　电催化剂

燃料电池的氧化还原反应发生在电极的催化剂薄层上，电催化能加速电极和电解质界面电荷的转移速率。电化学氧化、还原反应涉及的两电子反应或四电子反应，其反应的动力学过程都极大地影响了电极表面的化学反应速率。

电极过程动力学方程为：

$$i=i_0\{\exp(-\alpha nF\eta)-\exp[-(1-\alpha)nF\eta]\}$$

式中，i 为几何电流密度；i_0 是交换电流密度；α 为电荷传递系数；n 为传输电子数；F 是法拉第常量；η 是过电势。

i_0 越大，电子传输过程中需要克服的能垒就越小，电池动力学性能越好。通过改变极化过程，减小过电势 η，可以提高燃料电池的效能。

在燃料电池催化反应过程中，提高动力学性能的方法有：①升高反应温度，提高电化学反应速率；②提高反应区域反应物的浓度；③增加反应活性位点的数量；④降低电化学反应的活化能垒。

燃料电池催化剂必须满足以下几点要求：

(a) 优异的导电性能。催化剂应具有优异的电子电导率。

(b) 对反应有高催化活性。

(c) 在电池的工作电压区间内，氧化剂（O_2）和燃料气（H_2）存在的前提下，能耐电解液（酸、碱、熔融盐）的腐蚀。

(d) 催化剂表面与反应物有合适的吸附键合强度。吸附键合强度太弱，难以活化反应物分子；吸附键合强度太强，会导致反应的产物无法及时脱附，阻碍反应的进一步进行。

(e) 电催化剂与电极、电解质、隔膜等材料具有很好的化学相容性，在任何高湿、高温的环境下不应与其发生化学反应。

目前，燃料电池采用的催化剂主要有贵金属催化剂、非贵金属催化剂和非金属催化剂[33-34]。

(1) 贵金属催化剂　铂族（Pt、Ru、Pd）和第一副族（Ag、Au）等贵金属，具有良好的导电性、催化活性和耐腐蚀性，在燃料电池催化剂中有着很广泛的应用。尤其是贵金属 Pt，在酸性和碱性电解质以及较宽的电势范围内都能稳定地进行催化作用。其在整个燃料电池的发展过程中起到了关键作用。

贵金属在地球上的储量稀缺、价格昂贵，这极大地限制了燃料电池的发展和应用。为了提高 Pt 的利用率，减少负载量，各种高分散的 Pt 基催化剂被研发出来。在这些催化剂中，Pt 以纳米级的颗粒高度分散在各种导电、耐腐蚀的载体上（如各种碳载体）。越来越多的研究者开始致力于通过调控 Pt 基催化剂的表面结构和组分，在保证高效催化反应前提下降低 Pt 的负载量。

目前贵金属催化剂的研究主要有以下几个方面。

① 纯贵金属催化剂。不管是阳极的氢氧化反应（HOR）还是阴极的氧还原反应（ORR），目前最好的催化剂仍是 Pt 或者是 Pt 基催化剂。20 世纪 60 年代开发的质子交换膜燃料电池（PEMFC）和直接甲醇燃料电池中，采用的 Pt 催化剂直接负载在电极上，负载量高达 4～10mg/cm^2。由美国通用电气公司研制的以聚苯乙烯磺酸膜为电解质隔膜的质子交换膜燃料电池作为主电源成功应用在航空航天的宇宙飞船上，这种燃料电池也是以纯铂黑作为催化剂。各种研究表明，HOR 反应在 Pt 催化剂表面有非常快的反应动力学，即使降低 Pt 的负载量，燃料电池性能也不会降低。氧在阴极的还原反应的反应速率远低于阳极的氧化反应，阴极的反应催化剂需要更多的贵金属负载，Pt 的负载量高达 0.5mg/cm^2。贵金属 Pt 的大量使用使得燃料电池的成本大幅提高，为了降低成本，美国能源部曾设定了一个具体的目标，即将 PEMFC 的铂总负载量降低到 0.125mg/cm^2。因此很多研究致力于在不影响电池的效能的前提下，最大限度地降低催化剂中 Pt 的负载量，以降低燃料电池的成本。

② 贵金属合金催化剂。对于大多数燃料电池，纯 Pt 催化剂有良好的催化性能。在燃料是氢气或者醇类的燃料电池中，不可避免地会产生 CO。由于 CO 在 Pt 族贵金属表面有较强的吸附作用，会直接吸附在 Pt 的表面，且难以被氧化或从催化剂表面脱除，进而导致 Pt 族贵金属催化剂发生中毒现象。这使得催化剂的活性位点急剧减少，严重影响了电极催化反应[34-36]。

贵金属与其他金属（如 Ag、Fe、Co、Ni、Cr、V、Ta 等金属）复合制得 Pt 基合金催化剂。这类催化剂都具有较好的抗 CO 中毒能力，在甲醇燃料电池中，相对于纯 Pt 体系，Pt-Ru 体系催化剂对甲醇氧化反应有更高的催化活性。有研究认为 Pt-Ru 合金中 Ru 的加入可以产生一些含氧中间体来氧化吸附在催化剂表面的 CO，即有机物种主要吸附在 Pt 位点上，有机物种的氧化需要 OH_{ads}（吸附在催化剂表面的羟基自由基，ads 表示该物种处于吸附状态）物种，而引入的 Ru 位点有利于 OH_{ads} 物种的吸附；也有研究认为 Pt 和 Ru 形成合金会产生金属的协同效应，即 Ru 的掺入使 Pt 的电子结构发生改变，降低 Pt 的 d 带中心。普遍接受的观点是双官能机制：贵金属合金催化剂能削弱 CO 类中间体在 Pt 表面的吸附能，并且改变 CO 中间体的吸附位点，从而增强催化剂的抗中毒能力、提高催化活性。同时，合金类催化剂也极大地减小了对贵金属 Pt 的依赖。

$$M-(CO)_{ads}+Ru-(OH)_{ads}\longrightarrow CO_2+H^++e^-$$

目前，已经研发出多种二元或三元合金催化剂[37]，如二元的 Pt-Ru、Pt-Ag、Pt-Pd、Pt-Ni、Pt-W 催化剂，三元的 Pt-Ru-Zr、Pt-Ru-Cr、Pt-Ru-W 催化剂等。Stamenkovic 等[38-39] 研究了一系列 Pt 基合金催化剂 Pt_3M（M=Ni，Co，Fe，Ti，V），证明在带电的金属-溶液界面，d 波段中心位置可以用来衡量金属-吸附物相互作用的强度，并揭示了表面电子结构（d 波段中心）与 ORR 反应活性之间的基本关系（呈“火山型”），见图 4-7。Pt_3Ni 和 Pt_3Co 比其他 PtM（M 为非贵金属）或 Pt 催化剂具有更好的 ORR 活性[40]。

但是，这类 Pt 合金催化剂中 Ru 会发生部分溶解，催化剂表面留下一层纯 Pt，溶解的 Ru 离子进入电解质或者电解质薄膜中，会严重影响燃料电池的长期稳定性。如当甲醇供应中断或者电势正方向偏移时，就会发生 Ru 的溶解现象。当 Pt-M 以一定比例制成结构有序的合金催化剂时，会增大催化剂的稳定性、对抗酸碱腐蚀性以及抗 CO 毒性[41]。因为从无序到有序的转变过程中产生强烈的轨道相互作用，这通常伴随着焓的降低，从而增强合金催化剂的热稳定性。

③ 核壳结构催化剂。Pt 基核壳结构催化剂是将单层 Pt 修饰在 Re、Pd、Ru 等金属纳米粒子或者过渡金属氧化物表面，Pt 作为超薄壳层可以极大地提高 Pt 的利用率。这类催化剂的活性往往与 Pt 层的沉积厚度、亚表层的结构组成有着较大关联。

Pt 颗粒的尺寸变化会引起 Pt 颗粒比活性和电化学表面积发生变化，以提高质量比活性为目的，将 Pt 颗粒进一步减小至 3nm 以下并不会得到更好的催化活性。Markovic 等[42] 研究表明 Pt 纳米颗粒粒径从 7.2nm 逐渐减小到

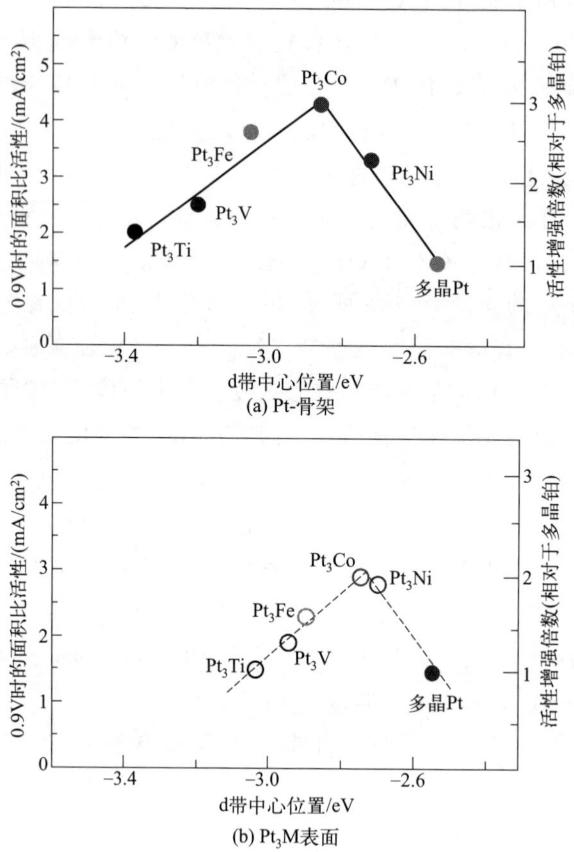

图 4-7 Pt_3M 类合金 ORR 反应活性图[38]

4.1nm 时 ORR 活性有所增强，但在进一步减小到 2.8nm 时性能有所下降。研究表明，不断地缩小 Pt 纳米催化剂尺寸，微小的纳米颗粒会产生过量的低配位 Pt 原子，这些原子可以强烈吸附含氧物质，使 Pt 被氧化溶解，长此以往严重影响催化活性和稳定性。

大量研究表明，Pt-M 合金催化剂会有非贵金属阳离子溶解现象，这些非贵金属阳离子会占据离聚体中质子位置，引发阳离子中毒效应，其溶解至电解液或者电解质膜中，严重阻碍质子传输并损害燃料电池的性能。在减轻 Pt-M 合金催化剂金属离子浸出和阳离子中毒方面已经有大量的研究。比如，有研究者利用金属-氧化物的强相互作用，设计具有优良催化活性和稳定性的氧化物负载 Pt 型催化剂。如将分散的 Pt 纳米颗粒分散在氧化钨（WO_3）上，这种 Pt/WO_3 催化剂的核壳结构能很好地活化 Pt 纳米颗粒从而得到更好的催化性能。Matin 等[43] 人引入了 3d 金属核心和 5d-Pt 外壳的灵活结构制备了系列尺寸的 Mn@Pt 核壳结构的纳米粒子催化剂，其具有优良的阴极氧还原反应催化性能，活性比相应的纯 Pt 纳米粒子高 14～16 倍。Yang 等[44] 通过引入稀土键合的亚表面氧原子（Gd-O）很好地抑制了 Pt 的溶解，这是由于表面 O 原子与亚层原子之间的排斥力削弱了 Pt-OH_{ads} 键的相互作用，从而延缓吸附氧物种与表面 Pt 原子发生位置交换。

（2）非贵金属催化剂　大量研究发现，许多过渡金属催化剂对燃料电池的阴极、阳极反应都有较好的催化活性，甚至可以媲美贵金属 Pt 基催化剂。这意味着更廉价、地球丰度更大的过渡金属有望完全取代贵金属，助力燃料电池的大范围应用。很早之前，人们就已经发现碳化钨 WC 是 HOR 反应良好的催化剂；在早期开发的燃料电池中，也已经用到了拉尼镍作为催化剂，各种高分散的镍基催化剂都具有良好的催化性能。目前已经研发出多种类型的非贵金属电催化剂，如过渡金属氮掺杂碳电催化剂、钨基和镍基电催化剂。

① 过渡金属氮掺杂碳电催化剂。早在 1964 年，Jasinski 等[45] 发现过渡金属（Fe、Co、Ni、Mn）的大环络合物和 N_4 化合物（酞菁、四氮环烯化合物），在酸性溶液中对 ORR 有很好的催化性能，并且催化活性与金属和配体相关。如图 4-8 所示。

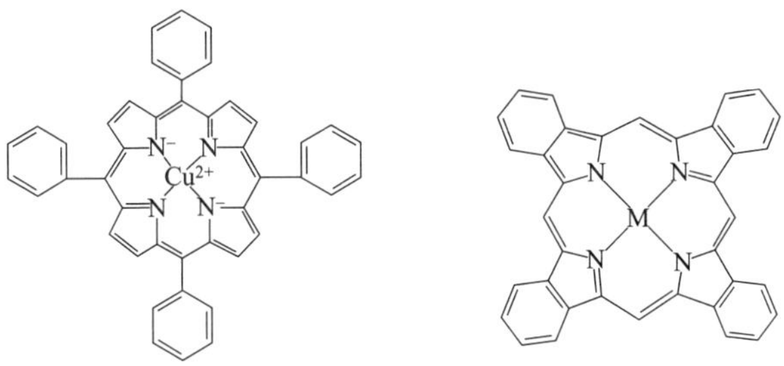

(a) 卟啉金属化合物　　(b) 酞菁金属化合物

图 4-8　大环络合物的分子式

金属酞菁化合物是一类具有 M-N_4 结构的环状化合物，其对称结构以及环内 18π 电子共轭体系使得这类环状化合物具有优良的电子转移能力。其苯环上的氢原子易被磺酸基、羧基、硝基等基团取代。酞菁类过渡金属化合物，中心金属对阴极氧还原能力的排序如下：Fe＞Co＞Ni＞Mn。但是，此类过渡金属环状化合物只在碱性燃料电池中有优良性能，在其他类型燃料电池体系，如酸性环境的燃料电池中稳定性较差。

大量研究致力于采用各种优化策略，改善 M/N/C 的结构来提高催化剂的整体性能，如采用硬模板、软模板法制备系列金属和氮碳共掺杂催化剂。也有很多研究者利用金属有机骨架化合物 MOF 有较大的比表面积、高孔隙率和可调节的孔隙结构等优点，将 MOF 作为前驱体进行退火处理，能得到多种结构、性能优良的 M/N/C 结构催化剂。Guan 等人[46] 采用聚苯乙烯（PS）微球作为模板，在其表面生长均匀的沸石咪唑酯骨架结构材料（ZIF)-67 颗粒层。热解后 PS 分解为气体，得到带有大通道孔径的空心结构催化剂，单孔 Co/N 掺杂多孔碳中空颗粒在碱性溶液中发生以四电子转移为主的氧化还原反应，其半波电位为 0.87V，ORR 催化性能优于商业 Pt/C（0.83V）催化剂。

② 钨基电催化剂。很早以前，人们就发现碳化钨 WC 催化剂具有类似 Pt 的特性，是很好的阳极 HOR 催化剂，即使在含有 CO 的燃料电池体系中，WC 催化剂也有优于 Pt 催化剂的 CO 中毒抗性，能保持优良催化活性。Guo 等[47] 制备了超小型 WC 包裹石墨层催化剂 WC/C，高缺陷的石墨层与高密度亚纳米孔道结合，有效抑制了催化剂的团簇现象，在提高催化性能的同时，提高催化剂的稳定性。

③ 镍基电催化剂。镍基电催化剂具有良好的导电性且价格低廉，被广泛应用于碱性燃料电池和熔融碳酸盐燃料电池。熔融碳酸盐燃料电池中，阳极多采用铬（Cr）粉与镍（Ni）粉制成的多孔的合金催化剂，Cr 先被氧化成 Cr_2O_3 和 $LiCrO_2$，弥散后增强镍阳极性能，可以有效改善阳极蠕变的情况。在阴极中，多采用锂化的氧化镍（NiO）作催化剂。单纯的 NiO 是导电性能较差的具有大量缺陷的 p 型半导体，熔融碳酸锂中 Li^+ 进入阴极 NiO 的晶格中，这种锂化作用很好地增强了 NiO 的导电性、电化学性能和稳定性。这种镍基催化剂的缺点是在酸性电解质中不稳定，不适用于酸性燃料电池体系。

(3) 非金属催化剂　非金属催化剂具有成本低廉、环保等特点，通常采用具有高比表面积的碳材料如石墨烯、碳纳米管[48-51]。

石墨烯材料具有优良的导电和导热性能、较大的比表面积。研究表明，杂原子（N、S、P）的掺入可以改变石墨烯结构中的电荷分布和电子性质，还可以在其表面产生新的活性中心，从而增强其电催化活性，其催化性能甚至优于传统的 Pt 催化剂。其他电负性较大的原子（S、P）掺入使得催化活性有所提高，这可能是因为与 S 原子相邻的 C 原子会有较高的自旋密度。催化活性与氮的含量以及氮的不同构型有关（吡啶氮、吡咯氮、石墨氮、氧化氮），其中吡啶氮是主要的催化活性位点。当 N 掺杂浓度较低时，容易形成不均匀的石墨氮，破坏平面共轭大 π 键结构，降低石墨烯材料的导电性。

碳纳米管是一种具有纳米级径向尺寸，微米级横向尺寸的一维材料，具有优异的机械强度、导电性、大的比表面积。碳纳米管的管端和内部缺陷具有一定的 ORR 催化活性，对 CNT 进行表面改性可以显著提高其催化性能，主要方法有表面基团功能化，表面掺杂 O、N 等原子。

4.3.3 膜材料

电解质隔膜是一种能分隔阴极和阳极，起到离子传输作用的膜材料，主要有无孔的质子交换膜和微孔结构的隔膜两种类型[52-54]。优良的隔膜材料可以实现质子的快速传导并能有效地减小燃料电池的内阻，提高电池的功率密度。燃料电池的隔膜材料应该有以下特征：①良好的离子电导率、低的电子电导率以减小欧姆极化；②能耐受各种电解质（酸、碱、熔融盐）的腐蚀；③有良好的力学性能，以保持燃料电池长期稳定工作；④隔膜的组分对电解质有良好的浸润性。

4.3.3.1 质子交换膜（PEM）

质子交换膜是一种离子交换膜，在燃料电池中的主要作用是实现质子（H^+）的快速传导。燃料电池发生电化学反应的时候，氢气在阳极上电离成氢离子和电子，电子通过外部电路向阴极转移，H^+ 则要在电解质中通过质子交换膜转移到阴极。质子交换膜不仅是离子传输的通道，还起着阻隔阳极和阴极的作用，防止燃料气和氧化物（O_2）在两个电极中互串。

质子交换膜是质子交换膜燃料电池和甲醇燃料电池的关键部件，它直接决定了燃料电池的性能和寿命。为了满足燃料电池的需要，质子交换膜应该具有以下性质：①良好的质子电导率；②水分子、气体在膜内都具有较低的渗透系数；③良好的干湿转换性能；④化学性质稳定，不与其他组分反应；⑤膜表面与电极等材料的黏弹性质相容，以减少接触电阻；⑥具有良好的机械强度。

质子交换膜分为全氟磺酸和非全氟磺酸质子交换膜。

（1）全氟磺酸（PFSA）质子交换膜　全氟磺酸质子交换膜具有较高的机械强度、化学稳定性和导电性。最具代表性的有美国杜邦公司研制的 Nafion 系列膜和陶氏化学 Dow 公司生产的 XUS-B204 膜，主要成分都是磺化聚四氟乙烯，见图 4-9。此后，又相继出现了日本旭硝子公司的 Aciplex 膜、日本旭化成公司的 Flemin 膜等。

1966 年，美国杜邦公司推出的 Nafion 离子交换膜由全氟磺酰氟烯醚单体和四氟乙烯共聚合成，其中疏水部分由连续的聚四氟乙烯骨架构成，亲水部分则由含有亲水性磺酸基团的全氟磺酸侧链组成。Nafion 膜被适当润湿的时候，磺酸基团会发生解离，每个—SO_3^- 侧链周围大概聚集 20 个水分子，构成含水区域。当含水区域相互连通时，组成了质子传输通道，解离出的 H^+ 就可以沿着聚合物长链快速移动。通常，这类质子交换膜被充分润湿后，可以提供

0.1S/cm 以上的质子电导率，比先前的离子交换膜电导率高 3～4 倍。

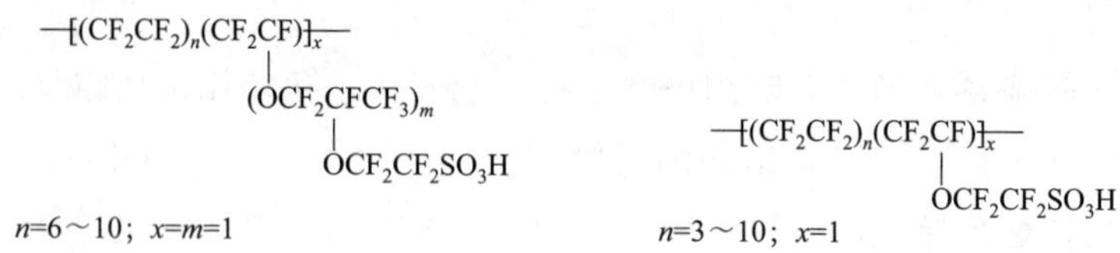

(a) 杜邦公司Nafion系列质子交换膜　　(b) 陶氏化学Dow公司质子交换膜

图 4-9　典型的质子交换膜的化学结构式

目前，全氟磺酸质子交换膜在燃料电池的研究上已取得重大进步，但制造工艺复杂、成本高昂等因素也限制了其进一步的发展。这种类型的膜材料也有许多缺点，如 Nafion 型电解质膜对重金属污染非常敏感，0.05%浓度的铬离子就能使膜的电导率降低 1/8；Nafion 膜在高温环境下易失水，使用 Nafion 型电解质膜的燃料电池通常需在 80～90℃条件下工作，而且需通过持续增湿来确保膜内充足的水含量，通常用水蒸气饱和反应气进料；Nafion 型质子交换膜应用在甲醇燃料电池中时，存在甲醇渗透现象，即阳极区的甲醇电解液会穿透质子交换膜到达阴极区，极大地影响了燃料电池的性能。

基于全氟型磺酸质子交换膜以上诸多缺点，各种研究聚焦于对其进行改性处理，以及开发出新型质子交换膜。到目前为止，如何设计出结构稳定、性能优良的质子交换膜仍亟待解决。

(2) 非全氟磺酸质子交换膜　非全氟磺酸质子交换膜的聚合物分子链段中含有部分的 C—F 键和部分 C—H 键，其又可分为部分含氟质子交换膜和无氟质子交换膜。

部分含氟质子交换膜中磺酸基团含量较低，但具有较高工作效率；如 Ballard 公司推出的由磺化聚三氟苯乙烯与三氟苯乙烯共聚构成的 BAM 膜、以聚苯乙烯磺酸钠（PSSA）接枝聚偏氟乙烯（PVDF）主链制得的聚偏氟乙烯基磺酸膜，见图 4-10。

无氟质子交换膜实际上是碳氢类聚合物膜，具有较高的结构稳定性，但化学稳定性较差。主要有磺化芳香族聚合物，如磺化的聚苯并咪唑（PBI）、聚醚醚酮（PEEK）、聚酰亚胺（PA）、聚砜（PSF）、聚苯醚（PPO）等。聚苯并咪唑（图 4-11）的咪唑环中有两个氮原子，N 原子可以和 H 原子形成分子间氢键，在氢键形成、断裂过程中，氮原子可以给出质子、接受质子，从而实现质子的转移过程。但这种膜的质子解离度有限，质子电导率并不高。之后有研究将无机酸引入此类质子交换膜中，无机酸充当质子的给体和受体，从而提高质子电导率。

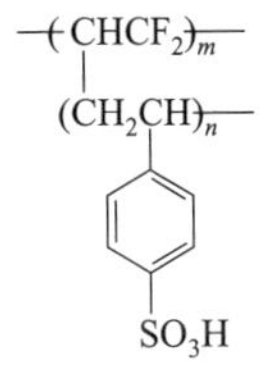

图 4-10　聚偏氟乙烯基磺酸分子结构

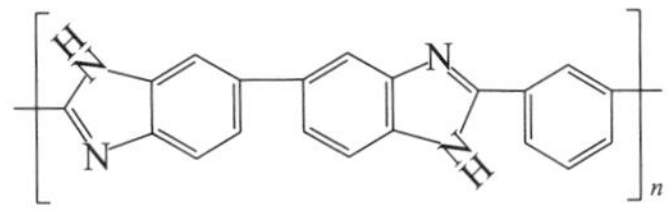

图 4-11　聚苯并咪唑的化学结构式

4.3.3.2　阴离子交换膜（AEM）

阴离子交换膜常见于碱性燃料电池（AFC）中，电解质通常为强碱性的 KOH、NaOH 水溶液，通过导电离子 OH^- 的传递实现电荷运输。石棉膜型碱性燃料电池中，将饱浸碱液的石棉膜用作电解质隔膜，可以实现以下功能：①阻隔气体，将阳极的燃料气和阴极的氧气分隔开来；②允许电解质通过，为 OH^- 的传递提供通道。但是，石棉有对人体有害、浓碱中会缓慢腐蚀的严重缺陷。石棉的主要成分是氧化镁和氧化硅的水合物（$3MgO \cdot 2SiO_2 \cdot 2H_2O$），长期浸泡在碱性电解质中，酸性组分 SiO_2 会转变成微溶的 K_2SiO_3，影响膜的通透性，导致隔膜解体，严重影响燃料电池的运行。为了避免这种情况，一般会使用浓碱溶液对石棉进行预处理，生成的硅酸盐会抑制燃料电池运行时石棉与电解质溶液的反应。另外，即使有少量 CO_2 进入电解液，也会和碱性电解液反应生成碳酸盐堵塞石棉电解质隔膜的微孔，电解质溶液浓度降低。这都会导致燃料电池性能的衰减。

为改进碱性隔膜电池的寿命，现已经开发出了钛酸钾微孔隔膜，并成功应用于美国宇航用碱性燃料电池中。

4.3.3.3　固体氧化物电解质隔膜

将富有微孔结构的材料浸渍电解液用作电解质隔膜材料，常见于磷酸燃料电池（PAFC）、熔融碳酸盐燃料电池（MCFC）以及固体氧化物燃料电池（SOFC）中。

（1）磷酸燃料电池（PAFC）　电解质隔膜由聚四氟乙烯（PTFE）与碳化硅（SiC）共同构成，利用毛细作用使电解液充分浸入隔膜材料内。这种类型的电解质隔膜不能太薄，否则不利于阴极、阳极的气体扩散过程；隔膜太厚，也会导致离子电导率的下降。最佳厚度为 0.1～0.2mm。此外，高浓度的磷酸有较高的凝固点（质量分数 100％的磷酸凝固点约为 43℃），为了避免磷酸电解质固化，磷酸燃料电池的工作温度通常在 200℃，即使系统不工作也需维持体系温度在45℃以上，这也十分考验电解质隔膜材料的性能。一般来说磷酸燃料电池的电解质隔膜应该具有以下特征：①优良的离子电导率；②较强的毛细作用，使得磷酸电解液能充分润湿隔膜；③优良的化学稳定性；④良好的导热性能和机械强度；⑤合适的孔径大小，能避免阴极和阳极的气体互串现象。

(2) 熔融碳酸盐燃料电池（MCFC） 电解质为碱金属（Li、Na、K）碳酸盐。在650～700℃的工作温度下，电解质呈熔融状态，通过毛细作用保持在电解质隔膜中，导电离子是CO_3^{2-}。因此，电解质隔膜材料必须具有较高的机械强度、较高的离子电导率、优良的阻气性能并能耐高温熔融盐腐蚀。起初，MgO被用于隔膜材料的制备中，但氧化镁会在高温熔融碳酸盐中发生溶解现象，这极大降低了隔膜的机械强度。相比之下，铝酸锂$LiAlO_2$在熔融碳酸盐中具有更高的耐腐蚀性能和化学稳定性，已被广泛应用于MCFC电解质隔膜材料中。铝酸锂有α、β、γ三种晶型，分别属于六方、单斜和四方晶系。其中α-$LiAlO_2$和γ-$LiAlO_2$都可被用作电解质隔膜材料。通常，其粉体用氧化铝和碳酸锂通过高温烧结制成。制备的粉体材料再借鉴陶瓷的制备工艺（如热压法、辊轧法和流延法），制成柔韧、光滑、均匀的薄膜。电解质粉体颗粒要按一定的粗细比例配料制膜才能保证电解质薄膜良好的阻气性能[55]。

毛细作用使电解质保持在隔膜内部，根据Yang-Laplace公式，

$$P=2\sigma\cos\theta/r$$

式中，P是毛细管承受的气压；r是毛细管半径；σ是电解质的表面张力系数，$\sigma[(Li_{0.62}K_{0.38})_2CO_3]=0.198N/m$；$\theta$是电解质与隔膜的接触角，完全润湿时$\theta=0°$。

阴阳极之间的压力差约为0.1MPa，隔膜的孔半径$r\leqslant3.96\mu m$。电解质隔膜材料应该具有较小的孔径和较大的孔隙率，一般孔隙率在60%～70%；厚度为0.5～1mm。

熔融碳酸盐燃料电池的多孔电极间的电解液-气体相界面是通过毛细作用进行平衡的，这要求阴极多孔电极的孔隙半径最大，阳极多孔电极的孔隙半径次之，电解质隔膜的孔隙半径最小（如图4-12所示）。可以得到如下方程[56]：

$$\gamma_a\cos\theta_a/D_a=\gamma_e\cos\theta_e/D_e=\gamma_c\cos\theta_c/D_c$$

式中，a代表阳极；e代表电解质隔膜；c代表阴极；γ为表面张力；θ是接触角；D是直径。

(3) 固体氧化物燃料电池（SOFC） 电解质材料的主要作用是隔离燃料气体和氧化剂，在阴极和阳极之间传递氧离子。为此要求固体氧化物电解质材料在氧化性气氛和还原性气氛中均具有足够的稳定性；电解质必须是足够致密的隔离层以阻止还原气体和氧化气体的相互渗透；在较高的操作温度下必须有

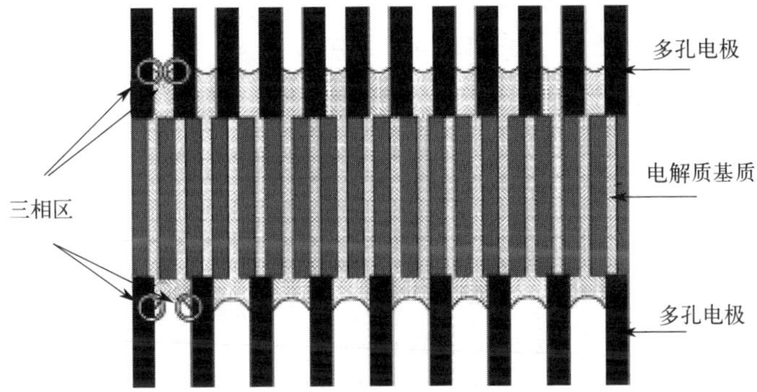

图 4-12 熔融碳酸盐在燃料电池电极和电解质隔膜中的分布[55]

足够高的离子电导率和极低的电子电导率；具有较好的机械强度[51]。

SOFC 中电解质主要有：①萤石结构型电解质，如钇掺杂氧化锆（YSZ）、掺杂氧化铈（CGO）、锶掺杂镓酸镧（LSGM）；②钙钛矿型电解质（ABO_3），A 一般是稀土或碱土元素，B 一般是过渡金属元素；③磷灰石类氧化物电解质，$Ln_{10}(MO_4)_6O_3$。最常见的固体氧化物电解质是 6%～10% 的三氧化二钇 Y_2O_3 掺杂的氧化锆 ZrO_2（YSZ），当 Y_2O_3 与 ZrO_2 混合后，晶格中一部分 Zr^{4+} 被 Y^{3+} 取代，相应地会产生氧空位，氧离子通过这些氧空位进行跃迁，从而实现电荷的传导。市面上已存在多种活性、组分以及细度各不相同的 YSZ 粉体材料。

将上述粉体制备成致密的电解质薄膜，用于传导氧离子和分隔阴、阳极气体，目前已有带铸法、刮膜法、喷涂法、电化学气相沉积等多种制膜技术。

4.3.4 多孔扩散层

燃料气体和氧化性气体在燃料电池阳极和阴极上的扩散过程是电池工作中的重要步骤，对燃料电池的工作效率有很大的影响。

燃料电池中常见的气体扩散电极主要由多孔疏水的气体扩散层（GDL）和催化活性层这两个部分构成。气体扩散层不仅对催化活性层起到支撑作用，而且为整个燃料电池提供了气体通道和电子流道，也为体系中反应生成的水提供良好的排出通道。

气体扩散层（GDL）由支撑层和微孔层两部分构成[57]。常见的支撑层有多孔碳纸、碳布等。碳纸主要是由聚丙烯腈碳纤维丝 PAN 和有机树脂在惰性气体中烧结而成的硬纸质多孔材料。微孔层通常由导电炭和疏水材料构成，常见的导电炭有炭黑、XC-72 和乙炔黑，疏水材料通常是聚四氟乙烯，混合这两种材料并涂于导电基底（常用薄的石墨化的碳布）即可制得微孔层。添加疏水材料是为了排出反应产生的水，避免电极发生水淹现象，也能为气体提供良好的扩散通道。（如图 4-13 所示，燃料电池氧气扩散至阴极，产生的水通过扩散层排出。）

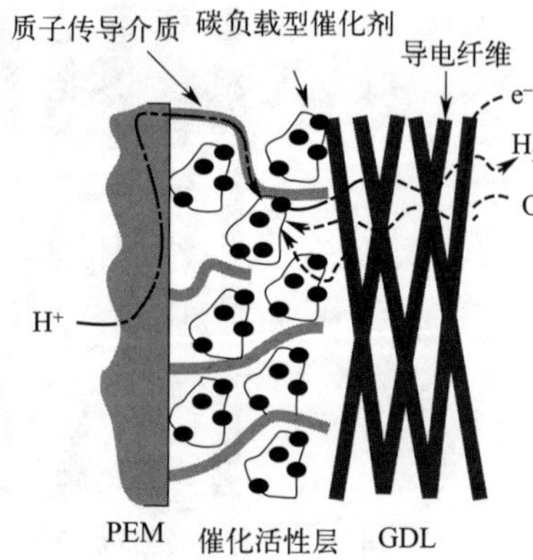

图 4-13　燃料电池阴极反应及水排出过程[58]

气体扩散层应具备良好的透气性和优良的导电、导热性能。扩散层越薄就越有利于离子、气体的扩散并且能减小电阻，但也要考虑到对催化活性层的支撑与强度的要求，一般厚度在 100～300μm。

4.3.5　双极板材料

双极板是燃料电池电堆的重要组成部分，在燃料电池中起到支撑、集流、分隔氧化剂和还原剂的重要作用。双极板的体积约占整个电池的 50%以上，质量在电堆中也有高达 80%的占比，其成本在整个电堆中也有相当的比例。因此双极板的选择很大程度上决定了燃料电池的效率和使用寿命。

双极板的主要功能及要求如下：

① 双极板材料必须有一定的机械强度以支撑电池反应长期稳定进行。双极板是单体电池及整个燃料电池电堆的骨架，可实现各个电池单元的物理分隔。

② 双极板材料要有良好的气密性（低透气性）和良好的导热性能。双极板必须保证燃料气、氧化剂和冷却液体相互隔离，并保证电池工作时温度分布均匀。

③ 双极板应当有良好的导电性、较低的接触表面电阻。双极板也称集流板，能收集电极表面产生的电子，并给电堆中各单体电池之间提供电接触。

④ 双极板应具有良好的抗腐蚀性，能够在各种酸性、碱性电解质等环境中维持电化学性能的稳定性。

⑤ 双极板两侧应加入使反应气体均匀分布的流场，确保反应气体在电极各处分布均匀。流场由各种沟槽（引导反应气）和脊（集流，与电极相连）组合而成。

目前得到广泛应用的双极板主要分为四大类：石墨双极板、金属双极板、涂层金属双极板和复合双极板。

石墨双极板多是由炭粉或石墨粉与可石墨化树脂混合制得，具有导电性优良、抗腐蚀性好并且重量轻的特点，主要分为无孔石墨板、膨胀结构石墨板和柔性石墨板；但石墨双极板机械加工难度大、制备成本高，且材料较脆，有较低的弯曲强度，抗冲击和振动能力较差，容易产生缺陷而漏气，不利于大规模应用。

相比之下，金属双极板具有导电和导热性能优良、机械强度高、阻气性好、流道易冲压成形、加工工艺简单的优点。目前，各种铝板、镍板、钛板、不锈钢板材料已经在燃料电池上广泛应用，以丰田、本田等为代表的车企，已成功将金属双极板应用于燃料电池汽车。然而，金属双极板存在重要的缺陷：在高温、高湿、富氧环境的燃料电池工作环境中耐酸碱腐蚀性差。金属被腐蚀不仅会降低力学性能，产生的重金属离子还会扩散至电解质从而降低离子电导率，甚至沉积到催化剂表面严重抑制其催化活性。此外沉积的惰性氧化物薄膜会增大表面接触电阻，影响电池性能。

为了解决这个问题，涂层金属双极板应运而生。涂层金属双极板主要有两大类，一类是在金属双极板表面沉积一层更稳定的金属层，如贵金属（铌、钽）、金属氮化物、金属碳化物以及铟锡氧化物；另一类是碳基涂层材料，如石墨、类金刚石碳膜、聚合物材料。选择涂层金属双极板时，要考虑涂层耐腐蚀性和导电性、涂层材料与金属基底的膨胀系数匹配度、涂层表面孔隙结构等因素。

复合双极板则兼备了石墨双极板、金属双极板的多种优点，如制备工艺简单、重量轻、抗腐蚀性强。极板复合材料主要包含碳/碳复合材料、金属/碳复合材料、石墨复合材料。但其导电性和机械强度有所欠缺。

思考题

1. 简述氢能政策对产业发展的影响。

2. 简述氢能经济与可持续发展目标的关系。

3. 简述氢能基础设施建设与商业化进程。

4. 如何通过新型催化剂材料提升电解水制氢的效率，并降低成本？

5. 在可持续制氢过程中，哪些材料能够替代贵金属催化剂，达到高效且经济的氢气生产？

6. 如何通过纳米材料的创新突破现有氢气存储技术的瓶颈，实现高密度、安全且低成本的氢气储存？

7. 如何优化光电解水催化剂的电子结构，以提高其在光催化过程中的效率和稳定性？

8. 在光电解水制氢中，如何设计新型催化剂材料，克服现有催化剂对稀有金属的依赖，实现成本降低和材料的可持续性？

9. 不同光电解水催化剂材料的光吸收性能和电催化活性如何相互作用，从而影响光电解水的整体效能？

10. 燃料电池的效率能到100%吗？为什么？

11. 燃料电池有哪几个组成部分？分别起什么作用？

12. 燃料电池催化剂有哪些类型？

参考文献

[1] 雷航伟．气体扩散层非均匀变形对质子交换膜燃料电池传输过程和性能影响的数值．杭州：浙江科技大学，2024.

[2] Xu Y，Tu W，Zhang B，et al. Nickel Nanoparticles Encapsulated in Few-Layer Nitrogen-Doped Graphene Derived from Metal-Organic Frameworks as Efficient Bifunctional Electrocatalysts for Overall Water Splitting. Advanced Materials，2017，29：1605957.

[3] Zhang H，Liu Y，Chen T，et al. Unveiling the Activity Origin of Electrocatalytic Oxygen Evolution over Isolated Ni Atoms Supported on a N-Doped Carbon Matrix. Advanced Materials，2019，31：1904548.

[4] Huan T N，Rousse G，Zanna S，et al. A Dendritic Nanostructured Copper Oxide Electrocatalyst for the Oxygen Evolution Reaction. Angewandte Chemie International Edition，2017，56：4792.

[5] Lu X F，Gu L F，Wang J W，et al. Bimetal-Organic Framework Derived $CoFe_2O_4$/C Porous Hybrid Nanorod Arrays as High-Performance Electrocatalysts for Oxygen Evolution Reaction. Advanced Materials，2016，29：1604437.

[6] Wang H，Wang J，Pi Y，et al. Double Perovskite $LaFe_xNi_{1-x}O_3$ Nanorods Enable Efficient Oxygen Evolution Electrocatalysis. Angewandte Chemie International Edition，2019，58：2316.

[7] Liu R，Wang Y，Liu D，et al. Water-Plasma-Enabled Exfoliation of Ultrathin Layered Double Hydroxide Nanosheets with Multivacancies for Water Oxidation. Advanced Materials，2017，29：1701546.

[8] Wu S. A comprehensive review on catalysts for electrocatalytic and photoelectrocatalytic degradation of antibiotics. Chemical engineering journal，2021，409（1）：127739-1-127739-18.

[9] Hemmerling J R，Mathur A，Linic S. Design Principles for Efficient and Stable Water Splitting Photoelectrocatalysts. Accounts of Chemical Research，2021，54（8）：1992-2002.

[10] Zhong S X，Xi Y M，Chen Q，et al. Bridge engineering in photocatalysis and photoelectrocatalysis. Nanoscale，2020，12（10）：5764-5791.

[11] Mcmichael S，Fernandez-Ibanez P，Byrne J A. A Review of Photoelectrocatalytic Reactors for Water and Wastewater Treatment. Water，2021，13（9）：36.

[12] Dai Y，Yu J，Cheng C，et al. Engineering the interfaces in water-splitting photoelectrodes - an overview of the technique development. Journal of Materials Chemistry A，2020，8（15）：

6984-7002.

[13] Zhang L, Li Y, Li X, et al. Solution-processed $CuSbS_2$ thin film: A promising earth-abundant photocathode for efficient visible-light-driven hydrogen evolution. Nano Energy, 2016 (28): 135-142.

[14] Yao Y, Gao X, Meng X. Recent advances on electrocatalytic and photocatalytic seawater splitting for hydrogen evolution. International Journal of Hydrogen Energy, 2021, 46 (13): 9087-9100.

[15] Mohamed Abouelela M, Kawamura G, Matsuda A. Metal chalcogenide-based photoelectrodes for photoelectrochemical water splitting. Journal of Energy Chemistry, 2022, 73: 189-213.

[16] Nouri E, Mohammadi M R, Lianos P. Impact of preparation method of TiO_2-RGO nanocomposite photoanodes on the performance of dye-sensitized solar cells. Electrochimica Acta, 2016, 219: 38-48.

[17] Mor G K, Shankar K, Paulose M, et al. Enhanced photocleavage of water using titania nanotube arrays. Nano Letters, 2005, 5 (1): 191-195.

[18] Stoll T, Zafeiropoulos G, Tsampas M N. Solar fuel production in a novel polymeric electrolyte membrane photoelectrochemical (PEM-PEC) cell with a web of titania nanotube arrays as photoanode and gaseous reactants. International Journal of Hydrogen Energy, 2016, 41 (40): 17807-17817.

[19] Sfaelou S, Pop L C, Monfort O, et al. Mesoporous WO_3 photoanodes for hydrogen production by water splitting and PhotoFuelCell operation. International Journal of Hydrogen Energy, 2016, 41 (14): 5902-5907.

[20] Gan J, Lu X, Tong Y. Towards highly efficient photoanodes: boosting sunlight-driven semiconductor nanomaterials for water oxidation. Nanoscale, 2014, 6 (13): 7142-7164.

[21] Moniz S, Shevlin S A, Martin D J, et al. Visible-light driven heterojunction photocatalysts for water splitting - a critical review. Energy & Environmental Science, 2015, 8 (3): 731-759.

[22] Antony R P, Bassi P S, Abdi F F, et al. Electrospun Mo-$BiVO_4$ for Efficient Photoelectrochemical Water Oxidation: Direct Evidence of Improved Hole Diffusion Length and Charge separation. Electrochimica Acta, 2016 (211): 173-182.

[23] Li Z, Luo W, Zhang M, et al. Photoelectrochemical cells for solar hydrogen production: current state of promising photoelectrodes, methods to improve their properties, and outlook. Energy & Environmental Science, 2013, 6: 347-370.

[24] Rahman G, Joo O S. Electrodeposited nanostructured α-Fe_2O_3 thin films for solar water splitting: Influence of Pt doping on photoelectrochemical performance. Materials Chemistry & Physics, 2013, 140 (1): 316-322.

[25] Warren S C, Voietchovsky K, Dotan H, et al. Identifying champion nanostructures for solar water-splitting. Nature Materials, 2013, 129: 824-849.

[26] Paracchino A, Laporte V, Sivula K, et al. Highly Active Oxide Photocathode for Photoelectrochemical Water Reduction. Nature Materials, 2011, 10 (6): 456-461.

[27] Mali M G, Yoon H, Joshi B, et al. Enhanced Photoelectrochemical Solar Water Splitting Using a Platinum-Decorated CIGS/CdS/ZnO Photocathode. Acs Applied Materials & Interfaces, 2015, 7 (38): 21619-21625.

[28] Jiang F, Gunawan, Harada T, et al. Pt/In_2S_3/CdS/Cu_2ZnSnS_4 Thin Film as an Efficient and Stable Photocathode for Water Reduction under Sunlight Radiation. Journal of the American Chemical Society, 2015, 137 (42): 13691-13697.

[29] 郭公毅．燃料电池．北京：能源出版社，1984.

[30] Lee D, Lim W J, Lee G D. Cathode/anode integrated composite bipolar plate for high-temperature PEMFC. Composite Structures, 2017, 167: 144-151.

[31] 衣宝廉．燃料电池——原理·技术·应用．北京：化学工业出版社，2003.

[32] 陈军，陶占良，苟兴龙．化学电源——原理、技术与应用．北京：化学工业出版社，2006.

[33] 牛志强．燃料电池科学与技术．北京：科学出版社，2021.

[34] 章俊良，蒋峰景．燃料电池——原理·关键材料和技术．上海：上海交通大学出版社，2014.

[35] Bagotsky S V. Fuel Cells: Problems and Solutions. London: John Wiley & Sons, 2008.

[36] Cai B, Chen X, Wang L, et al. Advanced Progress for Promoting Anodic Hydrogen Oxidation Activity and Anti-CO Poisoning in Fuel Cells. ACS Catalysis, 2024, 14 (18): 13602-13629.

[37] Li W, Wang D, Zhang Y, et al. Defect engineering for fuel-cell electrocatalysts. Advanced Materials, 2020, 32 (19): 1907879.

[38] Stamenkovic V R, Mun B S, Arenz M, et al. Trends in electrocatalysis on extended and nanoscale Pt-bimetallic alloy surfaces. Nature materials, 2007, 6 (3): 241-247.

[39] Stamenkovic V, Mun B S, Mayrhofer K J J, et al. Changing the activity of electrocatalysts for oxygen reduction by tuning the surface electronic structure. Angewandte Chemie, 2006, 45 (18): 2897-2901.

[40] Nanba Y, Koyama M. Shape stability and electronic structure of Pt_3M (M=Co or Ni) alloy nanoparticles. Computational Materials Science, 2022, 203: 111132.

[41] Liu X, Liang J, Li Q. Design principle and synthetic approach of intermetallic Pt-M alloy oxygen reduction catalysts for fuel cells. Chinese Journal of Catalysis, 2023, 45: 17-26.

[42] Li D, Wang C, Strmcnik D S, et al. Functional links between Pt single crystal morphology and nanoparticles with different size and shape: the oxygen reduction reaction case. Energy & Environmental Science, 2014, 7 (12): 4061-4069.

[43] Matin M A, Lee J, Kim G W, et al. Morphing Mncore@ Ptshell nanoparticles: Effects of core structure on the ORR performance of Pt shell. Applied Catalysis B: Environmental, 2020, 267: 118727.

[44] Yang L, Bai J, Zhang N, et al. Rare earth evoked subsurface oxygen species in platinum alloy catalysts enable durable fuel cells. Angewandte Chemie, 2024, 136 (7): e202315119.

[45] Jasinski R. A new fuel cell cathode catalyst. Nature, 1964, 201 (4925): 1212-1213.

[46] Guan B Y, Yu L, Lou X W. Formation of single-holed cobalt/N-doped carbon hollow particles with enhanced electrocatalytic activity toward oxygen reduction reaction in alkaline media. Advanced Science, 2017, 4 (10): 1700247.

[47] Guo J, Mao Z, Yan X, et al. Ultrasmall tungsten carbide catalysts stabilized in graphitic layers for high-performance oxygen reduction reaction. Nano Energy, 2016, 28: 261-268.

[48] Higgins D, Zamani P, Yu A, et al. The application of graphene and its composites in oxygen reduction electrocatalysis: a perspective and review of recent progress. Energy & Environmental Sci-

ence，2016，9（2）：357-390.

［49］ Huang H，Shi H，Das P，et al. The chemistry and promising applications of graphene and porous graphene materials. Advanced Functional Materials，2020，30（41）：1909035.

［50］ Ding W，Wei Z，Chen S，et al. Space-confinement-induced synthesis of pyridinic-and pyrrolic-nitrogen-doped graphene for the catalysis of oxygen reduction. Angewandte Chemie，2013，125（45）：11755-11759.

［51］ Khan K，Tareen A K，Aslam M，et al. Recent advances in two-dimensional materials and their nanocomposites in sustainable energy conversion applications. Nanoscale，2019，11（45）：21622-21678.

［52］ 黄倬．质子交换膜燃料电池的研究开发与应用．北京：冶金工业出版社，2000.

［53］ 李献国．燃料电池原理．韩恺，王克亮，孙柏刚，等译．北京：北京理工大学出版社，2022.

［54］ 隋智通，隋升，罗冬梅．燃料电池及其应用．北京：冶金工业出版社，2004.

［55］ 王绍荣，叶晓峰．固体氧化物燃料电池技术．武汉：武汉大学出版社，2015.

［56］ Tomczyk P. MCFC versus other fuel cells-Characteristics，technologies and prospects. Journal of Power Sources，2006，160（2）：858-862.

［57］ Wu J，Yuan X Z，Martin J J，et al. A review of PEM fuel cell durability：Degradation mechanisms and mitigation strategies. Journal of Power Sources，2008，184（1）：104-119.

［58］ Litster S，McLean G. PEM fuel cell electrodes. Journal of power sources，2004，130（1-2）：61-76.

第 5 章

太阳能和太阳能利用材料

5.1 太阳能概述

太阳内部氢原子发生氢氦聚变释放出巨大的核能，以太阳辐射的形式发出能量，称之为太阳能，只有 70%的能量能够以直射光和漫射光的形式到达地面，其余 30%的能量被反射回太空[1]。太阳能是地球最有希望的可再生能源，年丰度为 3400000 EJ，大约是不可再生能源的 10 倍[2]。地球每年从太阳辐射中获得约 3×10^{24}J 的能量，而这些能量中的 0.1%便足以满足全世界每年的能源需求[3]。太阳能具有可再生、资源丰富以及利用过程不排放直接污染物等特点，因此具有广阔的应用前景，即使太阳辐射度较低的地区也可以通过光伏技术和储能系统有效地利用太阳能资源[4]。但自然太阳辐射是分散的、间歇的、不断波动的，因此如何更高效地利用太阳能仍然是一个巨大的挑战[5]。太阳能可以通过光热、光伏和光催化等方式加以利用，通过建设太阳能基础设施，全球可实现能源组合多样化，减少对不可再生能源（化石燃料等）的使用，同时也可减少温室气体的排放，为全球的绿色清洁做出巨大贡献。

5.1.1 太阳能的发展现状与趋势

随着经济社会的发展和能源消耗量的持续增加，传统的化石燃料已经逐渐接近枯竭，且化石能源的使用产生了大量的有害气体，对人类生活的环境造成了严重的污染和不可逆的破坏。为了人类自身居住环境的考虑，同时也满足当今“碳达峰”和“碳中和”的战略目标，寻找到一种可再生的且绿色环保的能源形式是国家向前发展的重中之重。太阳能作为当今最丰富的可再生能源之一，被普遍认为是未来能源发展的主要方向之一。

将太阳能转变成电能和热能是当今较为热门的应用领域。对电能的转换主要是依靠光伏技术。在二十世纪七八十年代，光伏技术主要被应用到航天领域和偏远地区的电力供应方面。此时光伏组件的成本较高，限制了光伏技术的大规模应用。随着科技的快速发展，光伏组件的成本在不断下降，应用的领域也越来越广泛，市场的占有量也越来越大，极大地促进了社会的发展。据国际能源机构的预测，到 2030 年，全球的光伏发电量将达到 8000 亿 kWh，占全球电力需求的 16%。同时，根据我国的“十四五”规划，到 2025 年，我国的太阳能发电总装机容量将达到 400 GW，到 2035 年，总装机容量将达到 1200 GW，届时我国的光伏发电量将占全国总发电量的 20%[6]。

随着全球能源需求的增加，太阳能光伏技术已经成为新能源领域的重点发展方向。而未来光伏技术的发展重点主要包括四个方面。第一，提高光电转换效率。光伏电池的核心是光电转换效率，效率的高低直接影响着光伏技术的发展和应用。当前，太阳能光伏电池的光电转换效率已经达到了 20%以上，但这仍然不能满足人们对高效能源的需求。因此，提高光电转换效率是未来光伏技术的一个重要发展方向。第二，降低成本。目前，光伏技术的成本仍然很高，主要是由于生产和制造成本较高，材料成本较高。未来的发展方向是降低太阳能光伏技术的成本，以便更广泛地应用于社会各个领域。第三，提高稳定性和可靠性。光伏技术的稳定性和可靠性是其应用的关键。由于太阳能光伏组件的工作环境复杂和多变，需要具有耐高温、耐寒冷、抗风雨等特性。提高光伏器件的稳定性和可靠性，降低故障率是未来光伏技术发展的重要方向。第四，发展光伏能源存储技术。由于光伏发电的间歇性，需要储能来解决能源供应问题。因此，发展光伏储能技术以满足能源供应的需求将是未来光伏技术发展的一个重要方向。

将太阳能转换成热能是又一个较为热门的应用领域。相较于光伏发电的间歇性和不连续性，光热发电可以有效地弥补这一缺点。其通过与热储能相结合的方式能够满足夜间发电的需求，同时实现连续、持续性发电，输出稳定、高品质电能，被认为是目前最具潜力的太阳能开发利用技术。相比于风力、光伏发电，光热发电集发电与储热于一体，具有运行灵活、可实现连续发电，可快速深度参与电网调峰调频，以及与火电相媲美的调控特性。这种独特优势使其特别适合与风电、光伏发电互补运行，是极具发展前景的可再生能源发电技术，受到世界各国的重视，得到了积极研究和推广应用。

国外光热发电技术研究与应用较早，光热发电站主要分布在美国、西班牙、墨西哥、南非、印度、摩洛哥等国家和地区。美国于1981～1991年建成槽式光热发电站9座，装机容量354 MW，其中与以色列合作成立的LUZ公司于1985年建成了全球第一座商业化运营的槽式光热发电站；2013年建成全球最大的280 MW槽式光热发电站，单机容量140 MW，以熔盐为传储热介质；2011～2016年建成塔式光热发电站3座，总装机容量612 MW；光热总装机容量占世界第一。我国太阳能光热发电产业发展起步较晚，但发展相对较快。“十一五”期间，科技部确立中国科学院电工所“太阳能热发电技术及系统示范”项目，2012年在北京八达岭建设1 MW的太阳能光热实验电站并成功发电运行，成为我国首座兆瓦级塔式太阳能光热实验电站，也是亚洲最大的光热发电试验基地。随后，兰州大成研发的200 kW槽式＋线性菲涅耳太阳能聚光发电试验系统在兰州新区光热产业基地顺利并网发电，有效功率超过150kW，标志着我国光热发电产业的开始。目前，我国已有10座10 MW级规模以上的太阳能光热发电站，总装机容量560MW，位居全球第四。

5.1.2 太阳能的利用方式

目前，太阳能资源的充分利用是世界各国解决能源短缺问题的首要课题。太阳能的能量转换形式主要包括光电转换、光热转换和光化学转换。

光电转换主要是利用光生伏特效应将太阳能直接转化为电能。当太阳能光伏电池接收到太阳光，再经由一系列的反应之后，在光生电子的作用下形成离散现象，电子因此能够产生运动，从而形成电压。太阳能光伏发电技术不同于传统的化石能源发电技术，不需要消耗煤炭等化石燃料，因此不会产生二氧化碳等气体，大大降低了温室气体的排放。同时也有效地减少了能源的浪费，促进了绿色经济的可持续发展。因此，太阳能光伏发电技术目前已经成为最成熟和广泛应用的太阳能利用方式之一。

而对于光热转化，目前则有两种应用方式。一种是通过聚光集热设备（槽式、塔式、线性菲涅耳式和碟式）将太阳能转化成热能，而后将所得到的热能应用于供暖、热水和发电等领域，对于这种太阳能利用方式的研究已经趋于完善，并且已经大规模地应用到生产生活中。另一种则是通过光热转化材料将太阳能转化成热能，主要应用在海水淡化领域。这是一种新兴的太阳能的利用形式，相较于传统的热法海水淡化技术（多级闪蒸和多效蒸馏）来说，以太阳能驱动的热法海水淡化技术更符合“双碳”目标的要求。根据光热材料的位置差异，太阳能热法海水淡化技术分为底部蒸发、水体蒸发和界面蒸发方式。以底部蒸发和水体蒸发方式进行光热转换时，热量会不可避免地传递到水体中，难以形成局域高温，导致蒸发速率和效率低。界面蒸发将蒸发过程集中在空气-液面处，减少了传递到水体中的热量。太阳能界面蒸发器通常由光热层和基底层组成。光热层的作用是将太阳能转化为热能，为海水蒸发提供热量。基底层的作用包括：①将海水运输到光热层，为光热层提供充足水源；②阻隔海水域和光热层间的传热，使热量集中在光热层，减少热量的损失。基底层内设有水通道，海水在基底层的毛细力作用下被抽吸到蒸发器表面，形成薄薄的表水层，此时太阳光被光热层吸收并转换为热能，加热表水层的海水产生蒸汽。这种太阳能驱动的海水淡化技术具有绿色清洁的技术优势，在当下化石能源储量紧张的时代背景下，为人类社会的可持续发展注入了活力。

光化学转换是一种利用太阳光直接驱动化学反应，将太阳能转化为化学能并储存起来的前沿技术。其核心原理是特定材料（通常是半导体光催化剂）吸收太阳光子后，产生具有高能量的激发态电子（导带电子）和带正电的空穴（价带空穴）。这些光生电荷载流子若能有效分离并迁移到材料表面，就能参与并驱动氧化还原反应，将低能量的反应物（如水、二氧化碳）转化为高能量的燃料或化学品（如氢气、甲烷、甲醇等）。这种过程模仿了自然界的光合作用，因此也被称为“人工光合作用”。相较于直接将光能转化为电能的太阳能光伏技术，光化学转换的关键优势在于其产物（化学燃料）易于储存和运输，能有效解决太阳能间歇性的问题，为构建可持续的清洁能源体系提供了极具潜力的途径。目前，该领域的研究重点在于开发高效、稳定且低成本的光催化材料，深入理解反应机理，以及优化反应体系设计以提高太阳能到化学能的转化效率。

5.2　太阳能光热转化材料

太阳能作为一种清洁、可再生的能源，已经在全球范围内得到了广泛的关注和应用。太阳能光热转化技术通过将太阳能直接转化为热能，不仅为家庭和工业提供了高效的供热解决方案，还在海水淡化等领域展现了巨大的潜力。本节将详细探讨太阳能光热转化的原理及其应用，重点介绍光热转化材料的特性和最新进展。

5.2.1　光热转化原理及材料特性

在过去的几十年里，能够利用太阳能的光热材料引起了人们的极大兴趣。对于一种理想的光热材料，在 300～2500nm 范围内对太阳辐射全光谱的宽带光吸收以及高的光热转换效率是非常必要的。不同类型的纳米结构光热材料已经被广泛探索，如等离子体金属纳米粒子、碳材料、半导体，甚至一些有机聚合物。在太阳光照射下，这些材料吸收来自太阳光的光子以发生光激发，其中移动电荷被光致电场驱动，最终将太阳能转换为热能。由于不同类型材料对电磁辐射、太阳光的响应不同，光热转换机制明显不同，这与其固有的电子或带隙结构有关。一般而言，光热转换机制可分为以下几类：①局域表面等离子体共振（LSPR）效应；②电子空穴的产生和弛豫；③共轭或超共轭效应[7]。

5.2.2 金属基等离子光热转化材料

金属基等离子材料的光热转换基于一种局部表面等离子共振（LSPR）效应[图 5-1(a)]，如果光子频率与金属纳米粒子表面电子的固有频率一致，则定义为金属-电介质界面电荷的共振光子诱导的相干振荡。表面等离子体在两条竞争路径上衰变，一种是通过重新发射的光子导致光散射的辐射衰变过程，另一种是非辐射衰变过程。在此过程中，由占据态到空有态的激发形成的热电子被转化为热能。LSPR 效应诱导光热电子的产生，有利于光的吸收，特别是在近红外区域。吸收的太阳能转化为热量，通过晶格散射的振动耗散到周围的介质中，从而提高了周围的温度。通过在纳米尺度上精心调整尺寸、取向、形状和结构，可以进一步微调等离子体材料的吸收，使其覆盖更宽的波长范围。金（Au）和银（Ag）纳米粒子是光热应用领域最常见的等离子体金属。除此之外研究者们还发展了 Cu、Al 和 Pd 纳米粒子。

因优异的可见近红外等离子体共振和化学稳定性，Au 纳米粒子被首先引入太阳能蒸发领域。Halas 课题组首次研究了在光照下 Au 纳米颗粒表面水的变化，并证明了 Au 纳米球在太阳光照下能够快速加热水体。这一开创性实验为基于 Au 纳米粒子太阳能光热蒸发器件的研发奠定了基础。另外值得注意的是，LSPR 效应与粒子的结构、形状、尺寸和耦合距离密切相关。Kyuyoung Bae 等制备了大面积 Au 纳米线束阵列基[图 5-1(b)]柔性薄膜，该薄膜具有不同金属纳米级间隙（0～200nm）的多尺度结构以及微尺度漏斗结构[8]。其在 400～2500nm 表现出 91%的超宽带光吸收，微型漏斗结构在 2.5～17mm 处产生 7%的反射。该器件允许在几微米厚的层内进行热定位，并通过微孔连续提供水，在 20kW/m^2 的太阳能光照下，太阳能光热转换效率高达 57%。Zhu 等[9] 将铝纳米颗粒自组装成三维多孔膜，具有超过 96%的有效太阳光吸收率。这种基于铝的等离子激元结构的太阳能蒸发器具有宽频光吸收和多孔性质，实现 90%高效的光热转换效率和有效的太阳能海水淡化。同时，该课题组通过一步沉积工艺将金纳米颗粒自组装到 Al_2O_3 纳米多孔模板上制备了一种等离子激元的太阳能吸收器，该吸收器在 10～400mm 的波长范围内的吸光率高达 99%[图 5-1(c)]。由于其有效的光吸收和多孔结构，此太阳能吸收器不仅可以有效吸收太阳光，还可以实现局部加热和持续的水运输。在 4 kW/m^2 太阳光照强度下，基于等离子体激元的太阳能吸收器的光热转换效率超过 90%。

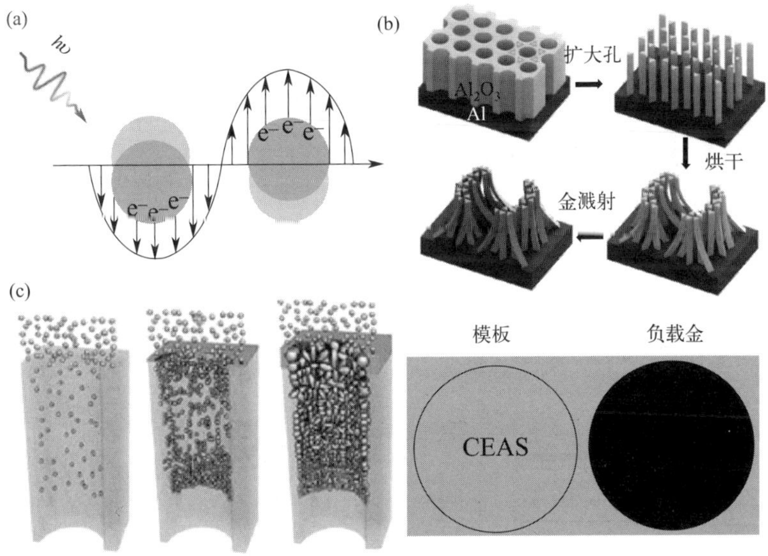

图 5-1　(a) 金属基等离子材料光热转换机理；
(b) 金纳米线束阵列；(c) 金负载纳米多孔膜[9]

除了被广泛研究的 Au 纳米材料，其他的贵金属材料也在太阳能光热蒸发领域展现出优异性能。由于金属纳米颗粒 Pd 的等离子体效应和木材基质中微通道的波导效应，等离子体木材在 200～2500nm 的宽波长范围内表现出高的光吸收能力（99%）。然而，这些等离子体金属材料只对少数特征波长表现出高的光吸收率，导致低光热转换效率。虽然通过调整金属的形貌、尺寸和纳米结构可以很好地调节吸收波长区域，但整个制造过程操作复杂，成本较高。

5.2.3　碳基光热转化材料

碳材料具有很高的稳定性，成本低，并且对环境无害，因此在太阳能光热转换中具有巨大的潜力。各种碳纳米材料（包括碳纳米管、炭黑、石墨烯及其复合材料）和碳化的生物质材料等被广泛应用于太阳能水蒸发系统。在共轭体系中，相邻 π 电子的重叠或 π 键与 p 轨道电子的相互作用会重新分布电子密度，从而产生共轭效应。σ 键的电子与相邻的空的或部分填充的 p 轨道之间的相互作用也导致了共轭效应，即所谓的超共轭效应。共轭效应和超共轭效应都有助于增强材料在近红外区的光吸收能力，同时提升电子的迁移速率。电子吸收光并从最高占据分子轨道（HOMO）跃迁到低未占分子轨道（LUMO），之后激发的电子通过电子-声子耦合弛豫[图 5-2(a)]，因此能量从激发的电子转移到整个原子晶格的振动模式，导致宏观材料的温度升高。这两种效应导致了许多具有共轭结构的碳纳米材料的光热转化，如碳纳米管和石墨烯。

如图 5-2（b）所示为 Heng 等制备的一种互连型多孔纤维素水凝胶，采用 CNT 作为光热材料浸渍，大大降低了水的蒸发焓，实现了 3.06kg/(m^2 · h) 的高蒸发率。制备的碳纳米管蒸发器对海水和污水具有良好的净化性能，在光照射下具有良好的抗生物污垢性能[10]。

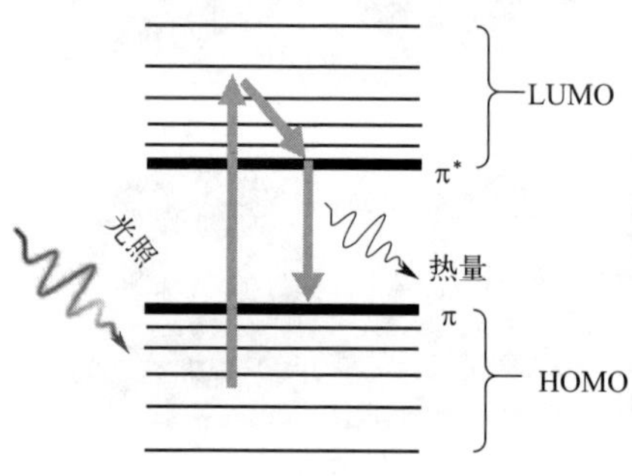

图 5-2　(a) 碳基材料光热转换机理；(b) 碳纳米管蒸发器示意图[10]

5.2.4　半导体光热转化材料

当入射光的能量大于半导体的带隙时，会产生电子-空穴对，当激发的电子返回低能级时，能量通过光子形式的辐射弛豫或声子形式的非辐射弛豫转移。这种机制多适用于窄禁带半导体，光热转换机理如图 5-3（a）所示。当能量通过声子释放时，它可以引起晶格的局部加热，从而形成局部高温。金属氧化物和硫化物由于其吸收光谱的可调性而显示出广阔的前景，如黑色 TiO_2、MoS_2 和缺氧 MoO_3 量子点等。其中典型的二氧化钛（TiO_2）带隙为 3.2 eV，只对紫外区域（<400nm）有响应，对可见光和近红外区域几乎没有吸收。为了延长其吸收波长，新加坡南洋理工大学陈晓东教授课题组制备了黑色 Ti_2O_3 纳米粒子并将其作为太阳能吸收剂[图 5-3(b)]。由于 Ti_2O_3 的带隙减小至 0.1 eV，其吸收波长大大拓宽，能够覆盖整个太阳光谱。东北大学 Zuo 等人通过第一性原理计算和实验研究发现，亚氧化钛 Ti_nO_{2n-1} 中存在的 Ti-Ti 二聚体

结构导致 Ti-3d 电子在实空间的局域化，并在费米能级附近引入平带电子态，从而增强电子跃迁的联合态密度[11]。如图 5-3(c)～(h) 所示，金属性 λ-Ti_3O_5 在费米能级附近较宽的能量范围存在源于 Ti-3d 轨道的多重平带电子态，使其在全太阳光谱范围内呈现出 96.4%的吸光率。

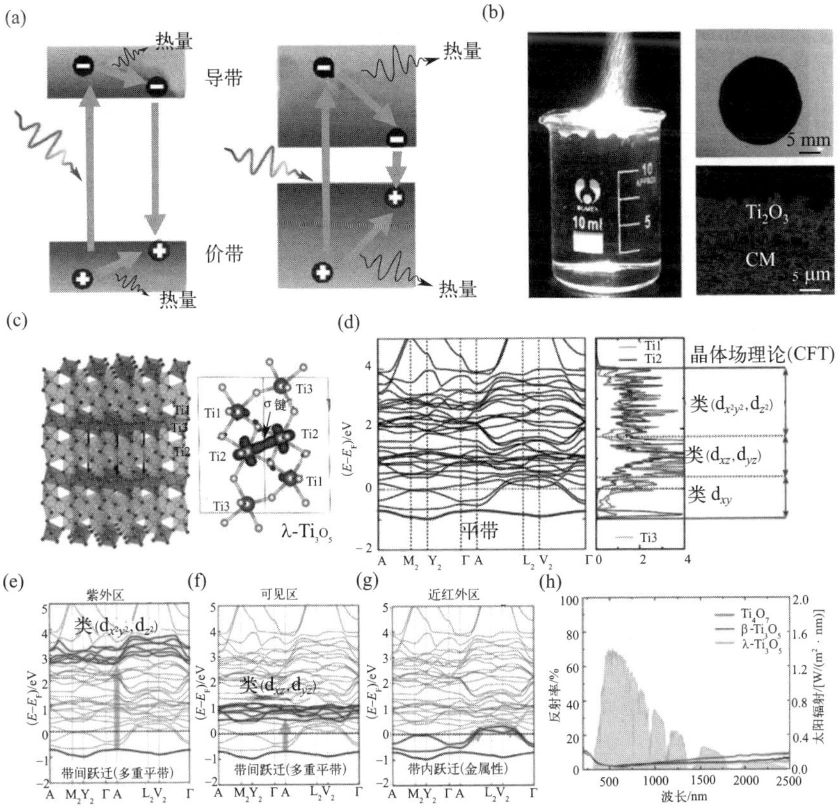

图 5-3　(a) 半导体材料光热转换机理；(b) 双层膜形貌和蒸发结构照片；(c) λ-Ti_3O_5 晶体结构及 Ti-Ti 二聚体；(d) λ-Ti_3O_5 能带结构与电子态密度；(e)～(g) λ-Ti_3O_5 分别在紫外、可见、近红外波长光照下电子跃迁示意图；(h) Ti_4O_7、β-Ti_3O_5 和 λ-Ti_3O_5 实测反射光谱[11]

5.2.5　聚合物光热转化材料

一些共轭聚合物如聚吡咯（PPy）、聚多巴胺（PDA）或聚苯胺（PANI）也具有光热特性。与金属和碳相比，聚合物还具有生物相容性和长期低细胞毒性。例如，Swee Ching Tan 课题组报道了一种基于聚苯胺（PANI）/纤维素双层膜的光热蒸发系统，其通过不断地使单向盐水流过太阳能吸收器，可以在产生大量蒸汽的过程中完全防止盐的生成，同时实现发电。在 $1kW/m^2$ 太阳光照强度下，实现了超高的光热转换效率（92%）。此外，基于三聚氰胺泡沫（MF），Liu 等人制造了可缩放、低成本且耐用的双层聚合物泡沫，用于高效的太阳能水蒸发（图 5-4）。利用双层结构，将不同的功能分配给不同的层，其中聚吡咯（PPy）涂层用于光吸收和水蒸发，底部 MF 层用于水输送和隔热[12]。在 1 个太阳光照强度下，双层泡沫的水蒸发速率高达 $1.574kg/(m^2 \cdot h)$，光热转换效率为 90.4%。并且双层泡沫表现出优良的耐久性、优异的防污性能和良好的可重复使用性。

图 5-4 聚吡咯/三聚氰胺蒸发器示意图[12]

5.2.6 光热海水淡化进展及器件结构

如联合国 2020 年《世界水发展报告》所述，全球用水量在过去 100 年中增加了六倍。由于人口增长、经济发展和消费模式的转变，用水量继续以每年约 1%的速度稳步增长。到 2050 年，预计将有 39 亿人（超过世界人口的 40%）生活在严重的水资源压力下，其中包括中东和南亚的几乎全部人口，以及中国和北非的大部分地区的人口。为了缓解水资源短缺问题，已经开发了多种海水淡化技术（例如，基于膜的反渗透、多级闪蒸蒸馏和多效蒸馏）用于清洁水的生产。然而，这些技术能耗高且成本昂贵，不适合离网和偏远干旱地区，而这些地区恰恰缺乏足够的清洁水供应。作为一种替代方案，光热海水淡化有可能成为改变这一格局的技术，因为它利用丰富、无处不在且可再生的太阳能作为唯一的能源输入。值得注意的是，通常用于太阳能转化为热能的光学集中装置在光热海水淡化系统中被移除，以避免高成本和体积庞大的问题。

迄今为止，光热海水淡化系统已经经历了三代发展（图 5-5）[13]。第一代系统基于底部加热策略，其中黑色光吸收材料被涂覆在容器的底部。由于热源和蒸发表面（水/空气界面）的分离，大部分产生的热量散失到环境中，导致蒸发效率低（30%～45%），每天每平方米的淡水产量不到 5L。为进一步提高蒸发效率，采用了一种新的大体积加热技术，通过将光吸收纳米颗粒均匀分散到大体积水中，第二代系统达到了更高的效率，但热量损失仍然不可避免。胡良兵的研究团队在 2014 年提出了基于界面加热的第三代光热海水淡化系统（即界面光热海水淡化）。对于薄膜蒸发，一个直观但被忽视的事实是，它只发生在水/空气界面，加热大体积水并不能有效提升蒸发效率，且一倍阳光照射足以引起薄膜蒸发，无需达到爆沸状态，这激发了各种后续研究。界面光热系统的关键特征是热量局部化，这通过巧妙的双层结构设计实现，包括用于光吸收的剥离石墨层及用于热绝缘和水引导的碳泡沫层。由于太阳能产生的热量被有效地限制在薄水膜中而非大体积水中，蒸发效率在十倍阳光照射下高达85%，远超之前报道的光热海水淡化系统。

(a) 底部加热　(b) 大体积加热　(c) 界面加热

图 5-5　在太阳能热蒸发水领域研究了不同类型的太阳能吸收器[13]

第三代界面光热蒸发器结构如图 5-6 所示，将光热层通过基底漂浮在水面，进而形成局部高温环境来提供蒸发需要的能量[14]。海水通过毛细效应被输送到光热材料表面，变成水蒸气；水蒸气凝结成水滴，并通过邻近的舱室收集。已验证的三项重要参数——光吸收、热管理和水传输性能——是决定最终的蒸发效率的主要因素。光吸收已在前文中介绍，在此不再赘述。热管理在大多数情况下是指在该系统中引入的工程操作，例如隔热，以减少热量损失。通常夹在太阳能蒸发器和散装水之间的隔热材料的应用阻断了向下的热传导路径，从而最大限度地减少了水的热量损失，提高了光热转换效率。供水对维持蒸发至关重要，因为要发挥太阳能蒸发器的最大潜能，就必须有充足的供水。毛细管效应通常被用来驱动水从蓄水池向蒸发场所的输送，在此基础上，人们提出了各种单维或多维水输送策略，这些方法还带来了其他好处，如减少热损失和促进盐分排出。以下是一些目前具体的实例进展。

在太阳能驱动的界面蒸发系统中，热量损失主要以传导损失的形式出现，即冷却散装水、辐射和对流损失到大气中，这些损失都直接取决于表面温度。人们在优化热量管理方面付出了更多努力，以最大限度地减少热量损失，并利用尽可能多的能量来驱动蒸发[15]。如图 5-7 (a) 所示，与垂直于光线的传统放置方式相比，倾斜的光热表面可以降低单位面积的光强，从而显示出更低的温

图 5-6　第三代界面光热蒸发器示意图[14]

度。在这一初步设计的基础上，有人提出了带有倾斜光热表面的锥形和伞形蒸发器设计，以有效减少对流和辐射热损失。例如，崔宏志团队制备了一种由分层超亲水铜泡沫和石墨烯组成的三维锥形蒸发器。在与散装水分离的过程中，这种锥形蒸发器扩大了蒸发面积，可进一步减少热损失[图 5-7(b) ～(c)][16]。

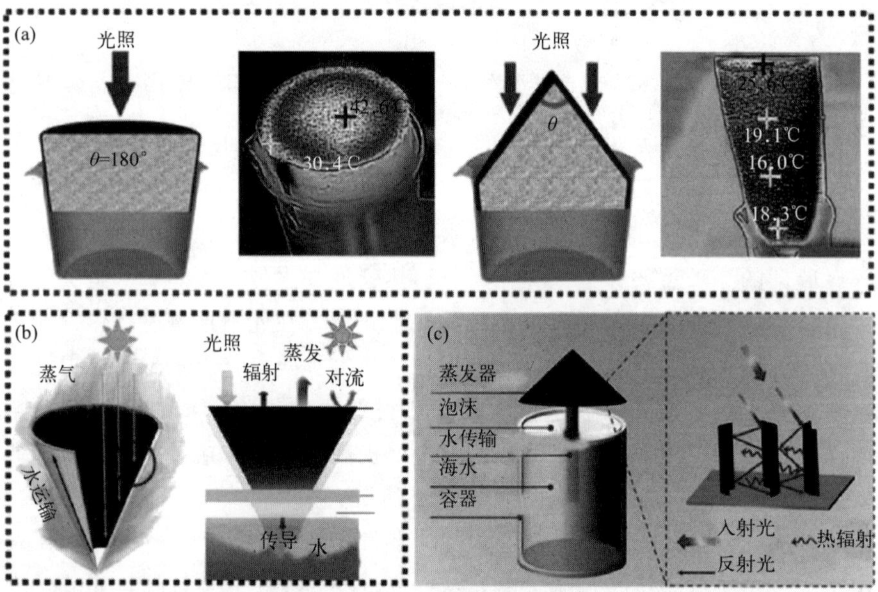

图 5-7 (a) 基于三角形结构的太阳能蒸发器示意图；

(b) ～ (c) 三维锥形蒸发器的形态和能量分布以及蒸发系统示意图[16]

由于空气的热导率极低[约 0.023 W/(m · K)]，有关蒸发过程中热传导的研究主要集中在光热材料向散水的能量传递上。尽量减小与散水的接触面积和降低材料的热导率可以有效减少热传导引起的能量损失。基于这一考虑，逐步开发了三维、二维和一维水通道。太阳能蒸发系统中水传输模式的定义是相对的。它取决于蒸发器材料和散装水的表面处理方式，以及如何从毛细管基底接收水。在太阳能界面蒸发的早期发展阶段，太阳能蒸发器直接浮在水面上，没有隔热层，水通过相互连接的多孔基质（如木杆、三聚氰胺泡沫）被输送到顶部光热活性表面，这通常被定义为三维水通道[图 5-8(a)]。例如，Taeghwan Hyeon 等采用了具有丰富微孔的水凝胶作为光热蒸发器[17]。这种多孔结构有利于水凝胶内部水分在毛细作用的驱动下快速转移，从而确保在太阳照射下的高效蒸发[图 5-8(b)]。具有高孔隙率的天然生物材料也因其良好的输水性能而被广泛用于制造光热蒸发器，包括碳化玉米棒[图 5-8(c)]、碳化香蕉假茎、向日葵茎、功能木材等。由此可见，研发一种在湿润条件下热导率较低的毛细管吸水基底以减少传导损耗，已成为该领域亟待解决的问题。

在设计具有无孔隔热层或空气隔热层的蒸发系统时，通常采用亲水性好、通孔多的材料作为附加水道，包括气垫纸、棉条和无纺布。目前常见的二维水通道的示意图如图 5-8(d) 所示。在邓红兵教授的研究中，支撑光热织物的棉线覆盖在聚苯乙烯泡沫上，有助于水从边缘转移。在悬浮蒸发系统中，也依靠边缘水道实现供水。这种 Janus 纤维毡组成的悬浮式蒸发器两侧的润湿行为截然不同。由于强大的毛细管作用，亲水性醋酸纤维素纤维层从两侧吸水，并在重力作用下快速向蒸发层中间扩散，并且在实际应用中有收集盐的潜力。Shih-Hsin Ho 等人设计了一种源自木材的悬浮光热蒸发系统，该系统具有优异的机械强度和热稳定性。去除木质素后，蒸发器从浸入水中的两侧沿纤维排列方向显示出很高的水迁移率。最后一种是受荷叶的启发，在中央建造一维水通道，将水抽到光热表面。水会进一步扩散到蒸发器的边缘，或通过额外的导水层扩散[图 5-8(e)]。迪肯大学李景亮设计了一种特殊的锥形光热蒸发器，使用金属丝加固的薄片作为亲水框架，以确保在蒸发过程中持续供水。

迄今为止，围绕光热材料和蒸发过程的优化，太阳能驱动蒸发的研究取得了长足的发展。作为性能评估的关键指标，光照下的蒸发率和太阳能利用效率频频取得突破。然而，经过近十年的快速发展，基于光热材料的太阳能驱动蒸发仍很少被推广到实际应用中，主要停留在实验室研究阶段。这主要是由于目前的研究往往执着于追求光热蒸发的创新性和高性能，而忽视了对实际效率低、经济成本不明确、环境影响大等问题的整体评估。此外，由于太阳能海水淡化的最终产品是淡水，因此在优化光热蒸发的同时，有必要开发一种兼容的蒸汽冷凝工艺。随着化学、材料和工程技术的不断创新和进步，这项技术将会越来越成熟。

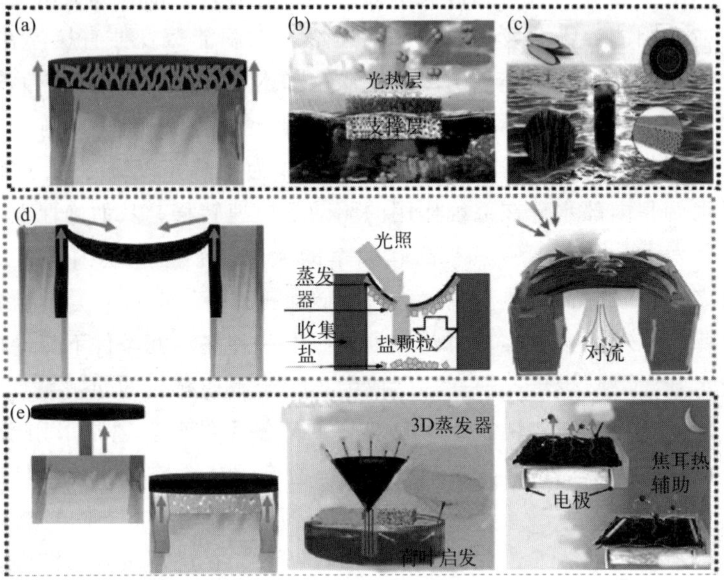

图 5-8 (a) 三维水通道示意图；(b) 可漂浮水凝胶蒸发器示意图[17]；(c) 基于碳化玉米棒的光热蒸发器示意图；(d) 二维水通道示意图及盐收集蒸发器[18]；(e) 一维水通道示意图以及相应蒸发器设计[19]

5.3 太阳能光化学转化材料

光催化反应是将光能转化为化学能的重要途径，1972 年，Fujishima 教授[20] 受自然界光合作用的启发首次报道了 TiO_2 在可见光照射下能够将水分解产生氢气和氧气，自此拉开了光催化反应发展的序幕，几十年间，光催化技术不只被应用于制氢，在环境、生物以及新能源领域也都得到了广泛的应用和研究，比如降解各种有机污染物和重金属离子、还原 CO_2 制 CO、还原 N_2 制氨以及合成有机物等。

5.3.1 光化学转化原理及材料特性

光催化反应的机理目前普遍被接受的是半导体能带理论，以光催化分解水为例（图 5-9）可分为三个基本过程[21]：①当入射光具有大于或等于半导体带隙的能量时，半导体光催化剂将吸收光能被激发，电子从价带（VB）跃迁到导带（CB）形成光生电子（e^-），缺电子的价带上则相应地产生空穴（h^+）。②光生电子-空穴对发生分离并迁移至半导体光催化剂的表面，但是在此过程中光生电子与空穴极易复合，从而使光催化剂将吸收的能量以热或光的形式释放出去，无法继续下一步的表面氧化还原反应，从而影响光催化反应的活性。③表面的光生电子-空穴对与反应物接触并发生氧化还原反应，从而产生氢气和氧气。对于光催化反应来说第三个过程可分为非自由基反应和自由基反应[22,23]，非自由基反应是直接利用光生电子-空穴对发生氧化还原反应，从而分解水产氢产氧，还原 CO_2 或氧化有机物；自由基反应则是利用空穴与水分子或氢氧根离子（OH^-）发生氧化反应，或光生电子与光催化材料表面吸附的氧分子（O_2）发生还原反应，从而产生羟基自由基（·OH）、过氧自由基（$\cdot O_2^-$）等各种活性自由基，用于有机物的选择性氧化与污染物降解等。

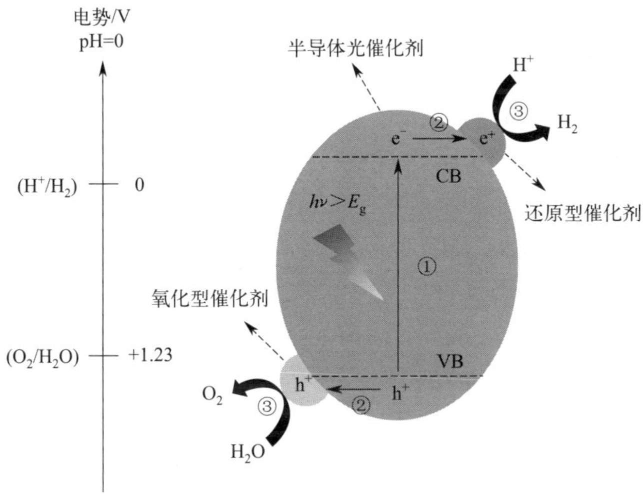

图 5-9　光催化分解水的基本原理示意图

根据上述光催化反应的第一个过程可知，半导体材料必须吸收大于或等于带隙的能量时才能被激发产生光生电子和空穴。对于光催化水分解的热力学要求来说，光催化剂的 CB 电位必须比 H^+/H_2 的 $-0.41V(pH=7)$ 更低，而 VB 电位必须比水氧化水平 O_2/H_2O 的 $+0.82V(pH=7)$ 更高[24]。因此，对于光催化分解纯水产氢产氧时（pH＝7），析氢和析氧电位至少分别需要 0.41V 和 0.82V，即半导体材料的带隙至少要大于 1.23eV 且导带和价带的位置合适。与此同时在太阳光谱中紫外光（$\lambda<400nm$）仅占比 5%，可见光和红外光部分占比高达 90%，而较窄的带隙可以使得电子的跃迁所需能量更低，对于光催化反应更加有利，因此发展带隙较窄、吸光范围较宽的半导体材料对提升光催化转化效率、提高对太阳光的利用率，实现高效太阳能-化学能转化至关重要。

因此，提高太阳光的吸收范围有两种较为合理的方案：一个是选择带隙更窄的半导体用于光催化，另一个则是对半导体进行改性使其带隙变窄。于是在近几十年中，人们将目光投向了氧化物、硫化物、铋基化合物、高分子聚合物材料（如石墨相氮化碳 g-C_3N_4）和有机框架材料（金属有机框架材料 MOF 和共价有机框架材料 COF）等。

5.3.2 氧化物光催化剂

金属氧化物具有易于获取和成本低等特点。在光催化中，较为常用的有 TiO_2、ZnO、α-Fe_2O_3 以及 Cu_2O 等。

5.3.2.1 TiO_2 基光催化材料

TiO_2 主要有三种晶型：金红石型、锐钛矿型和板钛矿型。不同的晶型具有不同的光催化性能，其中金红石型和锐钛矿型的 TiO_2 是主要的研究对象。锐钛矿型 TiO_2 的带隙约为 3.2eV，金红石型 TiO_2 的带隙约为 3.0eV，虽然锐钛矿型比金红石型 TiO_2 的光吸收范围窄一些，但是其较低的堆积密度、较大的比表面积以及较多的氧空位使得锐钛矿型 TiO_2 比金红石型 TiO_2 表现出更好的光催化活性。TiO_2 具有较高的光催化活性、较高的结构稳定性、高反应活性以及成本低、毒性低等优势，但是 TiO_2 材料具有较大的带隙（3.0～3.2eV）且可见光响应低、光生电子空穴对易于复合等缺点，限制了 TiO_2 在光催化领域的应用[25]。于是，研究者们开发了各种策略应用于 TiO_2 基光催化材料。

形貌尺寸和结构的调控是首先被人们想到的方法，Yang 等[26] 通过计算，发现锐钛矿 TiO_2 晶体的（001）面更容易吸附解离水分子，同时较大的 Ti—O 键键角使得氧原子的 2p 态不稳定，因此锐钛矿 TiO_2 晶体的（001）面具有较高的表面能、解离吸附性能，表面活性更高。同时该团队采用了氟离子为表面稳定剂的水热法，成功合成了暴露 47%（001）面的锐钛矿 TiO_2 单晶，以此改变了 TiO_2 的光催化性能。另外，Yu 等[27] 经过一系列的理论计算，发现 TiO_2 的光催化性能随结构形态的变化而有所不同，其催化活性由大到小的顺序为：纳米片＞纳米管＞纳米颗粒。2D 形态的 TiO_2 纳米片具有最佳的催化活性。但是这些方法都属于对 TiO_2 本身结构的调控，无法改变其宽带隙的特点，因此对于 TiO_2 光催化活性的提升较为有限。

通过金属掺杂，在 TiO_2 表面沉积贵金属纳米颗粒也是较为常用的方法。Esrafili[28] 的研究表明，Pt 掺杂能提高 TiO_2 光催化活性，其作用机制在于有效抑制了光生电子空穴对的复合，延长了光生载流子的寿命。具体而言，在 TiO_2 和铂的界面上形成了肖特基势垒，有助于增强光诱导电子传输，同时降低了光生电子空穴对的复合率，进一步提高了 TiO_2 的光催化性能。

另外，构建异质结也是一种常用的方法。Hua[29] 等人使用简单的水热法在 β-Ga_2O_3 表面原位生长 TiO_2 纳米片，构建了 Z 型异质结。通过这种设计，光生电子空穴对的分离效率得到了显著提高。在光照条件下还原 CO_2 的反应中，复合催化剂表现出优异的催化活性，CO 和 CH_4 的产率分别达到 7.9μmol/h 和 22.1μmol/h。与纯 TiO_2 和 Ga_2O_3 催化剂相比，产率分别提高了 2.5 倍和 9.6 倍。后续的相关计算表明 Ga_2O_3 的引入极大地促进了光生电荷的迁移，对提高光催化还原效率起着至关重要的作用。

5.3.2.2　ZnO 基光催化材料

ZnO 晶体结构有六方纤锌矿、岩盐、立方闪锌矿三种，常温常压下 ZnO 为六方纤锌矿结构，该结构中 O 原子和 Zn 原子紧密堆积，O 原子位于四个相邻 Zn 原子构成的四面体中，而 Zn 原子也位于由四个相邻 O 原子构成的四面体中，两种四面体交替堆叠，这种结构很容易诱发压电效应和自发极化效应。ZnO 具有诸多优良特性，如近紫外区的宽带隙（3.37 eV）、较高的激发结合能、较强的氧化还原能力以及低成本、低毒性等，但是较快的光生电子空穴对复合速率以及稳定性差等特点限制了它的进一步应用。因此，各种不同的研究方法被用于 ZnO 改性，从而提高其光催化活性。

Yavuz 的团队[30] 发现与煅烧的样品相比，使用冰醋酸溶剂热处理的 ZnO 样品显示出更大的比表面积，这是由于使用冰醋酸处理改变了 ZnO 表面上的电子密度以及对应的结构缺陷，由于各种电荷载流子的复合行为，导致了不同的光催化性能。此外，在这两种方法中，添加冰醋酸都会导致 BET 表面积的减小，且 ZnO 样品在 24h 内光催化降解速度更快。X 射线光电子能谱（XPS）显示，样品中 Zn^{2+} 的电子密度发生了变化，且由于锌或氧空位等表面缺陷以及锌与氧间隙的变化，这种电子密度的变化增强了电荷载流子的传输效率从而导致了光催化活性的增强。

Esbergenova 等人[31] 通过铁掺杂的方法合成了不同铁浓度的纳米 ZnO 粉末，并进行光催化降解实验。研究发现，在掺铁的 ZnO 样品中，Fe^{2+} 和 Fe^{3+} 氧化态共存，其中 Fe^{3+} 占主导地位。此外通过表征和计算发现，铁掺杂促进了光激发电子和空穴的有效分离，从而延长了 ZnO 中的载流子寿命，ZnO 电子结构中新形成的杂质能级通过 O 2p→Fe 3d 跃迁促进了可见光的吸收，并通过捕获导带电子抑制了光生电荷载流子的复合，Fe 的引入及其浓度的变化显著改变了 ZnO 的带边位置，影响了其光催化活性。在光催化降解亚甲基蓝的实验中发现，1%浓度的 Fe 掺杂 ZnO 样品具有最佳的光催化活性，由于电子结构、缺陷密度等的有利调节，光催化降解速率大幅提升。

5.3.2.3 Fe_2O_3 基光催化材料

铁氧化物主要包括赤铁矿 α-Fe_2O_3、磁赤铁矿 γ-Fe_2O_3、磁铁矿 Fe_3O_4 和氧化亚铁 FeO 等。作为性能最稳定的一种铁氧化物，α-Fe_2O_3（赤铁矿）是带隙约 2.2 eV 的 n 型半导体，可吸收大部分的可见区域的光，可吸收利用的光谱范围约占太阳光谱的 40%，理论太阳能转换效率可达到 13%，是一种性能良好的铁磁性光催化剂。由于其独特且优秀的特点，α-Fe_2O_3 被大量用于降解污染物和有机染料等。当单独使用 α-Fe_2O_3 作为光催化剂时，它具有一系列独特优点，例如，由于其小带隙，它在阳光下会有效降解，并且由于其铁磁性行为，它可以被磁性分离以便于后续的回收，从而降低成本。然而单一的铁氧化物纳米材料在光催化应用中也存在一些局限性，如导电性差，易团聚，光生电子的传输自由程较短、寿命较短，光生载流子易复合等。因此 α-Fe_2O_3 与其他纳米材料（如半导体、贵金属、无机物等）构建的复合结构的光催化应用受到越来越多的关注和研究。

Ashraf 等人[32] 分别使用溶胶-凝胶法和超声法制备了具有磁性的高性能光催化剂 Fe_2O_3 和 GO/Fe_2O_3（GO 是一种经过氧化并由环氧化物、羟基和羧基组成的石墨烯衍生物，被称为氧化石墨烯），其平均晶粒尺寸分别为 52nm 和 54nm。一系列的表征计算发现 Fe_2O_3 到 GO/Fe_2O_3 的带隙从 2.5eV 降低到 1.9eV。GO 的引入，使 GO/Fe_2O_3 纳米复合材料中出现 Fe^{2+}/Fe^{3+} 离子态和大量氧空位，可见 GO 对提高光催化活性起到了重要作用，因为它提供了大比表面积、高吸收容量和快速电荷迁移率。光催化降解亚甲基蓝实验表明 Fe_2O_3 和 GO/Fe_2O_3 的降解速率常数分别为 0.0079min^{-1} 和 0.012min^{-1}，对废水中的亚甲基蓝染料降解率分别达到 73%和 92%，表明该催化剂具有较为优良的光催化降解染料能力。

Wang[33] 等人先通过水热法制备了高活性的 α-Fe_2O_3，并通过一步水热法制备了富缺陷的 α-Fe_2O_3/Bi_2S_3 复合材料。所获得的复合材料具有丰富的氧空位（OV）和低带隙能量，显著增强了可见光催化活性。与纯的 α-Fe_2O_3 和 Bi_2S_3 相比，α-Fe_2O_3/Bi_2S_3 复合材料对对硝基苯酚（*p*-NP）具有优异的吸附能力和光催化降解活性。实验结果显示，30min 内，该复合材料对 *p*-NP 的降解率高达 90.5%。这归因于复合降解体系能高效促进活性物种（·OH、·O^{2-}和h^+）的产生，加速 p-NP 的降解反应。同时，α-Fe_2O_3 和 Bi_2S_3 之间通过 S—O 键形成了紧密的异质结，有效地抑制了光生载流子的复合，促进了氧空位缺陷的产生，导致了光催化性能的提高。

5.3.2.4 Cu_2O 基光催化材料

Cu_2O 晶体结构为赤铜矿型，赤铜矿结构为简单立方 Pn3m 空间群，属等轴晶系。Cu_2O 是一种比较常见的窄带隙 p 型半导体材料，其带隙宽度在 1.8～2.17eV，因此可以吸收并响应可见光。正由于其可以有效吸收利用太阳光，同时本身具有无毒和环境友好性，且铜元素在地壳中的分布十分广泛，是人类最早开采使用的金属之一，因此 Cu_2O 是光催化领域较为常用的催化剂。但是 Cu_2O 在光照下本身特别不稳定，容易发生光腐蚀，从而使催化剂失去活性。主要原因是 Cu_2O 本身的载流子浓度含量很低，光照后产生的光生电子或空穴在其体内传导困难，无法迅速迁移至表面参加氧化还原反应，光生电子和空穴极易发生复合，从而失去了催化能力。因此研究者们通过各种不同的方法进行 Cu_2O 的改性来改善其在光催化领域的应用。

Yang 等[34] 通过光沉积工艺成功制备了 Pt/Cu_2ONWs 等离子体光催化剂。在该催化剂中，5nmPt 纳米粒子均匀分散在 Cu_2O 纳米线上，建立了紧密的 Pt/Cu_2O 肖特基结，抑制了电子-空穴复合。此外，Pt 纳米粒子有助于产生等离子体加热效应和振荡电场，以加速光催化速率并增强整体催化活性。由于 Pt/Cu_2O 肖特基结和 Pt 纳米粒子的等离子体效应，甲苯被有效地转化为 CO_2 和 H_2O。最佳 Pt/Cu_2O 催化剂的甲苯消除率达 93.65%，转化度高达 92.23%。其光催化性能的显著提高归因于以下协同效应：①Pt 纳米粒子的表面等离子体共振效应，由于等离子体共振能量转移而引起等离子体加热和振荡电场，从而提高了反应速率和电子密度；②肖特基异质结有助于电子从 Cu_2O 转移到 Pt 纳米粒子而不会回流，从而实现电荷载流子的有效空间分离和迁移。

5.3.3 硫化物光催化剂

金属硫化物具有较为优异的光电特性以及合适的带隙，例如二元硫化物 ZnS（3.6eV）和 CdS（2.4eV），三元硫化物 $ZnIn_2S_4$（2.3eV）、$CuInS_2$（2.0eV）、$AgIn_5S_8$（1.6eV）以及四元半导体 Cu_2ZnSnS_4（1.5eV）。对于金属硫化物，其价带通常由硫的 3p 轨道与金属元素的 d 轨道杂化组成，而导带则是由硫的 p 轨道与金属元素的 s 或 p 轨道杂化构成，金属硫化物最显著的优点就是可以在其中引入其他金属改变其带隙来增加吸收光的范围和提高水分解能力。但是金属硫化物光催化剂的缺点也很明显。比如其反应过程的时间一般在微秒和毫秒间，这个时间尺度是远远大于电荷生成和转移时间的，因此表面电荷复合是其难以避免的缺点。同时，因为金属硫化物的光生空穴极易氧化，导致金属硫化物遭受光腐蚀。此外硫化物在水溶液中的溶解还会导致其表面的降解，从而使光催化剂严重失活。因此开发新的策略以加速金属硫化物表面光生空穴转移和消耗，同时避免光催化剂与反应溶液直接接触，是提高其稳定性的两种基本方法。此外，合理设计光催化剂活性位点，可以有效提高其光催化反应速率。

5.3.3.1 二元硫化物光催化剂

ZnS 的带隙为 3.6eV，吸光范围仅在紫外区，因此将 ZnS 进行化学掺杂或构建异质结是比较理想的改性方法。Liu 等人[35] 通过在掺铜硫化锌（Cu-ZnS）表面原位生长 $NiMoP_2$，制备了 $NiMoP_2$/Cu-ZnS 复合光催化剂。光催化产氢测试结果表明复合材料 $NiMoP_2$/Cu-ZnS 在可见光照射下的产氢速率显著提高。其中，性能最佳的光催化剂样品产氢速率达到了 5.13mmol/（g・h），是 Cu-ZnS 的 2.47 倍，且在反应过程中保持了良好的稳定性，4 次光催化产氢循环实验后该复合材料的产氢性能仍能达到初始样品的 98%。光催化剂产氢性能的提高主要归因于 Cu-ZnS 和助催化剂 $NiMoP_2$ 的协同作用，Cu-ZnS 和 $NiMoP_2$ 之间形成的欧姆接触可以提高光生载流子的分离效率，降低 H_2 析出的过电位。此外，研究发现 $NiMoP_2$ 为还原反应提供了活性位点，并加速了光生电子的转移效率，最终使得样品的光催化活性大大提高。

CdS 的带隙较窄只有 2.4eV，吸光范围可从波长很短的紫外光一直到波长 516nm 的绿光，而且硫化镉的带边位置优异，其导带边略低于 H_2O/H_2 电位，且价带边略大于 O_2/H_2O 电位，这使得它可以广泛应用于光催化还原反应以及光催化氧化反应。硫化镉有六方纤锌矿型和立方闪锌矿型两种常见的晶体构型。在这两种构型中 Cd 原子和 S 原子均采用四面体配位的形式，不过在常温常压条件下六方纤锌矿型更加稳定，只有当其尺寸减小到 10nm 以下时其晶体结构才会偏向于立方闪锌矿型转变。Liu 等人[36] 通过简单的超声处理和水热法成功构建了用于光催化分解水产氢的 CdS/CoP 和 CdS/MoS_2。由于助催化剂可以充当空穴或电子库，以确保电荷转移和分离，而 CdS 的功函数高于 CoP 和 MoS_2，因此助催化剂与初始样品产生了内置电场，其方向是从 CoP 或 MoS_2 到半导体。因此，CoP 和 MoS_2 可以作为电子受体，加速 CdS 表面光生电子的转移，从而提高电荷利用效率。同时，CoP 和 MoS_2 作为活性位点也可以促进水的解离，降低 H^+ 还原过电位，从而有助于获得优异的光催化产氢活性[CdS/CoP 和 CdS/MoS_2 分别为 23.59mmol/(g・h) 和 1195.8μmol/(g・h)]。因此，由于光吸收效率和电荷分离效率的提高，以及 H^+ 还原过电位的降低，CdS/CoP 和 CdS/MoS_2 肖特基结实现了更高的产氢率。

5.3.3.2　三元硫化物光催化材料

$ZnIn_2S_4$ 的带隙为 2.3eV，有三种晶体结构：六方相型、立方相型以及菱形相型。这三种晶型的 $ZnIn_2S_4$ 均是层状结构形式，且原子层间都以 S-In-S-In-S-Zn 的方式排列。其中六方相型的 $ZnIn_2S_4$ 拥有更易于调节的能带结构以及与光催化反应更匹配的带边位置，所以是光催化领域中被研究和应用最多的。但是纯 $ZnIn_2S_4$ 仍然存在比较严重的光腐蚀，光生载流子传输效率低且易复合以及活性位点缺乏等。因此，多种改性手段被应用于 $ZnIn_2S_4$ 基光催化剂的制备并在各个领域得到了广泛的应用。

Ouyang 等人[37] 通过使用溶剂热法在乙二醇中合成 $ZnIn_2S_4$，成功地将乙二醇分子插入 $ZnIn_2S_4$ 的层间，扩大了层间距，从而增强内部电场并引入了锌空位。在后续的光催化还原 CO_2 实验中，优化后的 $ZnIn_2S_4$ 样品还原 CO_2 产生 CO 的速率达到了 20.14μmol/（g・h），光催化还原活性比原始的水热法合成的 $ZnIn_2S_4$ 提高了 8.36 倍。该催化剂性能提高的主要原因是多种有利因素的协同作用，比如适当的层间距和锌空位与内部电场配合，大大地提高了电荷分离效率，为光生电荷的分离和迁移提供强大的内部驱动力，从而确保最佳的载流子动力学。与此同时 Zn 缺陷可以作为电子的捕获中心，促进光生电子空穴对的有效分离，并且适当浓度的锌空位可以增强 CO_2 的吸附富集，并将 *COOH 的吉布斯自由能从吸附过程调节到放热过程，以促进 CO 的产生。

量子点是一种尺寸为 2～10nm、由数百至数千个原子组成的准零维纳米晶，这种材料的量子限域效应非常显著，具有明显的随着尺寸的变化而变化的光学、热学、电学以及磁学等性质，例如对于某些特定量子点，随着尺寸的减小，其禁带宽度会变大且伴随着发射峰位置的蓝移，这就导致量子点可以通过改变尺寸来调节不同的光电性质，进而应用于不同领域。由于量子点的尺寸非常小，其具有非常高的比表面积以及很短的载流子迁移距离，然而较差的稳定性和易于聚集等缺点限制了单量子点在光催化中的应用。Meng 等[38] 报道了一种 ZnO 结合 $CuInS_2$ 量子点的复合材料，用于光催化甘油氧化和光催化产

H_2O_2。其中性能最佳的样品具有 0.27mmol/（g·h）的甘油氧化速率和 0.31mmol/（g·h）的 H_2O_2 产生速率，甘油氧化的转化率达到了 57.3%。电子顺磁共振（EPR）和后续的计算表明，$ZnO/CuInS_2$ 光催化产 H_2O_2 过程中，$\cdot O^{2-}$ 是主要的活性中间体，$ZnO/CuInS_2$ 形成的 S 型异质结对于 O_2 在 ZnO（101）晶面上的吸附起到至关重要的作用；在光催化氧化甘油过程中，原位拉曼和 EPR 测试表明，Zn^{2+} 和羟基氧之间的强吸附作用，形成了后续氧化反应的中心位点。因此，这种较优异的性能归因于该复合材料中的多种有利因素的协同作用，比如电荷迁移后界面处 p 型半导体中的载流子浓度的增加，ZnO 和 $CuInS_2$ 之间增强的局域表面等离子体共振（LSPR）效应以及 $CuInS_2$ 的近红外响应。

5.3.4 铋基光催化剂

铋基光催化剂种类繁多，比如氧化铋、钨酸铋、钼酸铋、卤化氧铋、钒酸铋、磷酸铋、碳酸氧铋、锡酸铋以及铌酸铋等，这主要是因为铋系半导体材料中的 Bi 6s 轨道可以与 O 2p 轨道进行杂化产生新的杂化态，有利于能带结构的调控，从而便于调节光催化剂的电子特性和光吸收性能。铋基光催化剂都具有比较高的稳定性，但缺点也很明显——光催化活性并不理想。于是，提高铋系半导体材料的可见光吸收性能或抑制光生载流子的复合以及降低表面反应动力学能垒这几种方法就成为了研究者们常用来提高其光催化性能的策略，在此仅简单介绍几种铋基光催化剂。

BiOCl 的带隙为 3.2eV，其晶体结构为层状，由卤素阴离子层和 $[Bi_2O_2]^{2+}$ 层构成，由于其较宽的带隙限制了它的吸光范围，并且较低的载流子迁移率和电荷转移速率限制了它的应用，于是很多研究者围绕拓展 BiOCl 的光吸收谱范围进行研究来提升其光催化性能。Ding 等人[39]以 Bi_2O_2Se（带隙很小约为 0.8eV）为前驱体，通过离子交换法合成了 $Bi_2O_2Se/BiOCl$。$Bi_2O_2Se/BiOCl$ 中 Bi_2O_2Se 作为助催化剂，在光催化降解实验中对于甲基蓝（MB）的降解速率几乎是纯 Bi_2O_2Se 的 3.2 倍和 BiOCl 的 2.7 倍；在光催化 Cr（Ⅵ）去除实验中，$Bi_2O_2Se/BiOCl$ 体系在 60min 内可以完全去除 Cr（Ⅵ），且五次循环后其降解性能仅降低了 8%，稳定性较好。后续的表征和计算发现，Bi_2O_2Se 的光生电子可以通过层界面电荷转移效应快速转移到 BiOCl 中，从而有效地分离出 Bi_2O_2Se 的光生载流子。然后，光电子与 O_2 反应生成 $\cdot O_2^-$ 和 H_2O_2 等活性物种，协同空穴共同降解 MB 有机染料。此外，光生电子可以直接与 Cr（Ⅵ）反应，将 Cr（Ⅵ）还原为 Cr（Ⅲ）。

钼酸铋依据化学式可以分为 α-$Bi_2Mo_3O_{12}$、β-$Bi_2Mo_2O_9$ 和 γ-Bi_2MoO_6，由于 γ-Bi_2MoO_6 具有较好的光响应能力，因此在光催化领域最为常用。Bi_2MoO_6 由 $[Bi_2O_2]^{2+}$ 层和 MoO_6 八面体层交替堆积组成，Bi_2MoO_6 的带隙为 2.5～2.8eV，其结构稳定性高且低成本无毒，在光催化领域中得到了研究者们的深入研究。Cao 等[40]使用沉积沉淀和光还原相结合的方法成功制备了 Ag/AgBr/Bi_2MoO_6 纳米复合材料，并研究了其在可见光照射下催化罗丹明 B 降解的功效。在 AgBr 负载量为 20%，可见光照射 12min 后，Ag/AgBr/Bi_2MoO_6 纳米复合材料的光催化降解罗丹明 B 的活性达到了 99.99%。其中 Ag 纳米粒子充当电子介质，增强了光生电子-空穴对的分离，从而增强了 Ag/AgBr/Bi_2MoO_6 复合材料的光催化活性。此外，Ag 纳米粒子有助于 Bi_2MoO_6CB 中的电子通过电子陷阱和肖特基势垒转移，从而使其能够与 O_2 反应形成 $\cdot O_2^-$，进而提升了该复合材料的光催化性能。因此，三元 Z 型非均相 Ag/AgBr/Bi_2MoO_6 纳米复合材料的光催化活性超过了纯 Bi_2MoO_6 和 AgBr 样品。

5.3.5　氮化碳光催化剂

氮化碳属于高分子聚合物类催化剂，其中 C 和 N 原子通过杂交，形成了一个离域的 p-共轭体系。g-C_3N_4 有两个基本的构造单元——三嗪环和 3-s-三嗪环，它们无限延伸形成网状结构，其中 3-s-三嗪环更稳定。在氮化碳的合成制备方面，纯的氮化碳往往需要通过在 450～650℃的温度下煅烧富氮前驱体来合成，最常见的前驱体是双氰胺、三聚氰胺、尿素和硫脲。以尿素为前驱体合成的氮化碳倾向于形成多孔纳米薄片结构，而以三聚氰胺和双氰胺为前驱体则更倾向于生成稍厚的层状结构。作为环境和能源领域较为常用的光催化剂，g-C_3N_4 的优点是具有良好的热稳定性、化学稳定性、成本低廉的前驱体以及环境友好性，当然缺点也很明显，比如较小的比表面积、光生电子-空穴对的快速复合和较差的可见光吸收范围，这些都限制了其在光催化领域的进一步应用。

Li 等[41]采用共沉淀法制备了 Ti_3C_2-MXene 碎片修饰的 g-C_3N_4/ZnO 复合材料。光催化 CO_2 还原测试表明，性能最佳的 g-C_3N_4/ZnO/Ti_3C_2 复合材料分别比原始 g-C_3N_4 和 ZnO 的 CO 产量提高了 8 倍和 12 倍，且在循环测试中表现出良好的稳定性，并保持稳定的 CO_2 还原活性。这归因于形成的Ⅱ型异质结结构可以促进光生电子和空穴向不同材料的转移，从而提高 CO_2 还原的光催化效率。添加具有金属性质的 Ti_3C_2 后，由于 Ti_3C_2 的低费米能级和良好的导电性，ZnO 上积累的光电子可以进一步迁移到 Ti_3C_2 进行 CO_2 还原，这可以进一步划分光生载流子，有助于 CO_2 还原。同时，g-C_3N_4 还可以直接将光生电子转移到 Ti_3C_2-MXene 上，以进一步抑制载流子的复合。以上多种因素的协同作用促进了复合样品的高效光催化还原 CO_2 活性。

Lu 等人[42] 通过将 I^-/K^+ 共掺杂的 g-C_3N_4（IKCN）与 NH_2-UiO-66（一种典型的金属有机框架材料）耦合，构建了 Z 型异质结 UiO/IKCN。Z 型异质结不仅可以在空间上促进电荷分离，还可以保留 IKCN 的原始强还原电位，在很大程度上促进了双电子 ORR 过程。在可见光照射下的光催化产 H_2O_2 实验中，最佳的 UiO/IKCN 复合材料在纯水中和以异丙醇为牺牲剂的情况下分别表现出 13.3mmol/(g·h) 和 78.6mmol/(g·h) 的优异性能，是原始 C_3N_4（以异丙醇为牺牲剂）的 48.4 倍。此外，UiO/IKCN 在 420nm 处实现了 10.28%的高表观量子产率，超过了之前报道的大多数值。通过实验结果和理论计算表明，显著增强的光催化性能可归因于提高的电荷分离速率和 Z 型异质结电荷转移。UiO（5.07eV）的功函数大于 IKCN（4.49eV），导致在它们的界面上形成从 IKCN 指向 UiO 的内部电场。当这两个组分被光激发时，UiO CB 中的光生电子倾向于转移到 IKCN 的 VB 并与空穴复合，这与 Z 型异质结电荷转移路径一致。因此，光产生的电子和空穴在空间上分离，大大抑制了电荷载流子的复合，有利于光催化。此外，在 IKCN 的 CB 和 UiO 的 VB 中积累的电子和空穴分别具有很强的还原和氧化电位，有效地驱动双电子 ORR 过程产生 H_2O_2 和水氧化。此外，形成的 H_2O_2 与光生空穴接触和反应的机会大大降低，有效地抑制了 H_2O_2 的分解，进一步导致溶液中 H_2O_2 浓度增加。

5.3.6 有机框架类光催化剂

金属有机框架材料（MOF）是由金属离子或金属团簇与有机配体连接形成的结晶多孔材料；共价有机框架材料（COF）是由 C、N、O、B 等元素通过共价键连接形成的有机结晶多孔材料；氢键有机框架材料（HOF）是仅由有机配体分子通过氢键作用构筑形成的有序框架材料。这些有机框架类材料都具有共同的特点，比如：比表面积大、结构多样、孔道形状尺寸可调以及表面可修饰等。但很显然由于上述三种材料通过不同的化学键连接，它们的制备、性能以及应用各有不同。比如 MOF 材料的制备较为简单且结构可调控，但由配位键和离子键形成的骨架导致其稳定性较差；COF 材料的合成一般采用溶剂热、离子热等方法，这一过程包含了聚合、结晶、组装等多个过程，因此很难获得均一且结构可调的 COF 材料，但其独特的共轭结构以及完全由共价键键合的特点让它具有良好的热稳定性和化学稳定性；HOF 材料通过氢键连接，由于氢键强度较弱所以具有柔性特质，可以响应各种物理或化学刺激，从而发生聚合物链间堆积结构的变化或重结晶导致相转变，但同时也给 HOF 材料的稳定性以及合成设计带来了一定的挑战。

5.3.6.1　金属有机框架材料（MOF）

Shen 等[43]通过一步煅烧法构建了 MOF 衍生的 S 型 ZnO/BiOBr 异质结光催化剂。TEM 和 SEM 发现，以 ZIF-8 十二面体为前驱体的 ZnO 很好地黏附在空心棒状的 Bi-MOF 为前驱体的 BiOBr 上。研究发现，这可以同时引入氧空位并增强界面相互作用。光催化 CO_2 还原结果表明，在不添加任何牺牲剂和光敏剂的情况下，ZnO/BiOBr 在模拟阳光下以 21.13μmol/(g・h) 和 2.2μmol/(g・h) 的速率产生 CO 和 CH_4，CO 选择性为 74.34%，分别比原始 BiOBr 和原始 ZnO 的性能高 6.35 倍和 4.07 倍。各种表征证明 ZnO 和 BiOBr 之间独特的异质结和匹配的能带电势为光催化 CO_2 还原提供了紧密的界面接触、大量的活性位点和有效的电荷转移，提高了光催化还原 CO_2 的活性。

5.3.6.2　共价有机框架材料（COF）

Yu 等人[44]通过原位 N-Ti 桥接法合成了一系列以苯并三噻吩-2,5,8-三甲醛（TTh）为前驱体的 COF-TiO_2 Ⅱ型异质结，用于高效光催化还原铀。光催化还原实验表明，性能最佳的样品在 40min 可见光照射下显示出 99.8%的优异铀去除率，同时在多次循环下表现出良好的稳定性。理论计算与实验结果相结合，证实了光生电子在辐照下通过 N-Ti“桥”键从 TTh-COF 定向迁移到 TiO_2，这大大促进了界面处电子-空穴对的分离，从而促进了在光照下高效的铀还原，其机理是 TTh-COF 和 TiO_2 都可以被激发产生电子-空穴对，由于能带弯曲，在 TTh-COF 的导带（CB）上产生的电子通过共价键 N-Ti 定向迁移到 TiO_2 的 CB，同时，在 TiO_2 的价带（VB）上生成的空穴被转移到 TTh-COF 的 VB。然后，TiO_2 表面上与—OH 位点（由 TiO_2 的表面氧空位吸附水分子形成）配位的铀被光生电子还原，空穴被甲醇淬灭。因此，通过构建共价键合的Ⅱ型异质结实现了电子-空穴对的空间分离，显著提高了对铀的光催化还原性能。

5.3.6.3　氢键有机框架材料（HOF）

Huang 等人[45]通过 Zn 单原子位点结合 5,10,15,20-四（4-羧基苯基）卟啉（TCPP）为前驱体的 HOF 作为光催化剂，实现了苄胺氧化偶联反应的 100%转化率以及 91%的 CO_2 还原转化率。其优异的光催化性能归因于原子分散的金属位点和 HOF 主体的协同作用，降低了中间体形成的反应能量势垒，增强了 CO_2 吸附，形成了苄基氨基甲酸中间体，促进了氧化还原循环。实验结果表明 Zn-HOF 将 CO_2 还原为 HCOOH 并生成 *N*-亚苄基苄胺中间体的途径显示出最低的自由能。Bader 电荷分析法表明，在 HOF 中，卟啉中心的每个 H 原子向 N 原子转移约 0.52 个电子，相比之下，在 Zn-HOF 中 Zn 原子向 N 原子转移约 1.21 个电子，表明通过 Zn-N 通道的电荷转移明显更强，由此产生的局部电荷分布促进了 Zn 金属位点成为高催化活性位点，以将 CO_2 还原为 HCOOH 并产生苄基氨基甲酸中间体。在可见光照射下，Zn-HOF 系统中形成了丰富的光生电子空穴对，锌单原子的引入使光生载流子迁移更快，实现了长寿命载流子的分离。随后，Zn-HOF 倾向于甲酸途径反应机制，吸附 CO_2 形成甲酸，进一步导致 HCOOH 与苄胺反应，产生与 CO_2 还原相结合的 *N*-亚苄基苄胺。

5.4 太阳能电池

随着经济和科技的高速发展，环境问题和能源问题逐步成为人类社会关注的焦点。自十八世纪的工业革命以来，传统的化石能源承载了经济的发展与科技的创新。在社会和经济发展过程中，人们逐渐地意识到，大量化石燃料被消耗的同时也产生了大量的二氧化碳等温室气体，导致全球面临严峻的气候问题，破坏了人类赖以生存的生态环境。为应对全球化石能源短缺、气候变暖、环境污染等能源危机问题和环境问题，坚持可持续发展的理念，实现碳达峰和碳中和的目标，研发绿色环保的可再生能源的新技术，构建清洁高效的能源结构，是解决环境问题和能源问题的有效途径。太阳能、风能、生物质能、地热能、潮汐能等可循环利用的新能源已成为替代传统能源的最佳候选者。太阳能具有分布广泛、储备量充足、地域限制小、便于采集等优势，受到人们的广泛关注，并成为当下新能源研究的热门课题。太阳能无法被直接利用，需要进行转换后才能被使用。

5.4.1 太阳能电池简介

太阳能电池就是利用半导体材料的光生伏特效应，将太阳能直接转化成电能的器件。随着社会和科技的逐渐进步，太阳能电池的研究也在不断地发展，从第一代的晶硅电池到第二代以铜、铟、镓、硒、碲化镉和非晶硅为代表的薄膜太阳能电池。太阳能电池已经在交通、通信以及公共设施等日常生活中得到广泛使用。然而，当前的太阳能电池的发展面临资源短缺、工艺烦琐、成本攀升等问题，因此开发高性能、低成本的新型太阳能电池成为全球范围内企业和科研实验室的研发重点。

5.4.1.1　太阳能简介

太阳光穿过地球大气层时至少衰减了 30%，造成衰减的原因主要是：①瑞利散射或大气中的分子引起的散射，这种散射对所有波长的太阳光都有衰减作用，但对短波长的光衰减最大。②悬浮微粒和灰尘引起的散射。③大气及其组成气体，特别是氧气、臭氧、水蒸气和二氧化碳的吸收。

阳光的衰减程度变化很大，决定总入射功率的最重要参数是光纤通过大气层的路程。太阳在头顶正上方时，路程最短，实际路程和此最短路程之比称为大气光学质量（optical air mass，简称 AM）。太阳在头顶正上方时，大气光学质量为 1，这时的辐射称为大气光学质量 1（$AM1$）的辐射。当太阳和头顶正上方成一个角度 θ 时，大气光学质量为：$AM=1/\cos\theta$。在地面场景中，最常用的标准大气光学质量为 $AM1.5$，这也是在模拟太阳能电池测试时最常用的大气光学质量。

5.4.1.2　太阳能电池的发展历史

太阳能电池，也被称为“太阳能芯片”或“光电池”，是一种利用太阳光直接发电的光电半导体薄片，只要在满足一定照度条件的光照下，瞬间就可输出电压及在有回路的情况下产生电流。作为是将太阳能直接转化为电能的设备，太阳能电池为解决能源危机和全球变暖问题提供了一种方便和可持续的方法。它的种类繁多，包括单晶硅太阳能电池、多晶硅太阳能电池、非晶硅太阳能电池等。到目前为止，商业领域应用的太阳能电池主要有以下类型：单晶硅太阳能电池，它效率高、稳定性好，但成本较高，主要用于大型地面电站；多晶硅太阳能电池，它成本较低、效率较高，广泛应用于屋顶安装和商业项目；薄膜太阳能电池，它成本低、质量轻，适合柔性应用的电池。此外，还有自 2009 年首次面世就成为热点的钙钛矿太阳能电池，它作为一种新兴技术，转化效率高，成本相对较低，未来有望广泛应用。这些不同类型的太阳能电池在材料、结构和效率上各有特点，满足了不同的应用需求。

太阳能电池的发展始于 19 世纪初，经历了多个重要的里程碑和技术革新。

1839 年法国物理学家 Becquerel 发现了光伏效应，即光照能使半导体材料的不同部位之间产生电位差。这一发现为太阳能电池的原理奠定了基础。1883 年美国科学家 Fritts 制备了第一块太阳能电池，其以硒半导体为基底，表面覆盖一层极薄的金层，从而形成半导体金属结，虽然效率较低，但这标志着太阳能电池技术的诞生。1945 年贝尔实验室的科学家们发现，硅材料对太阳光有较好的吸收和转化效果，于是研制出了第一代晶硅太阳能电池。这种太阳能电池的效率较高、成本较低，标志着实用型太阳能电池的诞生。随后，太阳能电池技术逐渐应用于各个领域。

1973 年第一次石油危机爆发，能源危机成为全球关注的焦点。太阳能电池因其可再生、清洁的特点备受关注，各国政府开始大力投资太阳能电池的研发和应用。科学家们通过改进硅材料的制备工艺，成功研制出了多晶硅太阳能电池。与传统的单晶硅太阳能电池相比，多晶硅太阳能电池的制造成本更低，效率也有所提高。

进入 21 世纪，太阳能电池技术不断进步，效率不断提高。例如，隆基绿能科技股份有限公司在 2024 年研制的晶硅-钙钛矿叠层太阳能电池转化效率达到了 33.9％，这标志着太阳能电池技术的新突破。

总的来说，太阳能电池的发展历史是一个从基础研究到实际应用，再到技术突破的过程。随着技术的不断进步和成本的降低，太阳能电池在未来将发挥更加重要的作用。目前，科学家们正在不断研究和开辟高效太阳能电池技术。其中，单晶硅太阳能电池、多晶硅太阳能电池等技术逐渐成熟并应用于实际生产中。这些高效太阳能电池的问世，进一步推动了太阳能产业的发展，太阳能电池的发展前景十分广阔。

5.4.2 太阳能电池分类

5.4.2.1 晶硅太阳能电池（单晶硅、多晶硅）

单晶硅太阳能电池（图 5-10）是用高纯度的单晶硅棒为原料制成的。单晶硅太阳能电池的光电转换效率相对较高。目前，实验室中单晶硅太阳能电池的最高转换效率已经超过 26％，在实际应用中的转换效率一般也能达到 18％～23％。这是因为单晶硅的晶体结构完整、杂质和缺陷相对较少，电子和空穴在其中的迁移率较高，能够有效地被收集。它的外观颜色通常为黑色或深蓝色，这是因为其表面的减反射膜和硅材料本身对光的吸收特性导致的。而且单晶硅太阳能电池的输出功率稳定性较好，在不同的光照强度和温度条件下，其性能变化相对较小。

图 5-10　单晶硅太阳能电池

多晶硅太阳能电池（图 5-11）是由多个大小不同的硅晶粒组成的。这些硅晶粒的晶向是杂乱无章的。多晶硅太阳能电池的光电转换效率一般低于单晶硅太阳能电池。实际应用中的转换效率通常在 16%～20%。这是因为多晶硅的晶粒边界会对光生载流子的传输产生散射和复合作用，导致部分载流子在传输过程中损失。其外观颜色一般是浅蓝色或天蓝色，这是因为多晶硅与单晶硅不同的晶体结构和表面反射特性导致的。多晶硅太阳能电池的输出功率受温度和光照强度变化的影响相对较大，在高温环境下，其性能比单晶硅电池下降得更为明显。

图 5-11　多晶硅太阳能电池

5.4.2.2　薄膜太阳能电池

（1）非晶硅太阳能电池　非晶硅材料与晶体材料的不同之处在于：它的原子结构排列不是长程有序。非晶硅本身并不具有任何重要的光学性质，然而，非晶硅薄膜经掺杂可形成 p-n 结，这种材料的少子扩散长度非常小，主要靠耗尽层来收集大多数载流子，而电池体区的串联电阻会成为问题。

优点：非晶硅薄膜太阳能电池（图 5-12）的制备工艺相对简单，可以在大面积的衬底上进行沉积，成本较低。而且它可以在较低的光照强度下工作，对弱光的利用效率较高。它还具有良好的柔韧性，可应用于一些特殊的曲面或可弯曲的设备上。

缺点：光电转换效率相对较低，一般在 6%～10%。而且非晶硅存在光致衰退现象，即随着光照时间的增加，电池的性能会逐渐下降，不过这种衰退在一定时间后会趋于稳定。

图 5-12　非晶硅太阳能电池

（2）砷化镓太阳能电池　见图 5-13。砷化镓是化合物半导体的一个典型例子，是直接带隙半导体，这意味着进入材料内的阳光会被很快吸收，也意味着砷化镓的少数载流子寿命及扩散长度比硅短得多。

优点：高光电转换效率，理论上可以达到 30%；良好的高温性能；抗辐射能力强；能实现多结结构，适用于薄膜和柔性应用；较低的电子复合率等。

缺点：成本高，砷化物毒性大，大规模生产难度较高，材料质地较脆。

（3）碲化镉薄膜太阳能电池　碲化镉薄膜太阳能电池（图 5-14）采用碲化镉作为光吸收材料，它利用碲化镉材料的光伏效应，将太阳能转换为电能。碲化镉是一种Ⅱ-Ⅵ族化合物半导体，具有较高的光吸收系数，能够有效吸收太阳光中的大部分可见光波段，并通过光生电子-空穴对的分离产生电流。

优点：碲化镉薄膜太阳能电池的生产工艺较为成熟，成本较低。其光电转

图 5-13　砷化镓太阳能电池

换效率较高，实际应用效率可达 16%～19%。它对光谱的响应与太阳光谱匹配较好，在光照充足的环境下性能优异。而且碲化镉材料本身具有较好的稳定性，电池的性能衰退相对较小。

缺点：碲（Te）也是一种相对稀缺的元素，从长远来看，原材料的供应可能会受到一定的限制。另外，镉（Cd）是一种有毒元素，在生产和废弃处理过程中需要严格的环保措施来避免镉泄漏对环境造成的污染。

图 5-14　碲化镉薄膜太阳能电池

（4）钙钛矿太阳能电池　近年来，钙钛矿太阳能电池（图 5-15）的光电转换效率迅速提升，从 2009 年的 3.8%提高到目前接近 26%，已经接近甚至超越了单晶硅太阳能电池的效率。由于其较低的制造成本和优异的性能，钙钛矿太阳能电池在光伏行业中被认为是一种极具潜力的替代技术。

图 5-15 钙钛矿太阳能电池

钙钛矿太阳能电池的优点主要体现在以下几个方面：首先，它们具备高光电转换效率。钙钛矿材料具有高光吸收系数，即使在非常薄的薄膜下，也能有效吸收大量光子并产生电子-空穴对。此外，钙钛矿材料的带隙可调，可以通过改变化学成分来吸收不同波长的光，因此这种电池适合与其他太阳能电池结合，形成效率更高的多结电池。其次，低成本是钙钛矿太阳能电池的另一大优势。钙钛矿材料的合成过程较为简单，生产工艺不需要复杂的高温和高压设备，可以通过溶液加工方法（如旋涂、喷涂）制备，大大降低了制造成本。与硅基电池相比，这种技术在生产速度和设备投资方面具有明显的经济优势。

尽管钙钛矿太阳能电池的优点突出，但它们也面临一些关键的缺点：最显著的问题是稳定性不足。钙钛矿材料在湿度、温度变化和长时间光照下容易降解，导致电池的性能衰退，使用寿命缩短。这使得在实际应用中，电池的长期稳定性成为一个亟须解决的难题。为了提高稳定性，研究人员需要开发更先进的材料和封装技术。其次，大多数高效的钙钛矿电池中都含有铅。铅是一种有毒的重金属，可能带来环境污染和健康风险。因此，虽然钙钛矿电池具有低成本优势，但在环保性上存在隐忧。为了应对这一问题，研究者们正在开发无铅钙钛矿材料，但目前这些替代品的效率和稳定性还不及传统铅基钙钛矿。制造工艺控制的复杂性也是一个挑战。虽然钙钛矿材料的生产过程相对简单，但要实现高效率电池，必须严格控制薄膜的均匀性和结晶质量，这对批量生产提出了更高的工艺要求。最后，由于钙钛矿太阳能电池的商业化时间较短，目前缺乏关于其长期性能表现的充分数据。这意味着在大规模应用前，还需要进行更多的实际测试和验证，确保其寿命和性能能够满足商业和工业用途的需求。

5.4.3 太阳能电池的原理、结构及性能指标

5.4.3.1 光电效应原理

在 1839 年光生伏特效应首次被 Becqurel 发现，简称光伏效应。即光照射到金属上，引起物质的电性质发生变化。按照光的粒子说，光是由一份一份不连续的光子组成的，当某一光子照射到太阳能电池光吸收层时，它的能量可以被该物质中的某个电子全部吸收。电子吸收光子的能量后，动能立刻增加；如果动能增大到足以克服原子核对它的引力，就能在十亿分之一秒时间内飞逸出金属表面，成为光电子，形成光电流。单位时间内，入射光子的数量愈大，飞逸出的光电子就愈多，光电流也就愈强。光子是光线中携带能量的粒子。一个光子能量的多少正比于光波的频率大小，频率越高，能量越高。当一个光子被原子吸收时，就有一个电子获得足够的能量从而从内轨道跃迁到外轨道，具有电子跃迁的原子就从基态变成了激发态。

半导体中有两种载流子，即自由电子和空穴。在热力学零度和没有外界能量激发时，价电子受共价键的束缚，晶体中不存在自由运动的电子，半导体是不能导电的。但是，当半导体的温度升高（例如室温）或受到光照等外界因素的影响，某些共价键中的价电子获得了足够的能量，足以挣脱共价键的束缚，跃迁到导带，成为自由电子，同时在共价键中留下相同数量的空穴。空穴是半导体中特有的一种粒子。它带正电，与电子的电荷量和数目均是相同的。由于空穴的存在，临近共价键中的价电子很容易跳过去填补这个空穴，从而使空穴转移到邻近的共价键中去，而后，新的空穴又被其相邻的价电子填补，这一过程持续下去，就相当于空穴在运动。带负电荷的价电子依次填补空穴的运动与带正电荷的粒子作反方向运动的效果相同，因此把空穴视为带正电荷的粒子。

5.4.3.2 太阳能电池的工作原理及基本结构

p-n 结是由 n 型半导体和 p 型半导体紧密结合形成的，称两种半导体的交界面附近的区域为 p-n 结。在 p 型半导体和 n 型半导体结合后，由于 n 型区内自由电子为多子，空穴（几乎为零）为少子，而 p 型区内空穴为多子，自由电子为少子，在它们的交界处就出现了电子和空穴的浓度差。因此，n 区的多子电子向 p 区扩散，p 区的多子空穴向 n 区扩散。p 区一侧失去空穴，留下了带负电的杂质离子，n 区一侧失去电子，留下了带正电的杂质离子。开路中半导

体中的离子不能任意移动，因此不参与导电。这些不能移动的带电粒子在p和n区交界面附近，形成了空间电荷区，也称为耗尽区，空间电荷区的薄厚和掺杂物浓度有关。在空间电荷区形成后，由于正负电荷之间的相互作用，在空间电荷区形成了内建电场，其方向是从带正电的n区指向带负电的p区。显然，这个电场的方向与载流子扩散运动的方向相反，会阻止多子扩散。另外，内建电场将使n区的少数载流子空穴向p区漂移，使p区的少数载流子电子向n区漂移，漂移运动的方向正好与扩散运动的方向相反。从n区漂移到p区的空穴补充了原来交界面上p区所失去的空穴，从p区漂移到n区的电子补充了原来交界面上n区所失去的电子，这就使空间电荷减少，内电场减弱。因此，漂移运动的结果是使空间电荷区变窄，扩散运动加强。最后，多子的扩散和少子的漂移达到动态平衡。在p型半导体和n型半导体的结合面两侧，留下离子薄层，这个离子薄层形成的空间电荷区称为p-n结。p-n结的内电场方向由n区指向p区。见图5-16。

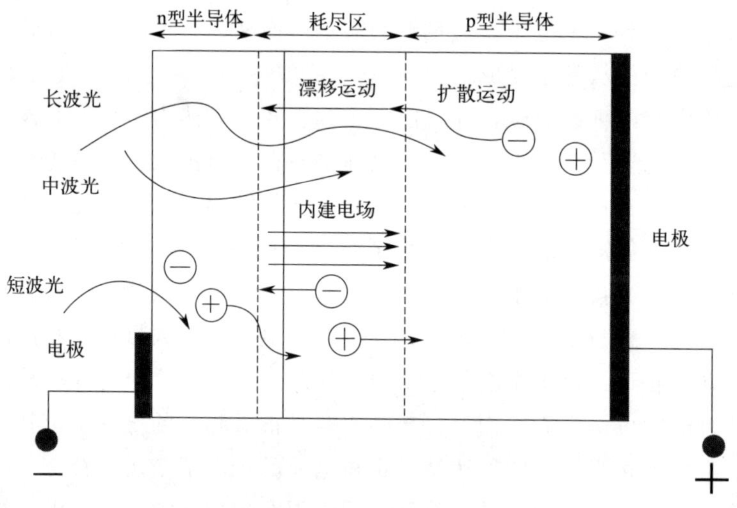

图5-16 p-n结原理图

在太阳能电池中，存在着多种p-n结形式，如在钙钛矿太阳能电池中，有着正式结构（n-i-p）与反式结构（p-i-n），其中空穴传输层作为p型半导体，钙钛矿层作为i型半导体，电子传输层作为n型半导体。

当p-n结的光学禁带宽度小于太阳光照射p-n结时所获得的能量时，就会在p区附近产生激子即电子-空穴对。此时，在由n型半导体到p型半导体方向的内建电场的作用下，非平衡载流子发生移动并逐渐聚集在空间电荷区的两端，打破了半导体内部最初的平衡状态。如果此时外接负载电路，就会有电流产生，即光生伏特效应。

太阳能电池电极一般分为阳极和阴极两部分。阳极是太阳能电池的正极，主要作用是接收太阳光，并将其能量转化为电能。为了提高阳极的吸收能力，通常会在其表面涂覆一层光吸收材料，如二氧化钛或聚合物材料。阴极是太阳能电池的负极，通常由导电材料制成。阴极的主要作用是接收阳极传递过来的电子，并将其转化为电能。背面电极位于 p 型半导体的反面，其主要作用是提供电子回流路径，保证光生载流子能够尽可能地被收集并转换为电能。良好的背面电极材料还能够提高太阳能电池的光电转换效率，增加太阳能电池的电能输出。此外，背电极可以降低电池的厚度，减小电池的质量和成本，提高稳定性和可靠性等。见图 5-17。

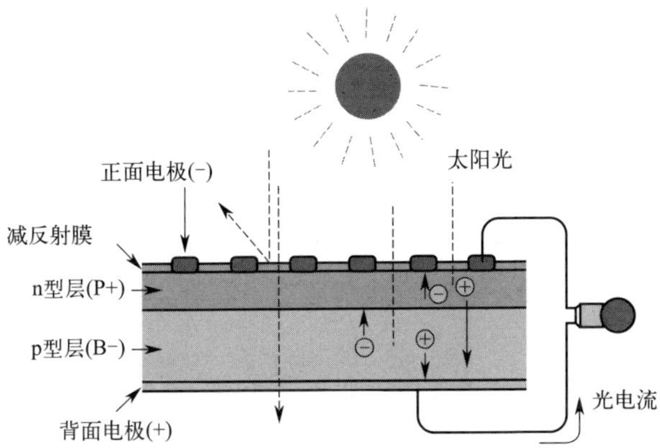

图 5-17　太阳能电池结构及工作原理图

5.4.3.3　太阳能电池的光伏性能指标

太阳能电池的光电转换效率是衡量其性能的关键指标之一，它被定义为电池在标准测试条件下（通常为 $1000W/m^2$ 的光照强度和 25℃的环境温度）将接收到的太阳能转换为电能的比例。光电转换效率的计算公式为：

$$光电转换效率（\%）=\left[\frac{电池输出功率（W）}{接收到的太阳能功率（W）}\right]\times 100\%$$

目前市场上的商业硅基太阳能电池光电转换效率一般在 15%到 22%之间，而新型的钙钛矿太阳能电池通过不断的技术进步，其光电转换效率已经能够达到 22%以上，甚至在实验室条件下超过了 25%。

太阳能电池的光电转换效率受材料光吸收能力、载流子扩散长度、复合损失、温度效应等多种因素影响。为提升光电转换效率，研究人员不断探索新的材料与结构设计：单晶硅太阳能电池因高光电转换效率和稳定性占据商业市场，但成本较高；钙钛矿太阳能电池凭借高光电转换效率、低成本溶液加工和可调带隙成为研究热点，不过其长期稳定性与环境影响仍待解决。此外，多结电池、有机太阳能电池等也在研究范围内。

在电池设计上，增加光吸收层厚度或采用多结结构，可有效提高光电转换效率。多结电池通过堆叠不同带隙半导体层，更充分利用太阳光谱不同波长，提升整体效率。同时，电池封装至关重要，合适的封装材料与工艺能抵御湿度、氧气和温度变化，保障电池长期稳定运行。在实际应用中，太阳能电池通常被封装在保护层中，形成太阳能电池组件，这些组件可以串联或并联连接，以满足不同的功率需求。太阳能电池组件被广泛应用于住宅、商业、工业以及偏远地区的离网电力供应。

稳定性是太阳能电池的另一个重要指标，它关系到电池的使用寿命和长期性能。太阳能电池在户外使用时，会受到温度、湿度、紫外线等多种环境因素的影响，这些因素都可能加速电池性能的衰减。因此，电池的稳定性测试通常包括温度循环测试、湿度冻结测试、紫外线照射测试等，以模拟电池在实际使用过程中可能遇到的环境条件。

太阳能电池技术的发展不仅依赖于基础科学研究，还需要考虑成本效益、环境影响和可持续性。随着新材料和制造技术的进步，太阳能电池的性能和应用范围有望进一步扩展。

太阳能电池的性能测试通常包括以下几个步骤。

① *IV* 曲线测试：通过改变电池两端的负载电阻，测量不同电压下的电流，从而得到电池的 *IV* 曲线。该曲线可以提供电池的开路电压（V_{oc}）、短路电流（I_{sc}）、最大功率点（*MPP*）等重要参数。

② 光谱响应测试：测量电池在不同波长下的光电转换效率，以评估电池对太阳光谱的响应能力。

③ 温度系数测试：评估电池性能随温度变化的敏感度，对于户外应用尤为重要。

④ 加速老化测试：通过在高温、高湿等恶劣条件下对电池进行加速老化，以预测电池的长期稳定性和寿命。

⑤ 户外性能测试：将电池置于实际户外环境中，长期监测其性能变化，以获得更为真实的性能数据。

在进行性能测试时，需要确保测试条件的标准化和测试设备的准确性，以保证测试结果的可靠性和可比性。同时，测试结果的数据分析也非常重要，它可以帮助我们更好地理解电池的性能特点和潜在问题，为电池的设计优化和材料改进提供依据。

太阳能电池的性能通常是由在一定光照条件下的电流密度-电压（J-V）曲线

表征的，它是通过对电池施以连续变化的外加偏压，并记录不同偏压下的电流密度得到的。无光照时测得的电流密度-电压曲线称为暗电流曲线，它反映了太阳能电池作为二极管的整流特性。在光照条件下，太阳能电池中产生与外加偏压方向相反的光生电流，此时得到的曲线为太阳能电池在光场中的电流密度-电压曲线。J-V 曲线上衡量电池优劣的性能参数主要有四项：短路电流密度（J_{sc}）、开路电压（V_{oc}）、填充因子（FF）以及光电转换效率（PCE）。见图 5-18。

开路电压是太阳能电池处于开路状态下电池两端的电压，即 J-V 曲线中电流为 0 时的电压值。短路电流密度是太阳能电池处于短路状态时单位面积的外电路流经的电流大小，即 J-V 曲线中电压为 0 时的电流值。填充因子是太阳能电池最大输出功率点的电流 I_{max} 和电压 V_{max} 乘积与 V_{oc} 和 J_{sc} 乘积的比值，即 $FF=\dfrac{I_{max}V_{max}}{V_{oc}J_{sc}}$。一般来说串联电阻越小、并联电阻越大时，$FF$ 值越高。光电转换效率是太阳能电池将太阳能转换成电能的效率参数，是最大输出功率与入射光强 P_s 的比值，即 $PCE=\dfrac{P_{max}}{P_s}=\dfrac{I_{max}V_{max}}{P_s}=\dfrac{I_{sc}V_{oc}}{P_s}$。

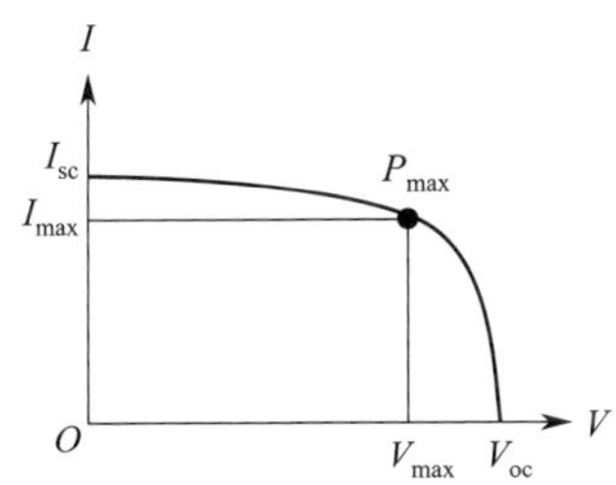

图 5-18　太阳能电池性能参数

影响太阳能光伏性能的因素如下。

光照强度：光电转换效率 PCE 与入射光强 P_s 关联密切，为了使不同器件测试得到的 PCE 具有可比性，有必要定义一个标准模拟太阳光光强 AM 1.5G，即穿过 1.5 个大气质量（对应太阳高度角为 48.2°），其辐照强度为 100mW/cm^2。

气候及温度：阴雨或雾霾天气会导致太阳辐射减弱，从而降低发电量；而在晴朗且太阳辐射强的时候，发电量会有所提升。在一定范围内，温度升高会促进光伏组件的发电效率，但过高的温度会导致组件性能下降，因此维持组件在一个适宜的工作温度范围内是提高发电效率的关键。

器件材料：在制备太阳能电池时，设计的结构及使用的材料往往是不同的。光吸收层材料（带隙宽度、均匀度及厚度），电子传输层、空穴传输层使用的材料，修饰界面材料的使用等等，都会影响太阳能电池的光伏性能。

5.4.4 太阳能电池的生产与制造

5.4.4.1 标准硅太阳能电池的生产与制造

1953 年研制出第一批具有一定效率的硅太阳能电池，这些电池主要应用于空间飞行器的电力供应。自 1973 年以来，由于对新能源越来越重视，一些公司生产专门应用于地面的太阳能电池。近年来，随着全球对清洁能源需求的快速上升，太阳能光伏技术在可再生能源领域的地位愈发重要。特别是基于晶体硅（包括单晶硅和多晶硅）的硅太阳能电池，已成为目前最成熟且应用最广泛的光伏技术。这类电池凭借其高能量转换效率、稳定的制造工艺以及良好的成本效益，赢得了市场的广泛认可。

硅太阳能电池的生产与制造是一个复杂的多步骤过程，涵盖从原材料的提纯、硅锭和硅片的制造，到电池结构的构建及组件的封装。每个环节都对电池的最终性能和成本产生直接影响。近年来，随着技术的不断进步和制造工艺的持续优化，太阳能电池的生产成本大幅降低，同时转换效率显著提高。这一发展促使太阳能光伏发电成为全球能源供应的重要组成部分，并推动了其大规模的商业化应用。

制备硅太阳能电池的标准工艺可以归纳为以下几个步骤：单晶硅和多晶硅的制备，切割硅锭，酸洗、碱洗与表面刻蚀，p-n 结的形成，电极和金属化，封装与组件制造。

（1）单晶硅和多晶硅的制备　硅是地壳中蕴涵量第二丰富的元素。提炼硅的原始材料是 SiO_2，是砂的主要成分。在电弧炉中通过炭还原 SiO_2，再高温冶炼提取出冶金级硅（MG-Si）。将硅定期从炉子中倒出，并用氧气或氧-氯混合气体吹，进一步提纯。然后，倒入槽中凝固后捣碎。

用于太阳能电池的硅材料，纯度要求比 MG-Si 更高。提炼半导体级别的硅的标准方法为西门子法（siemens process）。该方法通过化学气相沉积（CVD）将低纯度的硅原料转化为高纯度的多晶硅，纯度通常可达 99.9999%（即 6N 级）。详细的工艺程序是：第一步，将低纯度的冶金级硅与氯化氢气体（HCl）在 300℃左右的高温下反应，生成三氯氢硅（$SiHCl_3$），反应式为 $Si + 3HCl \longrightarrow SiHCl_3 + H_2$。第二步，释放出的 $SiHCl_3$ 通过冷凝器，所得到的液体经过蒸馏提纯得到半导体级别的 $SiHCl_3$。第三步，通过化学气相沉积（CVD）将精馏后的高纯度的 $SiHCl_3$ 引入西门子反应炉中，炉内装有加热到 1100℃左右的硅棒。当三氯氢硅在高温下与氢气（H_2）接触时发生分解，还原为高纯度的硅，反应式为 $SiHCl_3 + H_2 \longrightarrow Si + 3HCl$，在此过程中，HCl 被释放，硅逐渐沉积在硅棒上，形成高纯度多晶硅棒。其中氯化氢气体可以被循环使用，再次与硅反应生成 $SiHCl_3$。这一步中不仅需要大量的能量，而且成品率低（大于 37%）。当多晶硅棒达到一定厚度后，反应停止，硅棒冷却后被取出并切割成适当尺寸的多晶硅块。这些多晶硅随后可以用于生产单晶硅或直接用于制造太阳能电池。

上述步骤中纯化后的硅原料即为多晶硅，单晶硅的制备是：将高纯度的多晶硅放入石英坩埚中，并在 1700℃左右的高温下加热使其融化，随后将一个小的单晶硅种子放入熔融的硅中，并缓慢旋转拉起，通过精确控制拉晶速度、旋转速度和温度，熔融硅逐渐沿着种子晶体的方向结晶，形成大块单晶硅锭。此法为直拉法。在拉晶的过程中，必须保持环境的高度纯净，以避免杂质的混入。晶锭的直径和纯度通过精确的温度控制和拉拔速度来调节，确保形成高质量的单晶。冷却后的单晶硅锭被切割成圆形或者方形硅片，即可用于太阳能电池的生产。

（2）切割硅锭　切割硅锭是太阳能电池制造中的重要步骤，它将从单晶硅或多晶硅的制备中获得的大尺寸硅锭切割成薄片（硅片），供后续的光伏组件的生产使用。切割过程的精度和效率对硅片的质量、厚度一致性和材料利用率有直接影响。

硅锭的切割主要是使用金刚线切割技术，这是目前最广泛应用且效率较高的方法。早期也曾使用内圆切割法（ID slicing），但由于效率较低、硅片损耗较大，已逐步被金刚线切割所取代。

金刚线切割技术是通过在高速旋转的细金属线表面镀上金刚石微粒，这些金刚石颗粒具有极高的硬度，能够在切割过程中磨削硅锭。多根金刚线在导线轮的带动下形成切割网格，并以高速穿过硅锭。切割液（冷却液）在切割过程中不断冲刷和冷却，防止过热，减少硅粉的积聚，并润滑切割表面。金刚线的直径通常非常细，约为 100μm 或更小，可以切割出更薄的硅片，且厚度均匀性好。金刚线切割的薄切缝大大减少了硅锭的材料损失，切割过程中的“锯屑”（硅粉）较少，提高了硅材料的利用率。金刚线切割的速度快，且可以同时对多个硅锭进行切割，提高了生产效率。

在切割前，硅锭通常会经过预处理。为了使其表面光滑，避免切割过程中损伤，硅锭的表面会进行精细研磨和清洗，确保无杂质。硅锭通过胶水或蜡固定在切割装置的支撑台上，确保在切割过程中保持稳定不移动。金刚线切割机开始工作，细密的金刚线以高速移动，逐渐切割穿过整个硅锭，将硅锭分割成所需厚度的硅片。切割过程持续使用切割液进行冷却和润滑，以保持切割效率和避免热损伤。切割后的硅片会带有大量硅粉和切割液残留，必须进行彻底的清洗，通常使用去离子水和清洁剂。硅片切割后，会通过自动化检测设备对其厚度、平整度、表面光洁度进行检测，确保符合光伏或半导体应用的标准。合格的硅片将被分类并送往下一个生产环节。

在光伏行业中，随着技术进步，硅片的厚度正在逐渐减薄，通常控制在150～200μm之间。硅片越薄，意味着相同量的硅锭可以生产更多的硅片，从而降低原材料成本。然而，过薄的硅片容易破碎，因此切割精度和设备的稳定性至关重要。切割过程中会产生大量的硅粉，这部分损耗称为锯屑损耗，直接影响材料的利用率。尽管金刚线切割技术已大幅减少损耗，但仍然存在一定比例的损失。硅片在切割过程中容易因应力不均或设备震动产生微小裂纹或破损，特别是在切割薄片时，这对产品的质量有负面影响。切割设备中的金刚线和导轮等部件需要频繁维护和更换，以确保切割的精度和效率。

切割后的硅片通常会带有一定的表面粗糙度和损伤层，需要通过机械研磨或化学腐蚀去除，优化表面光洁度和晶体质量。处理过的硅片将进入后续的电池制备流程。

（3）酸洗、碱洗与表面刻蚀　在硅片制造过程中，酸洗、碱洗与表面刻蚀是关键的表面处理步骤，旨在去除硅片表面的损伤层、杂质及其他污染物，并在硅片表面形成具有特定结构的微观形貌。这些处理方法对硅片的质量和后续工艺有重要影响，特别是在太阳能电池的制造中。

酸洗是通过使用酸性化学溶液去除硅片表面的杂质、氧化层和机械加工产生的损伤层。常用的酸洗溶液包括硝酸（HNO_3）和氢氟酸（HF）。在切割硅片时，表面会产生微小的裂纹和损伤层，酸洗可以去除这层受损的硅材料。此外，硅片表面在切割、搬运等过程中容易吸附金属离子、有机物或颗粒物，通过酸洗可以清除这些污染物。在半导体制造中，酸洗是去除表面氧化层和污染物的重要步骤，确保用于后续工艺的晶圆具备高纯度。

与酸洗类似，碱洗是通过使用碱性溶液（如氢氧化钠NaOH或氢氧化钾KOH）对硅片表面进行清洁的过程，也可以去除切割过程中在硅片表面形成的微小损伤层。在某些应用中，碱洗用于表面平整化处理，特别是在半导体制造中，可用于调节表面形貌。

表面刻蚀的主要目的是通过控制硅片的表面结构，优化其光学特性（如减少光反射），提高太阳能电池的转换效率。表面刻蚀可通过酸刻蚀和碱刻蚀来实现。酸刻蚀主要用于多晶硅太阳能电池，由于多晶硅表面没有单一的晶向，酸刻蚀能均匀地去除表面材料，形成具有随机粗糙度的微结构。常用的酸刻蚀溶液为氢氟酸和硝酸的混合物。这种刻蚀方法能够显著降低多晶硅表面的光反射率，提高光吸收效率。碱性刻蚀通常用于单晶硅太阳能电池。

常用溶液为氢氧化钾（KOH）或氢氧化钠（NaOH）与异丙醇（IPA）的混合液。IPA 能调整刻蚀速率并抑制随机刻蚀，确保形成均匀的微结构，如金字塔形表面。刻蚀处理后形成的这种微结构能够增加光的反射路径，使光更多地被硅片吸收，减少反射损失。通过刻蚀形成的纹理化表面显著提高了太阳能电池的转换效率，这是商业光伏电池制造中的重要步骤。在半导体制造中，表面刻蚀有助于消除表面缺陷和杂质，提高器件的电学性能。

（4）p-n 结的形成　半导体材料（如硅）本身是处于绝缘体和导体之间的特殊材料，具有一定的导电性，但其导电性较弱。为了改变其电导率，通常对半导体材料进行掺杂。n 型半导体是通过向硅中掺入五价杂质元素（如磷 P、砷 As 或锑 Sb）形成的。五价元素有 5 个价电子，其中 4 个电子与周围硅原子的 4 个价电子形成共价键，第 5 个电子则是自由电子，能够在晶格中自由运动。p 型半导体是通过向硅中掺入三价杂质元素（如硼 B、铝 Al 或镓 Ga）形成的。三价元素有 3 个价电子，与周围硅原子的 4 个价电子无法形成完整的共价键，导致晶格中出现一个空穴（hole），即缺失的电子。在硅太阳能电池的制造过程中，p-n 结的形成是关键步骤之一，它决定了太阳能电池的光电转换效率。p-n 结的作用是产生一个内建电场，该电场将光生电子和空穴分开，使得光能能够转化为电能。

硅太阳能电池的基底材料通常是 p 型单晶硅或多晶硅片。硅太阳能电池中的 p-n 结通常通过磷扩散工艺形成。扩散工艺中使用磷气源（如 $POCl_3$）作为掺杂剂，磷是五价元素，用于在 p 型硅片的表面形成 n 型掺杂区域。扩散过程通常在高温炉中进行，温度通常在 800～900℃。硅片首先进入高温炉进行预热，使得扩散过程更加均匀。在高温条件下，将 $POCl_3$ 气体通入扩散炉中，$POCl_3$ 气体在高温下分解，产生磷原子。这些磷原子会扩散到 p 型硅基体中，掺入硅晶格，形成一个薄层的 n 型掺杂层。此层厚度一般只有几微米。通过调整扩散温度和时间，可以控制磷扩散的深度。通常，太阳能电池中的 p-n 结深度为 0.3～0.5μm，使其位于靠近硅片表面的位置，从而更好地收集光生成的电子和空穴。扩散完成后，对硅片的表面进行刻蚀和清洗，去除表面杂质并确保 p-n 结的表面无缺陷，同时可以调整硅片表面的形貌，使其具备更好的光吸收性能。

（5）电极和金属化　在硅太阳能电池的制造中，电极和金属化工艺是关键步骤之一，它们决定了电池的电性能、转换效率以及长期稳定性。

电极的作用是收集光生的电子和空穴，并将其输送到外电路中，从而实现电能的输出。硅太阳能电池的电极主要分为前电极和背电极。前电极位于电池的光照侧，用于收集光生电子；背电极位于电池背面，收集光生空穴并作为与前电极连接的另一端。前电极通常由若干条细小的金属栅线组成，这些栅线覆盖在硅片的表面，将光生电子收集起来，并传输至外部电路。这些栅线最终汇聚为几条较粗的总汇集栅线，这些总汇集栅线连接到外部电路，通常位于硅片的边缘。背电极覆盖整个电池背面，由金属层组成。其主要作用是收集空穴并完成电流的传导。为提高效率，在背电极处常设计一个背表面场（BSF），它是一层较厚的p型掺杂区域，用于反射未被吸收的光，减少载流子的复合，提高电池的整体性能。

金属化工艺是在硅片表面沉积金属导电材料，以形成电极并实现电流传输。这一过程需要保证金属电极与硅片之间具有良好的欧姆接触（低接触电阻），同时不影响电池的光电性能。常见的金属化工艺有：丝网印刷、电镀工艺、蒸镀工艺、激光工艺等。

（6）封装与组件制造　硅太阳能电池的封装与组件制造不仅影响太阳能电池的长期稳定性和可靠性，还决定了光伏组件在实际应用中的耐用性和发电效率。封装工艺旨在保护脆弱的硅太阳能电池免受环境影响，如湿气、氧气和机械损伤，同时提高光线的利用率，确保电池的高效发电能力。组件制造是将多个电池片连接起来，组装成完整的光伏组件，用于实际的光伏发电系统。硅太阳能电池非常薄，易碎，因此需要通过封装提供机械强度，避免受到冲击、振动或其他外力损坏。水分和湿气进入电池会造成短路和性能退化；长时间暴露在阳光下，尤其是紫外线，会使某些材料老化；封装时还需要确保最大化的太阳光入射。因此要求封装材料必须具备良好的防水性能、耐紫外性能、光学透明性以及电绝缘性等特性。

硅太阳能电池的封装通常使用多层材料组合，每层材料都有不同的作用。封装膜材料用来将电池片上下夹住，通常采用乙烯-醋酸乙烯共聚物（EVA，ethylene vinyl acetate）和聚烯烃封装膜（PO，polyolefin）。光伏组件的正面通常由一块高透光率的钢化玻璃构成。玻璃的作用是保护电池片免受外界物理冲击（如风沙、冰雹），同时允许光线透过。通常，光伏组件的正面使用超白钢化玻璃，具有高透过率（通常大于90%）和较高的机械强度。为了减少光的反射损失，玻璃表面通常还会涂覆一层减反射涂层，进一步提高组件的光电转换效率。光伏组件的背面通常覆盖一层背板（backsheet），其作用是保护组件背面免受环境侵蚀，提供电气绝缘，并防止水分渗入。PVF背板（聚氟乙烯-聚酯-聚氟乙烯，TPT）：由聚氟乙烯（tedlar）制成的多层复合材料，具有优异的耐候性和防潮性，是目前使用最广泛的背板材料。PVDF背板：由聚偏二氟乙烯（PVDF）制成，具有更好的耐久性和化学稳定性。玻璃背板：双玻组件采用前后两块玻璃封装，具有更好的防潮性和机械强度，适合恶劣环境使用。

硅太阳能电池的封装工艺具体流程如下：首先进行电池片串联与连接，按照超白钢化玻璃、第一层 EVA 封装膜、太阳能电池片、第二层 EVA 封装膜、背板材料的顺序进行排列。在组件的叠层结构准备好之后，需要将其放入层压机中进行层压。层压工艺的主要目的是通过高温和高压使 EVA 封装膜融化，紧密粘接玻璃、电池片和背板，同时排出内部的空气，确保组件内部无气泡或空隙。层压完成后，EVA 膜固化，电池片被牢固地封装在玻璃和背板之间，形成具有良好机械强度和防护性能的组件结构。为了提高光伏组件的机械强度，并便于运输和安装，组件的四周通常安装铝合金边框。安装边框时需要确保边框与组件之间的密封性，防止水分和灰尘进入。随后安装接线盒。接线盒通常安装在光伏组件的背面，负责汇集电池串的电流并将其输出到外部电路。接线盒内含有二极管，能够防止组件出现反向电流（如在组件部分阴影下时，避免电池片受损）。接线盒需要具有良好的防水和耐候性能，通常其防护等级达到 IP67 或更高。组件封装完成后，需要进行电致发光测试、功率测试、湿热测试、湿冷测试、机械强度测试。

单晶硅生产流程图见图 5-19。

5.4.4.2　钙钛矿太阳能电池的生产与制造

钙钛矿太阳能电池的基本结构，如图 5-20 所示，通常包括以下几个关键部分。

半导体材料：其为太阳能电池的核心部分，常见的材料有单晶硅、多晶硅、薄膜材料（如 CdTe、CIGS）以及新型的钙钛矿材料。不同材料具有不同的光电转换效率和成本效益比。

正面电极：通常由高透明度的导电材料构成，如掺杂的氧化锡（SnO_2）或氧化铟锡（ITO），其作用是收集由半导体材料产生的电子。

背面电极：通常由金属材料构成，如银或铝，用于收集半导体中的空穴。

减反射层：位于电池的正面，用于减少光的反射损失，提高光的利用率。常见的材料有氮化硅（SiN_x）或有机聚合物。

封装材料：用于保护电池免受环境因素影响，延长电池的使用寿命。通常采用玻璃、塑料或两者的复合材料。

互联条：将单个电池单元连接起来，形成所需的电压和电流，以满足特定应用的需求。

Ye 带领的硅基太阳能及宽禁带半导体科研团队[47]，在前期关于晶硅、钙钛矿和叠层电池研究的基础上，于钙钛矿/晶硅叠层太阳能电池的中间层设计

图 5-19　单晶硅生产流程图

和制备方面取得了重要进展。该团队创新性地将具有隧穿特性的 p 型多晶硅/n 型多晶硅结构引入叠层电池，用以取代传统 ITO 中间层，制备出效率高达 29.22%的钙钛矿/TOPCon 叠层电池。这种叠层器件表现出良好的稳定性。

目前叠层钙钛矿太阳能电池在研发过程中存在的主要技术挑战如下。

① 钙钛矿薄膜的均匀性和晶体质量：在制备过程中，钙钛矿薄膜容易出

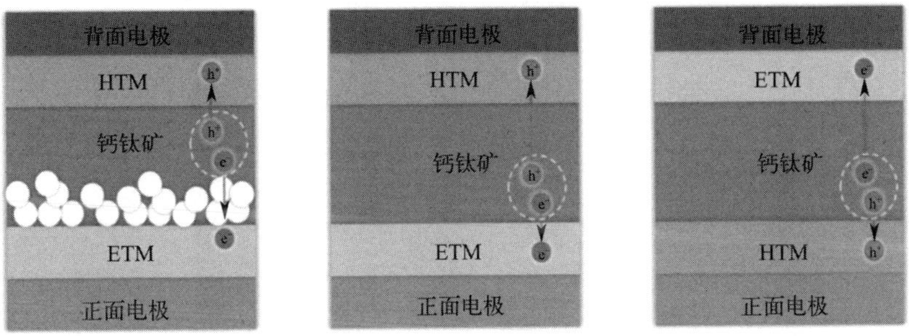

(a) 介孔结构　(b) 平面正式结构　(c) 平面反式结构

图 5-20　钙钛矿太阳能电池的器件结构

HTM—空穴传输层；ETM—电子传输层

现不均匀和晶体质量差的问题，这会影响光电转化效率和电池的使用寿命。

② 电池效率和稳定性的平衡：钙钛矿材料的稳定性是影响电池效率和长期稳定性的关键因素。

③ 大面积应用时的效率损失：钙钛矿电池在大面积制备时，均匀度和致密度的挑战尤为突出，这与设备、工艺、材料密切相关，需要三者共同配合来解决 。

④ 离子迁移问题：尽管可以通过添加剂工程和界面工程等方式缓解，但离子迁移问题尚未从根本上解决，这影响了钙钛矿电池的长期稳定性 。

⑤ 产业化应用的挑战：钙钛矿/晶硅叠层太阳能电池量产效率仍低于实验室水平，原因之一在于难以实现低成本、均匀的大面积钙钛矿电池沉积技术。研究并解决宽带隙钙钛矿太阳能电池相稳定性、开发更低成本的大面积钙钛矿沉积技术对推动叠层太阳能电池产业化具有非常重要的意义 。

这些挑战的克服对于叠层钙钛矿太阳能电池的商业化和大规模应用至关重要。随着科研团队的持续努力和技术的不断进步，预计这些难题将逐步得到解决，从而推动钙钛矿太阳能电池技术的发展和应用。

5.4.5　太阳能电池的发展趋势与应用前景及挑战

新技术与材料的创新是推动太阳能电池发展的关键，不仅可以提高转换效率，还可以降低生产成本。

5.4.5.1　新技术和新材料发展趋势

（1）叠层电池　通过将不同材料结合，吸收更广谱的光线，从而提升效率。例如，钙钛矿/硅叠层电池通过将钙钛矿电池与传统晶硅电池结合，利用不同材料对光谱的吸收优势，突破单一材料电池的效率限制，理论上可以达到30%甚至更高的转换效率。

(2) 异质结太阳能电池（HIT） 结合了晶硅和薄膜材料的优点，能够实现高效光电转换。它利用非晶硅薄膜层来钝化晶硅表面，减少复合损失，当前实验室光电转换效率已经超过 26%。这种电池结构不仅提升效率，还能降低温度系数，使其在高温环境下性能更为稳定。

(3) 钝化发射极与背面电池和钝化发射极全背面接触电池 PERC（钝化发射极与背面电池）和 PERT（钝化发射极全背面接触电池）技术通过优化背面设计、改善光反射和电荷分离效率，已逐渐成为工业晶硅电池的标准技术。未来几年，PERC 的效率有望进一步提升，逐渐接近 24%。

(4) 有机太阳能电池 有机太阳能电池使用有机聚合物或小分子材料作为光吸收层，具有轻质、柔性、低成本和易于大规模制造的特点。虽然其效率目前仍低于晶硅电池，但在便携式电子设备、柔性电子产品和光伏建筑一体化（BIPV）中显示出广阔的应用潜力。

(5) 量子点太阳能电池 量子点太阳能电池利用纳米尺度的半导体颗粒，能够有效吸收和转换广谱光线，包括红外和紫外光。量子点材料的可调带隙使其在未来的太阳能电池技术中具有巨大潜力，特别是在高效叠层电池中的应用。

(6) 石墨烯与二维材料 石墨烯和其他二维材料具有极高的导电性、透明性和柔性，未来可能应用于太阳能电池的电极材料或导电层。这些材料有望显著降低太阳能电池的生产成本，同时提高光电转换效率。

(7) 钙钛矿太阳能电池 钙钛矿材料因其高光吸收率、灵活的制备工艺和低成本，成为近年来太阳能电池研究的热点。实验室中的钙钛矿电池转换效率已超过 26%，接近晶硅电池的水平。未来，钙钛矿电池可能与晶硅电池形成叠层结构（如钙钛矿/晶硅叠层电池），进一步提高光电转换效率。

5.4.5.2 应用前景及挑战

太阳能电池作为一种将太阳光直接转化为电能的装置，其应用领域非常广泛。比如，住宅和商业建筑：太阳能电池被广泛安装在住宅和商业建筑的屋顶上，为建筑物提供清洁能源，减少对传统电网的依赖。农业：在农业领域，太阳能电池被用于灌溉系统、温室和农场的照明，有助于提高作物产量和质量。偏远地区和岛屿：太阳能电池为那些电网覆盖不到的偏远地区和岛屿提供了电力解决方案，改善了当地居民的生活质量。交通领域：太阳能电池被应用于电动汽车、飞机、船只等交通工具，推动了交通领域的绿色能源转型。太空探索：在太空任务中，太阳能电池是卫星和探测器的主要能源供应方式，因其轻质、高效和长寿命的特点而受到青睐。军事和国防：太阳能电池在军事领域也有广泛应用，如为无人侦察机、通信设备和野外作战基地提供能源。

太阳能电池技术面临的挑战如下。

效率提升：目前市场上常见的商业化太阳能电池转换效率在 15%～20%之间，科研人员正通过新材料和结构设计来提高电池的光电转换效率。

成本降低：随着生产规模的扩大和技术的进步，太阳能电池的成本正在逐渐降低，但仍然需要进一步降低以实现与传统能源的竞争。

柔性和可穿戴应用：柔性太阳能电池的研发是当前的热点，这类电池可以集成到衣物、帐篷等柔性材料上，为可穿戴设备提供能源。

环境影响和回收问题：太阳能电池的生产和废弃处理对环境的影响是未来发展需要考虑的问题，电池的回收和再利用技术亟待发展。

集成和储能技术：太阳能电池与储能系统的集成是实现稳定供电的关键，同时，智能电网技术的发展也将促进太阳能电池的应用。

政策和市场驱动：政府政策的支持和市场需求的增长是推动太阳能电池发展的重要因素，未来政策的稳定性和市场的可预测性对行业至关重要。

技术多样性：不同类型的太阳能电池，如硅基、薄膜、钙钛矿和有机太阳能电池等，各有优势和局限，未来的研究将集中在如何结合这些技术的优势，开发出更高效、更稳定的太阳能电池产品。

思考题

1. 除了光热材料、水通道设计、热管理外，还有哪些方法能提高蒸发量？

2. 界面蒸发海水淡化技术在实际应用过程中，需要着重考虑哪些因素？

3. 硫化物作为太阳能光化学转化材料具有哪些优点以及缺点？

4. 举例身边的光化学转化材料实际应用，并分析它们的未来发展潜力、现存不足以及发展趋势。

5. 为什么晶体硅（单晶硅和多晶硅）成为目前最广泛应用的光伏材料？它有哪些优势？

6. p-n 结的形成是太阳能电池制造中的关键步骤。解释为什么要通过磷扩散来形成 p-n 结？在该过程中有哪些影响扩散深度的因素？

7. 金属化工艺如何影响太阳能电池的电性能？常见的金属化方法有哪些，它们各自的优缺点是什么？

参考文献

[1] Harrison G. Pressure anomalies fromthe january 2022 hunga tonga-hunga ha’ apai eruption. Weather，2022，77 (3)：87-90.

[2] Zhou L，Li X，Ni G W，et al. The revival of thermal utilization from the Sun：interfacial solar vapor generation. National Science Review，2019，6 (3)：562-578.

[3] Wang J，Shamim T，Arshad N，et al. In situ polymerized Fe_2O_3@ PPy/chitosan hydrogels as a hydratable skeleton for solar-driven evaporation. Journal of the American Ceramic Society，2022，105 (8)：5325-5335.

[4] Nikolaidis P. Solar energy harnessing technologies towards de-carbonization：A systematic review of processes and systems. Energies，2023，16 (17)：6153.

[5] Gong J，Li C，Wasielewski M R. Advances in solar energy conversion. Chemical Society Reviews，2019，48 (7)：1862-1864.

[6] Pourasl H H，Barenji R V，Khojastehnezhad V M. Solarenergy status in the world：A comprehensive review. Energy Reports，2023，10：3474-3493.

[7] Xu D，Li Z，Li L，et al. Insights into the photothermal conversion of 2D MXene nanomaterials：synthesis，mechanism，and applications. Advanced Functional Materials，2020，30 (47)：2000712.

[8] Bae K，Kang G，Cho S K，et al. Flexible thin-film black gold membranes with ultrabroadband plasmonic nanofocusing for efficient solar vapour generation. Nature communications，2015，6 (1)：10103.

[9] Self-assembly of highly efficient，broadband plasmonic absorbers for solar steam generation. Science advances，2016，2 (4)：e1501227.

[10] Wang Z，Jin R，Zhang S，et al. Bioinspired，Sustainable，High-Efficiency Solar Evaporators for Sewage Purification. Advanced Functional Materials，2023，33 (47)：2306806.

[11] Yang B，Zhang Z，Liu P，et al. Flatband λ-Ti_3O_5 towards extraordinary solar steam generation. Nature，2023，622 (7983)：499-506.

[12] Li C，Jiang D，Huo B，et al. Scalable and robust bilayer polymer foams for highly efficient and stable solar desalination. Nano Energy，2019，60：841-849.

[13] Luo X，Shi J，Zhao C，et al. The energy efficiency of interfacial solar desalination. Applied Energy，2021，302：117581.

[14] Yu S，Gu Y，Chao X，et al. Recent advances in interfacial solar vapor generation：clean water production and beyond. Journal of Materials Chemistry A，2023，11 (12)：5978-6015.

[15] Zhou M，Zhang L，Tao S，et al. Recent research advances in efficient solar-driven interfacial evaporation. Chemical Engineering Journal，2024，489：151157.

[16] Yang E，Wei N，Li M，et al. Three-dimensional artificial transpiration structure based on 1T/2H-MoS_2/activated carbon fiber cloth for solar steam generation. ACS Applied Materials & Interfaces，2022，14 (26)：29788-29796.

[17] Lee W H，Lee C W，Cha G D，et al. Floatable photocatalytic hydrogel nanocomposites for large-scale solar hydrogen production. Nature nanotechnology，2023，18 (7)：754-762.

[18] Shen F, Xu J, Yan J, et al. Facile fabrication of functionalized wood evaporator through deep eutectic solvent delignification for efficient solar-driven water purification. Journal of Environmental Chemical Engineering, 2023, 11 (6): 111234.

[19] Wang L, Shang J, Yang G, et al. 2D Higher-Metal Nitride Nanosheets for Solar Steam Generation. Small, 2022, 18 (28): 2201770.

[20] Fujishima A, Honda K. Electrochemical photolysis of water at a semiconductor electrode. Nature, 1972, 238 (5358): 37-38.

[21] Li X, Yu J, Jaroniec M. Hierarchical photocatalysts. Chemical Society Reviews, 2016, 45 (9): 2603-2636.

[22] Huang Z, Luo N, Zhang C, et al. Radical generation and fate control for photocatalytic biomass conversion. Nature Reviews Chemistry, 2022, 6 (3): 197-214.

[23] Wang X, Zhang C, Du J, et al. Enhanced generation of non-oxygen dependent free radicals by schottky-type heterostructures of Au - Bi_2S_3 nanoparticles via X-ray-induced catalytic reaction for radiosensitization. Acs Nano, 2019, 13 (5): 5947-5958.

[24] Zhang F, Wang X, Liu H, et al. Recent advances and applications of semiconductor photocatalytic technology. Applied Sciences, 2019, 9 (12): 2489.

[25] Inturi S N R, Suidan M, Smirniotis P G. Influence of synthesis method on leaching of the Cr-TiO_2 catalyst for visible light liquid phase photocatalysis andtheir stability. Applied Catalysis B: Environmental, 2016, 180: 351-361.

[26] Yang H G, Sun C H, Qiao S Z, et al. Anatase TiO_2 single crystals with a large percentage of reactive facets. Nature, 2008, 453 (7195): 638-641.

[27] Yu Y, Zhang P, Guo L, et al. The design of TiO_2 nanostructures (nanoparticle, nanotube, and nanosheet) and their photocatalytic activity. The Journal of Physical Chemistry C, 2014, 118 (24): 12727-12733.

[28] Esrafili A, Salimi M, Sobhi H R, et al. Pt-based TiO_2 photocatalytic systems: A systematic review. Journal of Molecular Liquids, 2022, 352: 118685.

[29] Hua R, Huang Y, Xia Y, et al. Enhanced Photocatalytic CO_2 Reduction over Z-Scheme β-Ga_2O_3/TiO_2 Heterojunction Composite Catalyst: Synthesis, Performance, and Mechanism. Journal of Environmental Chemical Engineering, 2024, 12: 113135.

[30] Yavuz D K , El Accen M , Bedir M. Unlocking the Potential of ZnO Nanorods: Structural Insights for Enhanced Photocatalytic Activity. Journal of Physics and Chemistry of Solids, 2024, 193: 112120.

[31] Esbergenova A, Hojamberdiev M, Kadirova Z C, et al. Interlinking the Fe doping concentration, optoelectronic properties, and photocatalytic performance of ZnO nanostructures. Current Applied Physics, 2024, 67: 18-29.

[32] Ashraf A, Wahab R, Al-Khedhairy A A, et al. Magnetically separable and visible light-driven photocatalytic activity of graphene oxide based α-Fe_2O_3 nanocomposite. Materials Chemistry and Physics, 2024, 316: 129111.

[33] Wang C, Yang L, Liu Y, et al. Rational construction of defect-enriched α-Fe_2O_3/Bi_2S_3 composites for high-effective photocatalytic degradation of p-nitrophenol. Journal of Alloys and Compounds,

2024, 985: 174059.

[34] Yang G, Li H, Yekeh D, et al. Rapidly photocatalytic degradation of toluene boosted by plasmonic effect and Schottky junction on Pt nanoparticles engineered self-supporting Cu_2O nanowires. Separation and Purification Technology, 2025, 353: 128559.

[35] Liu Q, Luan W, Zhang X, et al. $NiMoP_2$ co-catalyst modified Cu doped ZnS for enhanced photocatalytic hydrogen evolution. Separation and Purification Technology, 2025, 354: 128666.

[36] Liu X, Fan X, Wu J, et al. CdS-based Schottky junctions for efficient visible light photocatalytic hydrogen evolution. Journal of Colloid and Interface Science, 2024, 673: 1-8.

[37] Ouyang C, Quan X, Hong Z, et al. Polyethylene glycol assisted solvothermal synthesis of $ZnIn_2S_4$ with zinc vacancy and enhanced internal electric field for photocatalytic CO_2 reduction. Surfaces and Interfaces, 2024, 49: 104465.

[38] Meng K, Zhang J, Cheng B, et al. Plasmonic Near-Infrared-Response S-Scheme $ZnO/CuInS_2$ Photocatalyst for H_2O_2 Production Coupled with Glycerin Oxidation. Advanced Materials, 2024 (32): 2406460.

[39] Ding D, Liu X, Chen J, et al. Novel $Bi_2O_2Se/BiOCl$ with high visible light photocatalytic activity for environmental remediation: Effective layer to layer interfacial charge transfer based on heterojunction. Surfaces and Interfaces, 2024, 47: 104229.

[40] Cao S, Li J, Wu L, et al. Synthesis and photocatalytic mechanism study of visible light-driven Z-type $Ag/AgBr/Bi_2MoO_6$ composite materials for efficient degradation of organic dyes. Journal of Molecular Structure, 2024, 1317: 139137.

[41] Li J, Wang Y, Wang Y, et al. MXene Ti_3C_2 decorated $g\text{-}C_3N_4/ZnO$ photocatalysts with improved photocatalytic performance for CO_2 reduction. Nano Materials Science, 2023, 5 (2): 237-245.

[42] Lu X, Chen Z, Hu Z, et al. Boosted Charge Transfer for Highly Efficient Photosynthesis of H_2O_2 over Z-Scheme I^-/K^+ Co-Doped $g\text{-}C_3N_4$/Metal-Organic-Frameworks in Pure Water under Visible Light. Advanced Energy Materials, 2024, 14 (38): 2401873.

[43] Shen M, Zhu X, Lin L, et al. MOFs-derived S-scheme ZnO/BiOBr heterojunction with rich oxygen vacancy for boosting photocatalytic CO_2 reduction. Separation and Purification Technology, 2025, 353: 128620.

[44] Yu S, Li C, Lin Y, et al. Interfacial N-Ti bond modulated COFs-TiO_2 type-II heterojunctions with directional charge transfer for efficient photocatalytic uranium reduction. Separation and Purification Technology, 2024, 341: 126888.

[45] Huang S, Chang Y, Li Z, et al. Single-atom metal sites anchored hydrogen-bonded organic frameworks for superior "two-in-one" photocatalytic reaction. Advanced Functional Materials, 2023, 33 (21): 2211631.

[46] Lin X, Cui D, Luo X, et al. Efficiency progress of inverted perovskite solar cells. Energy & Environmental Science, 2020, 13 (11): 3823-3847.

[47] Zheng J, Ying Z, Yang Z, et al. Polycrystalline silicon tunnelling recombination layers for high-efficiency perovskite/tunnel oxide passivating contact tandem solar cells. Nature Energy, 2023, 8 (11): 1250-1261.